信号与系统 第二版

XINHAO YU XITONG

主编 ○ 王颖民　郭 爱

西南交通大学出版社

·成 都·

内 容 简 介

本书系统地论述了信号与线性系统分析的基本理论和方法。全书共分 7 章，主要内容包括：信号与系统的基本概念，连续时间信号与系统的时域、频域和复频域分析，离散时间信号与系统的时域和 z 域分析，系统的状态空间分析。

第二版在继承原书编写思想的基础上，对全书内容进行了全面修订和完善。

本书可作为高等院校电气信息类专业"信号与系统"课程的教材，也可供相关工程技术人员自学和参考。

图书在版编目（CIP）数据

信号与系统 /王颖民，郭爱主编. —2 版. —成都：西南交通大学出版社，2017.2（2021.1 重印）
高等教育精品课程教材
ISBN 978-7-5643-5259-2

Ⅰ. 信… Ⅱ.①王… ②郭… Ⅲ.①信号系统 – 高等学校 – 教材 Ⅳ. TN911.6

中国版本图书馆 CIP 数据核字（2017）第 022314 号

高等教育精品课程教材
信号与系统
（第二版）

王颖民　郭爱　编

*

责任编辑　张华敏
特邀编辑　蒋雨彬　陈正余　杨开春
封面设计　何东琳设计工作室
西南交通大学出版社出版发行
四川省成都市金牛区二环路北一段 111 号西南交通大学创新大厦 21 楼
邮政编码: 610031　发行部电话: 028-87600564
http://www.xnjdcbs.com

成都勤德印务有限公司印刷

*

成品尺寸: 185 mm×260 mm　印张: 12.75
字数: 320 千字
2017 年 2 月第 2 版　2021 年 1 月第 5 次印刷
ISBN 978-7-5643-5259-2
定价: 26.00 元

第二版前言

《信号与系统》一书自 2009 年出版以来已经使用了 7 年。依据高等学校最新的"信号与系统课程教学基本要求",结合学校各专业对本课程的要求和编者多年来的教学实践经验,同时也依据读者的反馈意见,我们对原书进行了全面修订。

第二版基本保持了第一版原有的框架结构,并根据读者的反馈意见,进一步完善了教材内容,调整和修改了部分例题和习题,并给出了各章习题的参考答案。

本书第 1、2、3、4 章由王颖民编写,第 5、6、7 章由郭爱编写。全书由王颖民统稿。

本书中每章的最后一节内容及"本章小结""本章习题及参考答案"作为数字资源放在西南交通大学出版社的"交大 e 出版"数字平台上,读者可通过微信扫描二维码的方式获得。

本书的数字资源部分由王颖民、郭爱编写,共计 14 万字。

在本书的编写修订过程中,编者得到了西南交通大学教材建设研究项目的大力支持,也得到了西南交通大学电气工程学院的关心和支持,在此表示衷心的感谢,同时也特别感谢提出宝贵意见并关心和支持本书的老师和同学们。

由于编者水平所限,书中难免有不妥或错误之处,欢迎读者批评指正。

编　者

2016 年 10 月

第一版前言

"信号与系统"是电气工程学科的一门重要的专业基础课程，作为该课程核心的基本概念和方法，几乎应用于所有的电气工程领域，并且也应用于信息及相关领域的全球多个学科、非电类的多个工程技术学科。所以说，"信号与系统"知识的应用非常广泛。"信号与系统"课程以"高等数学"、"线性代数"、"电路分析"等课程为基础，同时又是"自动控制原理"、"数字信号处理"、"通信原理"等专业课程的基础，在教学环节上起着承上启下的重要作用。

本书根据高等学校最新的"信号与系统课程教学基本要求"编写，书中主要论述了信号与系统的概念、理论和分析方法。本书的总体结构是：先连续，后离散；先信号，后系统；先时域，后变换域；先输入输出法，后状态变量法。

全书共分七章，第 1 章是信号与系统概论，介绍了信号与系统的基本概念以及常用的基本连续时间信号和离散时间信号，重点讨论线性系统和时不变系统的特性；第 2 章讨论了连续时间系统的时域分析，其中将线性系统的全响应分解为零输入响应和零状态响应，详细分析了冲激响应的计算和卷积积分的求解；第 3 章介绍了连续时间系统的傅里叶变换，其中详细介绍了常用的基本连续时间信号的傅里叶变换，讨论了傅里叶变换的特性以及傅里叶变换的应用；第 4 章主要介绍了线性时不变系统的基本分析工具——拉普拉斯变换的定义、性质和应用；第 5 章和第 6 章主要介绍了离散时间信号与系统的时域分析和 z 域分析；第 7 章介绍了状态变量的概念和系统分析的状态变量法。

本书采用清晰、易懂而又严谨的方式进行编写，其中采用了大量的例子来说明基本概念和相应的理论，并提供了一定数量的习题供读者实践练习。由于该课程是一门理论性与应用性并重的课程，因此，在本书中尤其注重计算机仿真软件的使用。本书采用国际公认的优秀科技应用软件之一——MATLAB 语言——对信号与系统进行分析和实现（MATLAB 是一种函数丰富、功能强大的集数值计算、图形绘制为一体的系统仿真软件），书中每章的最后一节专门介绍了 MATLAB 的相关应用，让学生将理论课程中的重点、难点及部分练习用 MATLAB 语言进行形象、直观的可视化计算机仿真实现，从而加深对信号与系统的基本原理、方法及应用的理解，培养学生主动获取知识和独立解决问题的能力。

本书第 1~4 章由王颖民编写，第 5~7 章由郭爱编写。全书由王颖民统稿。

在本书编写过程中，得到了西南交通大学教材建设研究项目的大力支持，也得到了西南交通大学电气工程学院的大力支持，在此对他们表示衷心的感谢。另外，在本书编写过程中，编者参考了众多国内外的优秀教材和相关资料，在此向这些资料文献的作者深表谢意。

由于编者水平所限，加之时间仓促，书中难免有不妥或错误之处，恳请读者指正。

编　者
2008 年 12 月

目　录

第 1 章　信号与系统概述

1.1　信号与系统的概念

信号与系统理论的应用非常广泛，几乎涉及了所有的科学及技术领域，例如自动控制、通信、语言处理、图像处理、生物工程及航空航天等。同时，信号与系统的概念在人类社会与经济发展的其他领域中也很重要。本章主要介绍信号与系统的基本概念和基本特性，是信号与系统理论的基础。

什么是信号？

信号一般表现为随时间变化的某种物理量。信号是多种多样的，例如，一个电话、广播、电视、红绿灯交通信号，或者股票市场每周的道·琼斯指数，等等。通常将以直接形式表达的内容称为消息，如语言、文字、图像等。消息中有意义的内容称为信息。信号是消息的表现形式与传送载体，而消息则是信号的具体内容。

在各种信号中，电信号是应用最广的物理量。电易于产生和控制，另外，许多非电信号也容易转换成电信号，因此，研究电信号具有重要意义。本课程主要讨论电信号，它通常表现为随时间变化的电压或电流。

什么是系统？

信号的产生、传输及处理都需要一定的物理装置，这种装置通常就称为系统。系统是一个非常广泛的概念，从一般意义上讲，系统是由若干相互作用和相互依赖的事物组合而成的具有特定功能的整体，如通信系统、控制系统、经济系统、生态系统等。因此，系统是某个实体，它能将一组信号处理为另一组信号。当一个或多个激励信号作用到系统的输入端时，就会在系统的输出端产生一个或多个响应信号。图 1.1-1 所示就是一个单输入单输出系统的框图。

图 1.1-1　简单系统的框图

本课程主要讨论物理系统，特别是电系统，电系统在科学技术领域中具有重要的地位。

1.2　信号的描述与分类

信号通常表现为随时间变化的某种物理量。在数学上，可以描述为以时间为自变量的函数。因此，信号与函数两个名词常通用。除了以时间为自变量外，有些信号是非时间的函数。例如，图像信号可以表示为平面内某点 (x, y) 的函数，是空间点的函数；在频域分析时，信号是 ω 的函数。注意：本章讨论的信号都是时间的函数，不过这个讨论的方法和结论完全适用于其他自变量。

综上所述，信号可以用数学表达式表示为一个或多个变量的函数，还可以用波形图描述。对于各种信号，可以从不同的角度进行以下分类。

1.2.1　确定性信号和随机信号

确定性信号是指信号可以表示为一个确定的时间函数，对于指定的某一时刻 t，信号有确定的值 $f(t)$。确定性信号无论用数学形式还是用图形形式描述，其描述的物理量是完全能够确定的。例如电路中研究的正弦信号、指数信号及各种周期信号等，如图 1.2-1（a）、（b）所示。

随机信号不是一个确定的时间函数，通常只知道它取某一值的概率，具有无法预知的不确定性，如图 1.2-1（c）所示。

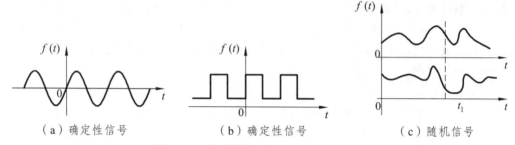

（a）确定性信号　　　　（b）确定性信号　　　　（c）随机信号

图 1.2-1　确定性信号与随机信号的示例

1.2.2　连续信号和离散信号

根据信号自变量取值的连续与否，可将信号分为连续信号和离散信号。

连续时间信号是指，在信号讨论的时间范围内，任意时刻都可以给出确定的函数值，可以有有限个间断点。例如，用 t 表示连续时间变量，连续信号如图 1.2-1（a）、（b）和 1.2-2（a）所示。连续时间信号的时间自变量是连续的；但幅值可以是连续的，也可以是不连续的，即跳变的、离散的。例如，图 1.2-1（a）和 1.2-2（a）所示信号的幅值是连续的，图 1.2-1（b）所示信号的幅值是不连续的，是跳变的。对于时间和幅值都连续的信号，称为模拟信号，如图 1.2-1（a）和 1.2-2（a）所示。

离散时间信号是指其时间自变量是离散的，只在某些不连续的规定时刻给出函数值，其他时刻没有定义。例如，用 k 表示离散时间变量，离散信号如图 1.2-2（b）、（c）所示。离散时间信号的幅值也可以是连续的或离散的。时间是离散的、幅值是连续的离散时间信号称为抽样信号，如图 1.2-2（b）所示；时间和幅值都是离散的离散时间信号称为数字信号，如图 1.2-2（c）所示。

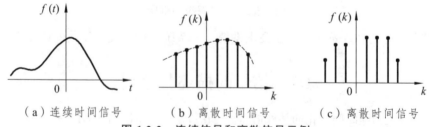

（a）连续时间信号　　　（b）离散时间信号　　　（c）离散时间信号

图 1.2-2　连续信号和离散信号示例

1.2.3　周期信号和非周期信号

按信号的周期性划分，信号又可分为周期信号和非周期信号。

周期信号是指间隔一定时间 T、周而复始且无始无终的信号（在较长时间内重复变化）。例如，一个信号 $f(t)$ 对于某个正常数 T_0，有

$$f(t) = f(t + T_0) \qquad (-\infty < t < \infty) \tag{1.2-1}$$

则这个信号是周期的，如图 1.2-3 所示。满足式（1.2-1）的周期性条件的最小 T_0 值，就是 $f(t)$ 的基波周期。

非周期信号不满足式（1.2-1）的周期性条件，不具有周期，或认为具有无限大的周期。

图 1.2-3 周期信号

将始于 $t = -\infty$ 并继续到永远的这类信号（$-\infty < t < \infty$），称为无始无终信号，或无时限信号。设 t_1、t_2 为实常数，若在有限时间区间 $t_1 < t < t_2$ 内，信号 $f(t)$ 存在，而在此时间以外，信号 $f(t) = 0$，则此信号即为有时限信号，简称时限信号。显然，周期信号属于无时限信号。

若 $t < t_1$ 时，$f(t) = 0$；$t > t_1$ 时，$f(t) \neq 0$，则 $f(t)$ 为有始信号，其起始时刻为 t_1。若 $t > t_2$ 时，$f(t) = 0$；$t < t_2$ 时，$f(t) \neq 0$，则 $f(t)$ 为有终信号。

若 $t < 0$ 时，$f(t) = 0$；$t > 0$ 时，$f(t) \neq 0$，则 $f(t)$ 为因果信号。因果信号为有始信号的特例。若 $t > 0$ 时 $f(t) = 0$，$t < 0$ 时 $f(t) \neq 0$，则 $f(t)$ 为反因果信号。反因果信号为有终信号的特例。

例 1.2-1 判断下列信号是否为周期信号，若是周期信号则确定周期。

① $f_1(t) = \cos^2(2\pi t)$； ② $f_2(t) = 5\cos(12\pi t) + 6\cos(18\pi t)$； ③ $f_3(t) = e^{-2t}\cos(2\pi t)$。

解

① $f_1(t) = \cos^2(2\pi t) = \dfrac{1 + \cos(4\pi t)}{2}$ 是周期信号，则周期

$$T = \frac{2\pi}{\omega} = \frac{2\pi}{4\pi} = \frac{1}{2} \text{（s）}$$

② 如果两个周期信号的周期具有公倍数，则它们的和信号仍然是一个周期信号，其周期是两个周期的最小公倍数。

信号 $5\cos(12\pi t)$ 的周期为 $T_1 = \dfrac{2\pi}{\omega_1} = \dfrac{2\pi}{12\pi} = \dfrac{1}{6}$（s）

信号 $6\cos(18\pi t)$ 的周期为 $T_2 = \dfrac{2\pi}{\omega_2} = \dfrac{2\pi}{18\pi} = \dfrac{1}{9}$（s）

T_1 和 T_2 的最小公倍数是 $\dfrac{1}{3}$ s，所以 $f_2(t)$ 是周期信号，周期为 $\dfrac{1}{3}$ s。

③ $f_3(t) = e^{-2t}\cos(2\pi t)$ 是非周期信号。

1.2.4 能量信号和功率信号

如何度量一个信号的大小或强度？一般来说，信号的幅度是随时间改变的。若要考虑信号的幅度又要考虑信号的持续期，可将位于一个信号 $f(t)$ 下的面积作为信号大小的一种可能的度量。由于可能出现信号的正、负面积相互抵消的情况，将信号大小定义为 $f^2(t)$ 下的面积可以解决这个问题。推广到一般信号 $f(t)$，则

总能量 $E = \displaystyle\lim_{T \to \infty} \int_{-T/2}^{T/2} |f(t)|^2 \mathrm{d}t$ \tag{1.2-2}

平均功率 $\qquad P = \lim_{T \to \infty} \frac{1}{T} \int_{-T/2}^{T/2} |f(t)|^2 \mathrm{d}t$ $\qquad\qquad$ （1.2-3）

信号可以看作是随时间变化的电压或电流，则信号 $f(t)$ 在 $1\,\Omega$ 电阻上的瞬时功率为 $|f(t)|^2$，在时间区间 $-\dfrac{T}{2} \leqslant t \leqslant \dfrac{T}{2}$ 内所消耗的总能量和平均功率用式（1.2-2）和式（1.2-3）表示。

根据能量和功率定义，则：

① 当且仅当 $0 < E < \infty$ 时，$f(t)$ 为能量信号，此时 $P = 0$，即能量信号的能量为有限值而平均功率为零。

② 当且仅当 $0 < P < \infty$ 时，$f(t)$ 为功率信号，此时 $E = \infty$，即功率信号的功率为有限值而能量为无限大。

不符合上述条件的信号既不是能量信号也不是功率信号。

例 1.2-2 判断下列信号是否为能量信号或功率信号。

① $f_1(t) = \begin{cases} t & 0 \leqslant t \leqslant 1 \\ 2-t & 1 \leqslant t \leqslant 2 \\ 0 & \text{其他} \end{cases}$；$\qquad$② $f_2(t) = 5\cos(\pi t)u(t)$；$\qquad$③ $f_3(t) = \mathrm{e}^{-2t}$。

解

① $E_1 = \lim_{T \to \infty} \int_{-T/2}^{T/2} |f_1(t)|^2 \mathrm{d}t = \int_0^1 t^2 \mathrm{d}t + \int_1^2 (2-t)^2 \mathrm{d}t = \frac{1}{3}t^3 \Big|_0^1 + \left(\frac{1}{3}t^3 - 2t^2 + 4t \right)\Big|_1^2 = \frac{1}{3} + \frac{1}{3} = \frac{2}{3}$ （J）

$\qquad P_1 = \lim_{T \to \infty} \frac{1}{T} \int_{-T/2}^{T/2} |f(t)|^2 \mathrm{d}t = 0$

所以 $f_1(t)$ 为能量信号。

② $P_2 = \lim_{T \to \infty} \frac{1}{T} \int_0^{T/2} 25\cos^2(\pi t)\mathrm{d}t = \lim_{T \to \infty} \frac{1}{T} \int_0^{T/2} \frac{25}{2}[1 + \cos(2\pi t)]\mathrm{d}t$

$\qquad\quad = \lim_{T \to \infty} \frac{1}{T} \cdot \frac{25}{2} \cdot \frac{T}{2} = 6.25$ （W）

$\qquad E_2 = \lim_{T \to \infty} \int_0^{T/2} 25\cos^2(\pi t)\mathrm{d}t = \lim_{T \to \infty} \int_0^{T/2} \frac{25}{2}[1 + \cos(2\pi t)]\mathrm{d}t = \lim_{T \to \infty} \frac{25}{2} \cdot \frac{T}{2} = \infty$

所以 $f_2(t)$ 为功率信号。

③ $E_3 = \lim_{T \to \infty} \int_{-T/2}^{T/2} (\mathrm{e}^{-2t})^2 \mathrm{d}t = \lim_{T \to \infty} \int_{-T/2}^{T/2} \mathrm{e}^{-4t} \mathrm{d}t = \lim_{T \to \infty} \left(-\frac{1}{4} \right)(\mathrm{e}^{-2T} - \mathrm{e}^{2T}) = \lim_{T \to \infty} \frac{1}{4}\mathrm{e}^{2T} = \infty$

$\qquad P_3 = \lim_{T \to \infty} \frac{1}{T} \int_{-T/2}^{T/2} (\mathrm{e}^{-2t})^2 \mathrm{d}t = \lim_{T \to \infty} \frac{1}{T} \int_{-T/2}^{T/2} \mathrm{e}^{-4t} \mathrm{d}t = \lim_{T \to \infty} \frac{1}{T} \left(-\frac{1}{4} \right)(\mathrm{e}^{-2T} - \mathrm{e}^{2T})$

$\qquad\quad = \lim_{T \to \infty} \frac{\mathrm{e}^{2T}}{4T} = \lim_{T \to \infty} \frac{\mathrm{e}^{2T}}{2} = \infty$

所以 $f_3(t)$ 既不是能量信号也不是功率信号。

1.3 基本信号

在信号与系统的分析中，有几种很重要的基本信号，即指数信号、正弦信号、阶跃信号、冲激信号等。这些信号不仅本身可以作为实际物理信号的模型，而且是描述其他信号的基础，可以作为基本信号去构造更复杂的信号。这些基本信号的应用能使信号与系统的很多分析得到简化。

1.3.1　基本连续时间信号

1. 指数信号

实指数信号可以表示为

$$f(t) = Ae^{at}$$

式中，A 和 a 均为实数，A 是指信号在 $t=0$ 时刻的幅度，a 可以取正值也可以取负值。若 $a>0$，则指数信号随时间增长而增长；若 $a<0$，则指数信号随时间增长而衰减；若 $a=0$，则指数信号成为直流信号，如图 1.3-1（a）所示。

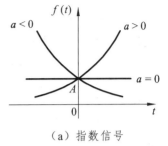

（a）指数信号

在实际中较多遇到的是单边指数衰减信号，如图 1.3-1（b）所示，其数学表达式为

$$f(t) = \begin{cases} Ae^{-at} & t \geqslant 0, \ a > 0 \\ 0 & t < 0 \end{cases} \quad (1.3\text{-}1)$$

指数信号的一个重要性质是：对时间的微分和积分仍是指数形式。

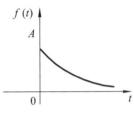

（b）单边指数衰减信号

图 1.3-1　指数信号和单边指数衰减信号

2. 正弦信号

连续时间正弦信号表示为

$$f(t) = A\cos(\omega t + \varphi)$$

式中，A 是振幅，ω 是角频率，φ 是初相位，如图 1.3-2 所示。正弦信号是周期信号，周期 T、频率 f 和角频率 ω 之间的关系为

$$T = \frac{2\pi}{\omega} = \frac{1}{f}$$

根据欧拉公式，有　$e^{j\theta} = \cos\theta + j\sin\theta$

则

$$\cos\omega t = \frac{1}{2}(e^{j\omega t} + e^{-j\omega t}) = \text{Re}(e^{j\omega t})$$

$$\sin\omega t = \frac{1}{2j}(e^{j\omega t} - e^{-j\omega t}) = \text{Im}(e^{j\omega t})$$

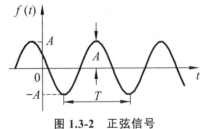

图 1.3-2　正弦信号

即一个正弦信号可以表示为两个周期相同、频率异号的虚指数信号的加权和，也可以表示为虚指数的实部。

正弦信号和虚指数信号的共同特性是：对时间微分和积分后，仍是同周期的正弦信号和虚指数信号。正弦信号和虚指数信号作为一种基本信号，常用于连续信号与系统的频域分析。

3. 复指数信号

连续时间复指数信号表示为

$$f(t) = Ae^{st}$$

式中，$s = \sigma + j\omega$，A 一般为实数，也可为复数。因此

$$e^{st} = e^{(\sigma+j\omega)t} = e^{\sigma t}e^{j\omega t} = e^{\sigma t}(\cos\omega t + j\sin\omega t) \qquad (1.3\text{-}2)$$

与欧拉公式比较可以看出，e^{st} 是 $e^{j\omega t}$ 函数的推广，这里，频率变量被推广到复变量 $s = \sigma + j\omega$，为此将变量 s 称为复频率。

式（1.3-2）表明，一个复指数信号可分解为实部、虚部两部分。实部、虚部分别为振幅按指数规律变化的正弦信号。若 $\sigma < 0$，复指数信号的实部、虚部为衰减正弦信号；若 $\sigma > 0$，复指数信号的实部、虚部为增幅正弦信号；若 $\sigma = 0$，则为虚指数信号 $e^{j\omega t}$；若 $\omega = 0$，则复指数信号成为一般的实指数信号；若 $\sigma = 0$，$\omega = 0$，复指数信号的实部、虚部均与时间无关，成为直流信号。

由上述分析可知，函数 e^{st} 包含了一大类函数：常数 $A = Ae^{0t}$（$\sigma = 0$，$\omega = 0$），如图 1.3-3（a）所示；单调实指数 $e^{\sigma t}$（$\omega = 0$，$s = \sigma$），如图 1.3-3（a）所示；余弦函数 $\cos\omega t$（$\sigma = 0$，$s = \pm j\omega$），如图 1.3-3（b）所示；指数变化的余弦函数 $e^{\sigma t}\cos\omega t$（$s = \sigma \pm j\omega$），如图 1.3-3（c）、（d）所示。

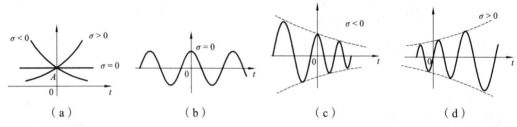

（a）　　　　　　　　（b）　　　　　　　　（c）　　　　　　　　（d）

图 1.3-3　复指数信号

复指数信号对时间的微分和积分仍是复指数形式。利用复指数信号可以使许多运算和分析简化。因此，复指数信号是信号分析中非常重要的基本信号。

4. 抽样函数信号

抽样函数信号是指 $\sin t$ 与 t 之比构成的函数，定义为

$$\mathrm{Sa}(t) = \frac{\sin t}{t}$$

波形如图 1.3-4 所示。

抽样函数信号 $\mathrm{Sa}(t)$ 具有如下性质：

① 是实变量 t 的偶函数，$f(t) = f(-t)$。

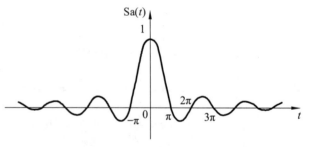

图 1.3-4　抽样函数信号

② $\lim\limits_{t \to 0} f(t) = f(0) = \lim\limits_{t \to 0}\dfrac{\sin t}{t} = 1$。

③ 当 $t = \pm\pi, \pm2\pi, \pm3\pi, \cdots$ 时，即 $t = \pm k\pi(k = \pm1, \pm2, \cdots)$ 时，$\mathrm{Sa}(t)$ 函数值为零。

④ $\displaystyle\int_{-\infty}^{\infty}\mathrm{Sa}(t)\,\mathrm{d}t = \int_{-\infty}^{\infty}\dfrac{\sin t}{t}\,\mathrm{d}t = \pi$，$\displaystyle\int_{0}^{\infty}\mathrm{Sa}(t)\,\mathrm{d}t = \dfrac{\pi}{2}$。

⑤ $\lim\limits_{t \to \pm\infty} f(t) = 0$，在 t 的正、负两方向振幅都逐渐衰减。

5. 单位阶跃信号

单位阶跃信号通常用符号 $u(t)$ 表示，定义为

$$u(t) = \begin{cases} 1 & t > 0 \\ 0 & t < 0 \end{cases}$$

波形如图 1.3-5（a）所示。

延迟的单位阶跃信号为

$$u(t - t_0) = \begin{cases} 1 & t > t_0 \\ 0 & t < t_0 \end{cases}$$

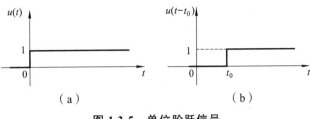

图 1.3-5　单位阶跃信号

波形如图 1.3-5（b）所示。

单位阶跃信号 $u(t)$ 是一个应用特别简单的信号。在信号与系统分析中，使用单位阶跃信号是因为它可以用数学方式来描述实际物理系统中一个常见的现象：从一个状态到另一个状态的快速转换。例如，在 $t = 0$ 时刻，合上开关接入直流电源。同时，它还是一个非常有用的测试信号，系统对阶跃输入信号的响应揭示了该系统对突然变化的输入信号的快速响应能力。

用单位阶跃信号可以起始任一信号。对于在 $t = 0$ 开始的信号（因果信号），利用 $u(t)$ 来描述非常方便。如果想让一个信号在 $t = 0$ 开始（即 $t < 0$ 其值为零），只需要将该信号乘以 $u(t)$ 就可以实现。因此，阶跃信号能方便地表现出信号的单边特性。

例如，$f(t) = A\mathrm{e}^{-at}$ 是一个始于 $t = -\infty$ 的无始无终指数信号，它的因果形式就是单边指数衰减信号［其数学表达式见式（1.3-1）］，即

$$f_1(t) = \begin{cases} A\mathrm{e}^{-at} & t \geqslant 0, \ a > 0 \\ 0 & t < 0 \end{cases}$$

可表示为　　　　　$f_1(t) = f(t)u(t) = A\mathrm{e}^{-at}u(t)$

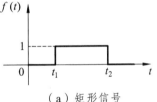

（a）矩形信号

用单位阶跃信号和延迟的单位阶跃信号可以表示任意的矩形信号（"或"门信号）。

例如，图 1.3-6（a）给出的门信号 $f(t)$ 可以根据图 1.3-6（b）表示为　$f(t) = u(t - t_1) - u(t - t_2)$

任意信号只要乘以门信号，就只剩下门信号的部分。所以，如果一个信号在不同区间有不同的数学表达式，用单位阶跃信号来描述这种分段函数也很方便。

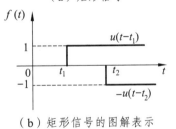

（b）矩形信号的图解表示

例 1.3-1　利用单位阶跃信号表示图 1.3-7 所示的信号 $f(t)$。

图 1.3-6　用单位阶跃信号表示门信号

解　图 1.3-7 的信号 $f(t)$ 在不同的时间段上有不同的数学表达式

$$f(t) = \begin{cases} 2 & -1 \leqslant t < 0 \\ 2\mathrm{e}^{-t} & 0 \leqslant t < 3 \\ 0 & \text{其他} \end{cases}$$

信号 $f(t)$ 可分为两个分量，一个是门信号

$$2\big[u(t+1) - u(t)\big]$$

另一个是指数信号 $2\mathrm{e}^{-t}$ 乘以门信号得到

$$2\mathrm{e}^{-t}\big[u(t) - u(t-3)\big]$$

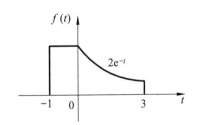

图 1.3-7　用单位阶跃信号
表示信号

则
$$f(t) = 2\big[u(t+1) - u(t)\big] + 2\mathrm{e}^{-t}\big[u(t) - u(t-3)\big]$$

6. 单位冲激信号

在信号与系统分析中，单位冲激信号 $\delta(t)$ 是最重要的信号之一。单位冲激信号也称为 Delta 函数或狄拉克（Dirac）函数。

（1）单位冲激信号的定义

$$\begin{cases} \delta(t) = 0 & t \neq 0 \\ \int_{-\infty}^{\infty} \delta(t)\mathrm{d}t = 1 \end{cases} \qquad（1.3\text{-}3）$$

该定义式说明：函数值只在 $t=0$ 时不为零；单位冲激信号的面积为 1；$t=0$ 时，$\delta(t) \to \infty$，为无界函数。

冲激信号用箭头表示，它具有强度，即冲激信号对时间的定积分值，在图中用括号注明，以与信号的幅值相区分，如图 1.3-8（a）所示。

延迟的单位冲激信号用符号 $\delta(t-t_0)$ 表示，如图 1.3-8（b）所示，定义为
$$\begin{cases} \delta(t-t_0) = 0 & t \neq t_0 \\ \int_{-\infty}^{\infty} \delta(t-t_0)\mathrm{d}t = 1 \end{cases}$$

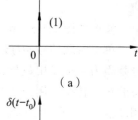

（a）

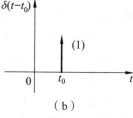

（b）

图 1.3-8　单位冲激信号

单位冲激信号可以表示发生在比任何测量仪器的分辨率都短的时间间隔内的现象。例如，接在电池两端的电容电压的瞬间增加。电容电压是在短时间流过大电流产生的，电容电流可以用冲激函数模型表示。

下面用信号的参数趋于零的极限情况来描述单位冲激信号。将一个冲激信号想象为图 1.3-9 所示的一个具有单位面积的又高又窄的矩形脉冲。这个矩形脉冲的宽度是 ε，一个非常小的值，即 $\varepsilon \to 0$；它的高度是 $\dfrac{1}{\varepsilon}$，一个非常大的值，即 $\dfrac{1}{\varepsilon} \to \infty$。因此，单位冲激信号可以看成是宽度变成无穷小、高度变成无穷大，而总面积一直保持为 1 的一个矩形脉冲。极限情况就是冲激信号，定义如下

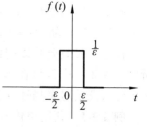

图 1.3-9　矩形脉冲

$$\delta(t) = \lim_{\varepsilon \to 0} \frac{1}{\varepsilon}\left[u\left(t+\frac{\varepsilon}{2}\right) - u\left(t-\frac{\varepsilon}{2}\right)\right]$$

其他一些脉冲信号也可近似形成冲激信号，例如指数脉冲、三角脉冲或高斯型脉冲等，只要取宽度趋于 0 的极限，都可认为是冲激信号。单位冲激信号的重要特点并不是它的形状，而是它的脉冲宽度趋近于零的同时，它的面积保持为 1。

从定义式（1.3-3）可得，$k\delta(t) = 0 \ (t \neq 0)$，它的面积是 k。因此，$k\delta(t)$ 是一个面积为 k 的冲激信号。

（2）单位冲激信号的性质

① 筛选性（抽样性）：如果 $f(t)$ 在 $t=0$ 处连续，且处处有界，则有

$$f(t)\delta(t) = f(0)\delta(t) \qquad（1.3\text{-}4）$$

式（1.3-4）表明：一个连续时间函数 $f(t)$ 与一个位于 $t=0$ 的单位冲激信号相乘，将产生一个

冲激信号，该冲激信号发生在 $t = 0$ 时刻，强度为 $f(0)$，即冲激出现处 $f(t)$ 的值。由式（1.3-4）得

$$\int_{-\infty}^{\infty} f(t)\delta(t)\mathrm{d}t = f(0)\int_{-\infty}^{\infty} \delta(t)\mathrm{d}t = f(0) \tag{1.3-5}$$

式（1.3-5）表明：一个函数与冲激信号 $\delta(t)$ 乘积下的面积，等于该函数在单位冲激信号所在时刻的值。这个性质称为单位冲激的采样性质或筛选性质。

对于移位情况 $f(t)\delta(t-t_0) = f(t_0)\delta(t-t_0)$，则

$$\int_{-\infty}^{\infty} f(t)\delta(t-t_0)\mathrm{d}t = f(t_0)\int_{-\infty}^{\infty} \delta(t-t_0)\mathrm{d}t = f(t_0) \tag{1.3-6}$$

式（1.3-6）只是采样性质或筛选性质的另一种形式。这种情况下，冲激 $\delta(t-t_0)$ 位于 $t = t_0$ 时刻，因此位于 $f(t)\delta(t-t_0)$ 下的面积是 $f(t_0)$，这就是冲激信号所在时刻 $t = t_0$ 时 $f(t)$ 的值。

② 冲激函数与阶跃函数的关系：冲激函数的积分等于阶跃函数。

证明：由冲激函数的定义式（1.3-3）得

$$\int_{-\infty}^{t} \delta(\tau)\mathrm{d}\tau = 1 \quad (t > 0) \qquad \int_{-\infty}^{t} \delta(\tau)\mathrm{d}\tau = 0 \quad (t < 0)$$

即

$$\int_{-\infty}^{t} \delta(\tau)\mathrm{d}\tau = \begin{cases} 0 & t < 0 \\ 1 & t > 0 \end{cases} = u(t)$$

反之，阶跃函数的微分等于冲激函数，即 $\dfrac{\mathrm{d}u(t)}{\mathrm{d}t} = \delta(t)$。

③ 尺度变换特性： $\qquad \delta(at) = \dfrac{1}{|a|}\delta(t) \qquad (a \neq 0)$

④ 奇偶性质： $\qquad \delta(t) = \delta(-t)$

即冲激函数信号 $\delta(t)$ 是偶函数（这可由尺度变换特性推导）。

7. 单位斜坡函数

单位斜坡函数用符号 $r(t)$ 表示，定义为

$$r(t) = \begin{cases} t & t \geqslant 0 \\ 0 & t < 0 \end{cases}$$

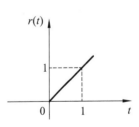

图 1.3-10 单位斜坡信号

如图 1.3-10 所示。单位斜坡函数用来描述信号在某一时刻接通后按线性变化或保持线性变化直到某一时刻切断为止的这类信号。

单位斜坡函数与单位阶跃信号和单位冲激函数有如下关系

$$r(t) = \int_{-\infty}^{t} u(\tau)\mathrm{d}\tau, \qquad r(t) = \int_{-\infty}^{t}\int_{-\infty}^{\tau} \delta(\xi)\mathrm{d}\xi\mathrm{d}\tau$$

$$\frac{\mathrm{d}r(t)}{\mathrm{d}t} = u(t), \qquad \frac{\mathrm{d}^2 r(t)}{\mathrm{d}t^2} = \delta(t)$$

1.3.2 基本离散时间信号

下面讨论在离散时间信号与系统中经常会遇到的几个重要信号。

1. 单位阶跃序列

单位阶跃序列用 $u(k)$ 表示，定义为

$$u(k) = \begin{cases} 1 & k \geqslant 0 \\ 0 & k < 0 \end{cases}$$

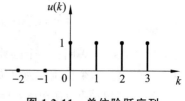

图 1.3-11　单位阶跃序列

式中，k 为整数，是序列数。若希望一个信号从 $k=0$ 开始，只需要将它乘以 $u(k)$ 即可。$u(k)$ 类似于连续时间信号中的单位阶跃信号 $u(t)$。但应注意，$u(t)$ 在 $t=0$ 时刻发生跳变，往往不予定义，而 $u(k)$ 在 $k=0$ 处明确定义为 1，如图 1.3-11 所示。

2. 单位脉冲序列

离散时间信号中对应于连续时间冲激信号 $\delta(t)$ 的信号，称为单位脉冲序列，用 $\delta(k)$ 表示，

定义为

$$\delta(k) = \begin{cases} 1 & k = 0 \\ 0 & k \neq 0 \end{cases}$$

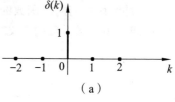

（a）

如图 1.3-12（a）所示。图 1.3-12（b）所示为移位脉冲序列 $\delta(k-2)$。与连续时间冲激信号 $\delta(t)$ 不同，$\delta(k)$ 函数很简单，$\delta(k)$ 仅在 $k=0$ 处取单位值 1，其余 k 值处均为零。其抽样特性为

$$f(k)\delta(k) = f(0)\delta(k)$$

单位脉冲序列 $\delta(k)$ 与单位阶跃序列 $u(k)$ 的关系如下

$$\delta(k) = u(k) - u(k-1)$$

$$u(k) = \sum_{n=-\infty}^{k} \delta(n)$$

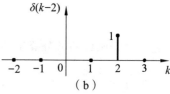

（b）

图 1.3-12　单位脉冲序列

3. 实指数序列

实指数序列是指序列值随序号变化而按指数规律变化的离散时间信号，定义为

$$f(k) = a^k$$

常用的实指数序列为单边实指数序列，当 $k<0$ 时，$f(k)=0$，即

$$f(k) = a^k u(k)$$

当 $a>0$ 时，序列 $f(k)$ 都取正值，如图 1.3-13（a）、（b）所示；$a<0$，序列 $f(k)$ 在正、负值间摆动，如图 1.3-13（c）、（d）所示。当 $|a|>1$ 时，$f(k)$ 为一个发散序列，如图 1.3-13（a）、（c）所示。当 $|a|<1$ 时，$f(k)$ 为一个收敛序列，如图 1.3-13（b）、（d）所示。

当 $a=1$ 时，$f(k)$ 为常数序列，如图 1.3-13（e）所示；当 $a=-1$ 时，$f(k)$ 的符号正、负交替变化，如图 1.3-13（f）所示。

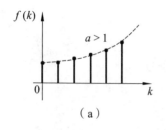

（a）

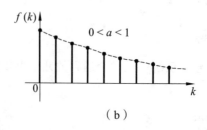

（b）

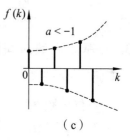

（c）

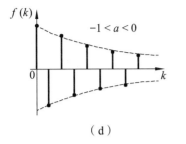
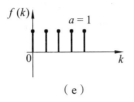
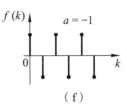

（d）　　　　　　　　（e）　　　　　　　　（f）

图 1.3-13　离散时间指数信号

4. 单位矩形序列

单位矩形序列定义为

$$G_N(k) = \begin{cases} 1 & 0 \leqslant k \leqslant N-1 \\ 0 & \text{其他} \end{cases}$$

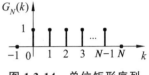

图 1.3-14　单位矩形序列

如图 1.3-14 所示，若用单位阶跃序列表示，则

$$G_N(k) = u(k) - u(k-N)$$

5. 单位斜坡序列

单位斜坡序列定义为

$$r(k) = k\,u(k)$$

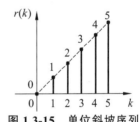

图 1.3-15　单位斜坡序列

如图 1.3-15 所示。

1.4　信号的基本运算

信号和系统研究的一个重要方面就是利用系统对信号进行加工处理，这常常涉及一些基本运算的组合。

1.4.1　时　移

设 $f(t)$ 是连续时间信号，如图 1.4-1（a）所示，则 $f(t)$ 的时移定义为

$$y(t) = f(t-t_0) \tag{1.4-1}$$

式中，t_0 是时移量。式（1.4-1）表明：对信号时间移位 t_0，可以用 $t-t_0$ 替换 t 来完成。$f(t-t_0)$ 表示 $f(t)$ 时移 t_0。如果 $t_0 > 0$，$y(t)$ 的波形由 $f(t)$ 沿时间轴向右平移（延时），例如，$f(t-0.5)$ 是 $f(t)$ 延时（右移）0.5，如图 1.4-1（b）所示；如果 $t_0 < 0$，则 $f(t)$ 沿时间轴向左平移（超前），例如，$f(t+0.5)$ 是 $f(t)$ 超前（左移）0.5，如图 1.4-1（c）所示。

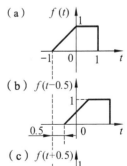
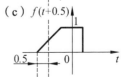

图 1.4-1　信号的时移

1.4.2　尺度变换

信号的尺度变换是指信号在时间上的压缩或扩展。设 $f(t)$ 是连续时间信号，如图 1.4-2（a）所示，则对 $f(t)$ 的自变量时间 t 进行变换运算产生的信号 $y(t)$ 由下式定义

$$y(t) = f(at) \qquad (1.4\text{-}2)$$

式中，a 是变换系数。式（1.4-2）表明：给信号 $f(t)$ 在时间上施加因子 a 的尺度变换，就用 at 替换 t。如果 $a>1$，则 $y(t)$ 是 $f(t)$ 在时间轴上的压缩；如果 $0<a<1$，则 $y(t)$ 是 $f(t)$ 在时间轴上的扩展。

例如，$f(2t)$ 是 $f(t)$ 在时间轴上压缩一个因子 2 的结果，如图 1.4-2（b）所示；$f(t/2)$ 是 $f(t)$ 在时间轴上扩展一个因子 2 的结果，如图 1.4-2（c）所示。

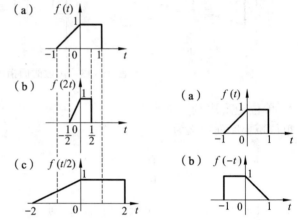

图 1.4-2　信号的尺度变换　　图 1.4-3　信号的翻转

1.4.3　翻　转

信号的翻转是指信号 $f(t)$ 变化为 $f(-t)$ 的运算，即将 $f(t)$ 以纵轴为中心作 $180°$ 翻转，如图 1.4-3 所示。

设 $f(t)$ 是连续时间信号，将时间 t 替换为 $-t$，得

$$y(t) = f(-t) \qquad\qquad (1.4\text{-}3)$$

信号 $y(t)$ 称为 $f(t)$ 关于 $t=0$ 为轴的翻转。注意，翻转是绕纵轴（垂直轴）实现的，纵轴起中轴的作用。

以上对信号的时移、尺度变换和翻转分别进行了描述。实际上，信号的变化常常是三种方式的综合。

例 1.4-1　信号 $f(t)$ 的波形如图 1.4-4（a）所示，画出 $f(-2t+4)$ 的波形。

解　$f(-2t+4)$ 包含时移、尺度变换和翻转三种运算。根据运算的顺序不同，有以下三种方法。

方法 1：按"翻转—压缩—右移"的顺序，如图 1.4-4 所示。

$$f(t) \xrightarrow[t\to -t]{\text{翻转}} f(-t) \xrightarrow[t\to 2t]{\text{压缩}} f(-2t) \xrightarrow[t\to t-2]{\text{右移}} f\left[-2(t-2)\right] = f(-2t+4)$$

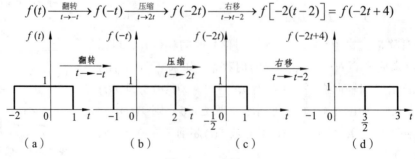

图 1.4-4　方法 1

方法 2：按 "左移—翻转—压缩" 的顺序，如图 1.4-5 所示。

$$f(t) \xrightarrow[t \to t+4]{\text{左移}} f(t+4) \xrightarrow[t \to -t]{\text{翻转}} f(-t+4) \xrightarrow[t \to 2t]{\text{压缩}} f(-2t+4)$$

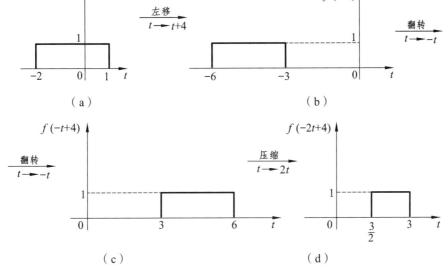

图 1.4-5　方法 2

方法 3：按 "压缩—左移—翻转" 的顺序，如图 1.4-6 所示。

$$f(t) \xrightarrow[t \to 2t]{\text{压缩}} f(2t) \xrightarrow[t \to t+2]{\text{左移}} f(2t+4) \xrightarrow[t \to -t]{\text{翻转}} f(-2t+4)$$

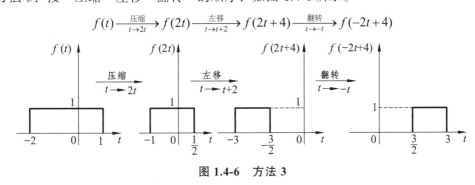

图 1.4-6　方法 3

从以上分析可以看出，信号的翻转、尺度变换、时移运算只是函数自变量的简单变换，而变换前后信号端点的函数值不变（即纵轴上的值不变）。

1.4.4　信号的相加和相乘

设 $f_1(t)$ 和 $f_2(t)$ 是两个连续时间信号，则 $f_1(t)$ 和 $f_2(t)$ 相加的结果 $y(t)$ 为

$$y(t) = f_1(t) + f_2(t)$$

即两个信号相加，其和信号在任意时刻的值等于两信号在该时刻的信号值之和。

设 $f_1(t)$ 和 $f_2(t)$ 是两个连续时间信号，则 $f_1(t)$ 和 $f_2(t)$ 相乘的结果 $y(t)$ 为

$$y(t) = f_1(t)f_2(t)$$

即两个信号相乘，其积信号在任意时刻的值等于两信号在该时刻的信号值之积。

图 1.4-7 所示为一对连续信号相应的和信号和积信号的波形。

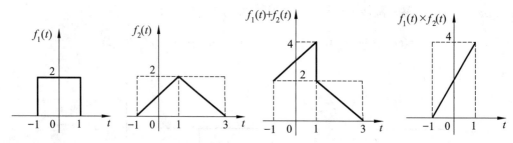

图 1.4-7　信号的相加和相乘

1.4.5　信号的微分和积分

微分和积分是实际系统分析中常采用的信号处理运算。

设 $f(t)$ 是连续时间信号，则 $f(t)$ 对时间 t 的导数为

$$y(t) = \frac{\mathrm{d}f(t)}{\mathrm{d}t}$$

而 $f(t)$ 对时间 t 的积分为

$$y(t) = \int_{-\infty}^{t} f(\tau)\,\mathrm{d}\tau$$

式中，τ 是积分变量。

例 1.4-2　已知 $f(t)$ 如图 1.4-8
（a）所示，求 $f'(t)$ 和 $\int_{-\infty}^{t} f(\tau)\,\mathrm{d}\tau$。

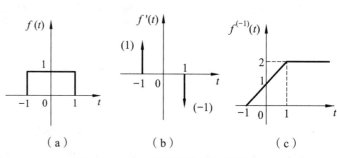

（a）　　　　　（b）　　　　　（c）

图 1.4-8　信号的微分和积分

解　$f(t)$ 在 $t=-1$ 和 $t=1$ 时有
跳变，跳变值为 1，所以对 $f(t)$ 求导时，在 $t=-1$ 点会出现冲激强度为 1 的冲激信号，在 $t=1$
点会出现冲激强度为 -1 的冲激信号，对 $f(t)$ 求导后的波形如图 1.4-8（b）所示。

$$f(t) = u(t+1) - u(t-1)\,, \qquad f'(t) = \frac{\mathrm{d}f(t)}{\mathrm{d}t} = \delta(t+1) - \delta(t-1)$$

$$f^{(-1)}(t) = \int_{-\infty}^{t} f(\tau)\,\mathrm{d}\tau = r(t+1) - r(t-1)$$

对 $f(t)$ 求积分后的波形如图 1.4-8（c）所示。

1.5　系统的描述与分类

按照系统理论，系统分析首先应该从实际物理问题中抽象出系统模型，然后采用数学方法对系统模型进行分析和求解，并对所得结果作出物理解释。

1.5.1　系统模型

系统模型是系统物理特性的抽象描述，其表示形式有数学表达式、图形符号和方框图等。例如，一个电系统可以是由理想元器件组成的电路图，也可以是由基本运算单元（如加法器、积分器等）构成的模拟框图，或者由结点、支路组成的信号流图，也可以是在上述电路图、模拟框图或信号流图的基础上，按照一定规则建立的用于描述系统特性的数学方程，数学方程也称为数学模型。

图 1.5-1 所示的系统是由电阻、电感和电容串联构成的，假设激励信号是电压源，系统响应为回路电流，根据元件的伏安特性与基尔霍夫定律可建立如下的微分方程

$$LC\frac{d^2i(t)}{dt^2} + RC\frac{di(t)}{dt} + i(t) = C\frac{du_s(t)}{dt}$$

这就是该系统的数学模型。

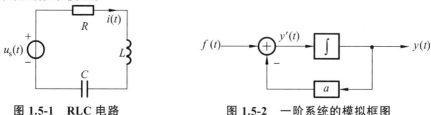

图 1.5-1　RLC 电路　　　　　　　图 1.5-2　一阶系统的模拟框图

系统框图是系统描述的另一种形式，它用若干基本运算单元的相互连接来反映系统变量之间的运算关系。基本运算单元代表一个部件或子系统的某种运算功能，即该部件或子系统的输入输出关系。

图 1.5-2 所示的系统是由加法器、积分器和数乘器构成的模拟框图，描述了一阶微分方程 $y'(t) + ay(t) = f(t)$。

如果系统只有单个输入和单个输出信号，则称为单输入单输出系统，如图 1.5-3（a）所示。如果系统含有多个输入、输出信号，则称为多输入多输出系统，如图 1.5-3（b）所示。

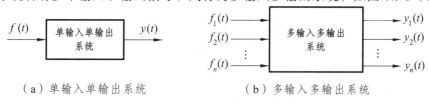

（a）单输入单输出系统　　　　　　（b）多输入多输出系统

图 1.5-3　系统模型

在描述系统时，通常可以采用输入输出描述法或状态空间描述法。输入输出描述法着眼于激励与响应的关系，而不考虑系统内部变量情况，适用于单输入单输出系统，列写的是一元 n 阶微分方程。状态空间描述法不仅可以给出输入输出之间的关系，还可以描述内部变量如电容电压 $u_C(t)$ 或电感电流 $i_L(t)$ 的情况，既可用于研究单输入单输出系统，又可用于研究多输入多输出系统，可列写多个一阶微分方程。

1.5.2　系统的分类

根据不同的分类原则，系统可分为：线性系统与非线性系统，时变系统与非时变系统，因果系统与非因果系统，连续系统与离散系统等。

1. 线性系统与非线性系统

线性系统是指具有线性特性的系统，不具有线性特性的系统称为非线性系统。线性特性包含两个方面：齐次性和叠加性。

齐次性是指：对任意常数 k，当输入（激励）变为原来的 k 倍时，输出（响应）也相应地改变为原来的 k 倍。

假设 $f(t)$ 是系统的输入，$y(t)$ 是相应的输出，即

$$f(t) \Rightarrow y(t)$$

则对任意常数 k，有　　　　　　　　$kf(t) \Rightarrow ky(t)$

　　叠加性是指：当有几个输入（激励）同时作用于一个系统时，系统的总输出（响应）等于各个输入（激励）分别单独作用于系统所产生的输出（响应）分量的总和。

　　假设输入 $f_1(t)$ 单独作用于系统产生输出 $y_1(t)$ ，输入 $f_2(t)$ 单独作用于系统产生输出 $y_2(t)$ ，即

$$f_1(t) \Rightarrow y_1(t) \quad 和 \quad f_2(t) \Rightarrow y_2(t)$$

则

$$f_1(t) + f_2(t) \Rightarrow y_1(t) + y_2(t)$$

　　将齐次性和叠加性两个性质合并为一个性质，即线性特性可表示如下：

若

$$f_1(t) \Rightarrow y_1(t) \quad 和 \quad f_2(t) \Rightarrow y_2(t)$$

则

$$k_1 f_1(t) + k_2 f_2(t) \Rightarrow k_1 y_1(t) + k_2 y_2(t)$$

此结论表明，两个输入线性组合共同作用于系统所产生的响应，等于两个输入单独作用于系统产生的响应的线性组合。

　　假设算符 H 表示一个连续时间系统，则线性特性如图 1.5-4 所示。

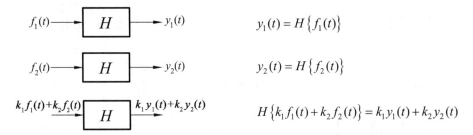

$$y_1(t) = H\{f_1(t)\}$$

$$y_2(t) = H\{f_2(t)\}$$

$$H\{k_1 f_1(t) + k_2 f_2(t)\} = k_1 y_1(t) + k_2 y_2(t)$$

图 1.5-4　线性性质

　　下面利用线性概念来进一步定义线性系统。

　　一个系统在 $t \geqslant 0$ 时的输出是两种输入独立作用于系统的结果：一种输入是系统在 $t=0$ 时的初始状态，另一种输入是 $t \geqslant 0$ 时的输入 $f(t)$ 。如果一个系统是线性的，输出就是由这两种输入单独作用于系统产生的两个分量之和：一部分分量是在 $t \geqslant 0$ 时，输入 $f(t)=0$ ，仅由 $t=0$ 时的初始状态产生的零输入响应分量；另一部分分量是当初始状态（在 $t=0$ 时刻）假定为零时，仅由 $t \geqslant 0$ 时的输入 $f(t)$ 产生的零状态响应分量。

　　所以，一个线性系统的响应 $y(t)$ 可表示成零输入响应 $y_x(t)$ 和零状态响应 $y_f(t)$ 之和，即

$$总响应 = 零输入响应 + 零状态响应$$

或

$$y(t) = y_x(t) + y_f(t)$$

　　将一个输出分解为由初始状态和输入分别作用于系统产生的零输入响应和零状态响应两个分量之和的这个线性系统性质，称为分解特性。

　　线性系统除了满足分解特性，还要求在所有可能的输入条件下，即对于零输入和零状态的每一个分量来说，都必须呈线性。当输入 $f(t)=0$ 时，对于每个不同的初始状态，零输入响应 $y_x(t)$ 都呈线性，称为零输入线性；同样，当初始状态为零，对于每个不同的输入，零状态响应 $y_f(t)$ 都呈线性，称为零状态线性。例如，如果将初始状态增加 k 倍，零输入响应也必定增加 k 倍；同样，如果将输入增加 k 倍，零状态响应也必定增加 k 倍。

　　一个系统如果同时满足分解特性、零输入线性和零状态线性三个条件，则称为线性系统。不能同时满足这三个条件的系统称为非线性系统。

　　例 1.5-1　证明由方程 $\dfrac{\mathrm{d}y(t)}{\mathrm{d}t} + 2y(t) = f(t)$ 描述的系统是线性的。

证明　令系统对输入 $f_1(t)$ 和 $f_2(t)$ 的响应分别为 $y_1(t)$ 和 $y_2(t)$，那么

$$\frac{\mathrm{d}y_1(t)}{\mathrm{d}t} + 2y_1(t) = f_1(t)，\qquad \frac{\mathrm{d}y_2(t)}{\mathrm{d}t} + 2y_2(t) = f_2(t)$$

现将第一个方程乘以 k_1，第二个方程乘以 k_2，然后将它们相加得到

$$\frac{\mathrm{d}}{\mathrm{d}t}\big[k_1 y_1(t) + k_2 y_2(t)\big] + 2\big[k_1 y_1(t) + k_2 y_2(t)\big] = k_1 f_1(t) + k_2 f_2(t)$$

即

$$f(t) = k_1 f_1(t) + k_2 f_2(t)，\qquad y(t) = k_1 y_1(t) + k_2 y_2(t)$$

因此，当输入是 $k_1 f_1(t) + k_2 f_2(t)$ 时，系统响应是 $k_1 y_1(t) + k_2 y_2(t)$，具有线性特性，所以系统 $\dfrac{\mathrm{d}y(t)}{\mathrm{d}t} + 2y(t) = f(t)$ 是线性的。

例 1.5-2　一个系统的输入 $f(t)$ 和输出 $y(t)$ 的关系为 $y(t) = t f(t)$，判断系统是否是线性系统。

解　考虑两个任意输入 $f_1(t)$ 和 $f_2(t)$，即

$$f_1(t) \Rightarrow y_1(t) = t f_1(t) \qquad f_2(t) \Rightarrow y_2(t) = t f_2(t)$$

令 $f(t)$ 是 $f_1(t)$ 和 $f_2(t)$ 的线性组合为

$$f(t) = k_1 f_1(t) + k_2 f_2(t)$$

式中，k_1 和 k_2 都是任意常数。若 $f(t)$ 是系统的输入，则相应的输出可以表示为

$$y(t) = t f(t) = t\big[k_1 f_1(t) + k_2 f_2(t)\big] = k_1 t f_1(t) + k_2 t f_2(t) = k_1 y_1(t) + k_2 y_2(t)$$

即

$$k_1 f_1(t) + k_2 f_2(t) \Rightarrow k_1 y_1(t) + k_2 y_2(t)$$

具有线性特性，所以系统是线性的。

将这个结果推广到如下形式的微分方程

$$a_n \frac{\mathrm{d}^n y(t)}{\mathrm{d}t^n} + a_{n-1} \frac{\mathrm{d}^{n-1} y(t)}{\mathrm{d}t^{n-1}} + \cdots + a_1 \frac{\mathrm{d}y(t)}{\mathrm{d}t} + a_0 y(t) = b_m \frac{\mathrm{d}^m f(t)}{\mathrm{d}t^m} + b_{m-1} \frac{\mathrm{d}^{m-1} f(t)}{\mathrm{d}t^{m-1}} + \cdots + b_0 f(t)$$

所描述的系统是一个线性系统。在这个方程中，系数 a_i 和 b_i 可以是常数或时间的函数。

例 1.5-3　已知系统的输入输出表达式如下，其中 $f(t)$ 为系统的输入，$y(0)$ 为初始状态，试判别系统是否线性。

①　$y(t) = a y(0) + b\dfrac{\mathrm{d}f(t)}{\mathrm{d}t}$；　　②　$y(t) = y^2(0) + 3t^2 f(t)$；　　③　$y(t) = 2y(0)f(t) + t f(t)$。

解

①　$y(t) = a y(0) + b\dfrac{\mathrm{d}f(t)}{\mathrm{d}t}$ 满足分解特性，零输入响应 $y_x(t) = a y(0)$ 具有线性特性，下面分析零状态响应 $y_f(t) = b\dfrac{\mathrm{d}f(t)}{\mathrm{d}t}$ 是否具有线性。

设 $f(t) = k_1 f_1(t) + k_2 f_2(t)$，则

$$y_f(t) = b\frac{\mathrm{d}\big[k_1 f_1(t) + k_2 f_2(t)\big]}{\mathrm{d}t} = bk_1 \frac{\mathrm{d}f_1(t)}{\mathrm{d}t} + bk_2 \frac{\mathrm{d}f_2(t)}{\mathrm{d}t} = k_1 y_{f1}(t) + k_2 y_{f2}(t)$$

即零状态响应也具有线性特性，所以系统是线性系统。

②　$y(t) = y^2(0) + 3t^2 f(t)$ 满足分解特性，零状态响应 $y_f(t) = 3t^2 f(t)$ 具有线性特性，下面分析零输入响应 $y_x(t) = y^2(0)$ 是否具有线性。

设 $y(0) = k_1 y_1(0) + k_2 y_2(0)$，则

$$y_x(t) = y^2(0) = \left[k_1 y_1(0) + k_2 y_2(0)\right]^2 = \left[k_1 y_1(0)\right]^2 + \left[k_2 y_2(0)\right]^2 + 2k_1 k_2 y_1(0) y_2(0)$$

而　　　　　　　$$k_1 y_{x1}(t) + k_2 y_{x2}(t) = k_1 \left[y_1(0)\right]^2 + k_2 \left[y_2(0)\right]^2$$

即 $y_x(t) \neq k_1 y_{x1}(t) + k_2 y_{x2}(t)$，零输入响应不具有线性特性，所以系统是非线性系统。

③　$y(t) = 2y(0)f(t) + t f(t)$ 不满足分解特性，即不满足 $y(t) = y_x(t) + y_f(t)$，所以系统是非线性系统。

2. 时不变系统和时变系统

系统的参数不随时间变化的系统，称为时不变系统或定常系统，它具有时不变特性，如图 1.5-5 所示；如果系统的参数随时间变化，这种系统称为时变系统。

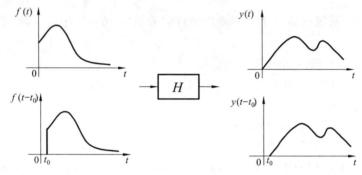

图 1.5-5　时不变性质

时不变特性是指：只要初始状态不变，系统的输出响应形状不随输入施加的时间不同而改变。例如，若输入为 $f(t)$ 时，输出为 $y(t)$，当输入延时 t_0 秒时，输出不变但延时 t_0 秒。因此，时不变特性可以表示为

如果　　　　　$y(t) = H\{f(t)\}$　　　　则　　　　$y(t - t_0) = H\{f(t - t_0)\}$

时不变特性也可用图 1.5-6 表示。通过将输出 $y(t)$ 加在一个 t_0 秒的延时单元，就可以将系统 H 的输出 $y(t)$ 延时 t_0 秒，如图 1.5-6（a）所示。如果该系统是时不变的，则在进入系统前先将输入 $f(t)$ 延时 t_0 秒也能得到延时的输出 $y(t - t_0)$，如图 1.5-6（b）所示。换句话说，如果系统 H 是时不变的，系统 H 和延时单元可以交换次序；而对于时变系统这是不行的。

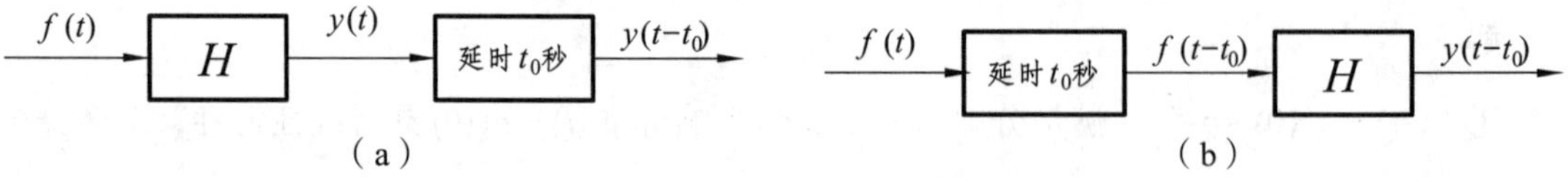

$$f(t) \longrightarrow \boxed{H} \xrightarrow{\;y(t)\;} \boxed{延时\,t_0\,秒} \xrightarrow{\;y(t-t_0)\;}$$

（a）

$$f(t) \longrightarrow \boxed{延时\,t_0\,秒} \xrightarrow{\;f(t-t_0)\;} \boxed{H} \xrightarrow{\;y(t-t_0)\;}$$

（b）

图 1.5-6　时不变性质的解释

例 1.5-4　判断下列系统是否为时不变系统。

①　$y(t) = e^{-t} f(t)$；　　②　$y(t) = 5\sin\left[f(t)\right]$。

解

①　由于　　　　　　$$y(t - t_0) = e^{-(t - t_0)} f(t - t_0)$$

而　　　　　　　　　$$H\{f(t - t_0)\} = e^{-t} f(t - t_0)$$

得　　　　　　　　　$$y(t - t_0) \neq H\{f(t - t_0)\}$$

即 $y(t) = e^{-t} f(t)$ 在图 1.5-6（a）中的输出是 $e^{-(t - t_0)} f(t - t_0)$，而在图 1.5-6（b）中的输出是

$e^{-t} f(t-t_0)$ ，因此这是时变系统。

②　由于　　　　　　　$y(t-t_0) = 5\sin\left[f(t-t_0) \right]$

而　　　　　　　　　$H\left\{ f(t-t_0) \right\} = 5\sin\left[f(t-t_0) \right] = y(t-t_0)$

即　　　　　　　　　$y(t-t_0) = H\left\{ f(t-t_0) \right\}$

所以系统 $y(t) = 5\sin\left[f(t) \right]$ 是时不变系统。

3. 因果系统和非因果系统

如果一个系统在任意时刻 t_0 的输出仅取决于 $t \leqslant t_0$ 时的输入 $f(t)$ 值，这样的系统称为因果系统（不可预测系统）。由于输出在当前时刻的值仅取决于输入 $f(t)$ 的过去值和现在值，与它的将来值无关，所以因果系统是指当且仅当输入信号激励系统时才会出现输出的系统。也就是说，因果系统的响应不会出现在输入信号激励系统之前的时刻。

这种分析是把系统输入看成是引起输出的原因，输出是输入作用于系统的结果，从因果关系方面来研究系统的特性，因此称系统的这种特性为因果特性。不符合因果特性的系统称为非因果系统（超前系统）。实际的物理系统均为因果系统，若信号的自变量不是时间，而是位移、距离、亮度等，在这些因素为变量的物理系统中，研究因果特性则显得不重要。

4. 连续时间系统和离散时间系统

输入和输出都是连续时间信号的系统，称为连续时间系统。输入和输出都是离散时间信号的系统，称为离散时间系统。

1.5.3　系统分析方法

系统分析就是在给定系统的构成和参数的情况下去研究系统的特性。

系统分析一般分为三步：第一步是建模，即建立系统的数学模型；第二步是处理，即对数学模型进行数学处理；第三步是解释，即对数学结果进行物理解释。

线性时不变系统的基本分析方法如下：

①　建立系统模型。根据建立数学模型时选取变量的观点和方法的不同，对系统的数学描述方法可分为两类，即输入输出描述法和状态变量描述法。

②　求解系统数学模型。其求解方法分为时域法和变换域法。

在线性时不变系统中，时域法和变换域法都以线性和时不变性为分析问题的基准。首先把激励信号分解为某种基本单元信号，然后求出在这些基本单元信号分别作用下系统的零状态响应，最后叠加。

根据信号与系统的不同分析方法，本书内容按照以下思路展开：从输入输出描述到状态变量描述；从连续信号分析到离散信号分析；从时间域分析到变换域分析；从信号分析到系统分析。

1.6 节内容及本章小结在此，
扫一扫就能得到啦！

扫一扫，本章习题及
参考答案在这里哦！

第2章　连续时间系统的时域分析

连续系统的时域分析是指系统的分析和计算全部在连续时间域进行，是以时间 t 为变量的一种分析方法，不涉及任何变换，直接求解系统的微分、积分方程式，这种方法比较直观，物理概念清楚，是学习各种变换域方法的基础，也是系统分析的重要方法之一。

2.1 连续系统数学模型的建立

2.1.1 微分算子

1. 定义及运算

在进行连续系统时域分析时，首先要建立系统的数学模型。由第1章知道，描述连续系统的输入输出方程是微积分方程。为了简便，引入一个新概念——微分算子。微分算子是微分运算的简化符号，用 p 表示，即

$$p = \frac{\mathrm{d}}{\mathrm{d}t} \qquad (\,p\text{ 称为微分算子}\,)$$

相应的积分运算为　$\dfrac{1}{p} = \displaystyle\int_{-\infty}^{t} (\ )\,\mathrm{d}\tau \qquad \left(\dfrac{1}{p}\text{ 称为积分算子}\right)$

于是可以用微分算子和积分算子简化表示微分运算和积分运算。例如

$$px(t) = \frac{\mathrm{d}x(t)}{\mathrm{d}t}, \qquad p^2 x(t) = \frac{\mathrm{d}^2 x(t)}{\mathrm{d}t^2}, \qquad p^n x(t) = \frac{\mathrm{d}^n x(t)}{\mathrm{d}t^n}$$

$$\frac{1}{p}x(t) = \int_{-\infty}^{t} x(\tau)\,\mathrm{d}\tau, \qquad \frac{1}{p^2}x(t) = \int_{-\infty}^{t}\int_{-\infty}^{\tau} x(\xi)\,\mathrm{d}\xi\,\mathrm{d}\tau$$

根据这个规定，可以将下列方程

$$\frac{\mathrm{d}^2 y(t)}{\mathrm{d}t^2} + 2\frac{\mathrm{d}y(t)}{\mathrm{d}t} + 5y(t) + \int_{-\infty}^{t} y(\tau)\,\mathrm{d}\tau = \frac{\mathrm{d}f(t)}{\mathrm{d}t} + 3f(t) \tag{2.1-1}$$

用算子表示为　　　　$p^2 y(t) + 2p y(t) + 5 y(t) + \dfrac{1}{p} y(t) = p f(t) + 3 f(t)$ 　　　　　　（2.1-2）

或　　　　　　$\left(p^2 + 2p + 5 + \dfrac{1}{p}\right) y(t) = (p+3) f(t)$ 　　　　　　　　（2.1-3）

这种含微分算子、积分算子的方程称为微积分算子方程。注意，式（2.1-3）所表示的不是一个代数方程，而是微积分方程，即相乘项 $\left(p^2 + 2p + 5 + \dfrac{1}{p}\right) y(t)$ 并不意味着算子多项式 $\left(p^2 + 2p + 5 + \dfrac{1}{p}\right)$ 与函数 $y(t)$ 相乘，而是一种变换，表示对函数 $y(t)$ 按规定进行一系列的微积分运算。从式（2.1-2）到式（2.1-3），在形式上是按照代数运算的规律提取了公因子，把算子符号 p 像代数量那样处理，但它并不是代数量，同样，这仅是一种表示形式的简化，并不表示对算子 p 进行代数运算。

但是，我们可以联想，如果一些代数方程中的运算规律能够适用于算子方程，将会带来很大的方便。下面介绍有关微分算子 p 的几个运算性质。

性质 1　代数中的乘法运算和因式分解能用于 p 的正幂多项式之间的运算。

例 2.1-1　证明 $(p+3)(p+2)y(t)=(p^2+5p+6)y(t)$ 成立。

证明　$(p+3)(p+2)y(t)=\left(\dfrac{\mathrm{d}}{\mathrm{d}t}+3\right)\left(\dfrac{\mathrm{d}y(t)}{\mathrm{d}t}+2y(t)\right)$

$$=\frac{\mathrm{d}^2y(t)}{\mathrm{d}t^2}+2\frac{\mathrm{d}y(t)}{\mathrm{d}t}+3\frac{\mathrm{d}y(t)}{\mathrm{d}t}+6y(t)$$

$$=\frac{\mathrm{d}^2y(t)}{\mathrm{d}t^2}+5\frac{\mathrm{d}y(t)}{\mathrm{d}t}+6y(t)$$

$$=p^2y(t)+5py(t)+6y(t)=(p^2+5p+6)y(t)$$

所以　　　　　$(p+3)(p+2)y(t)=(p^2+5p+6)y(t)$

则　　　　　　$(p+3)(p+2)=p^2+5p+6$

即 p 的正幂多项式可以像代数量一样进行乘法运算和因式分解。

但有些代数运算规则不适用于算子方程。

性质 2　算子乘除的顺序不能随便颠倒。

例如，由 $p\dfrac{1}{p}x(t)=\dfrac{\mathrm{d}}{\mathrm{d}t}\displaystyle\int_{-\infty}^{t}x(\tau)\mathrm{d}\tau=x(t)$ 可得

$$p\frac{1}{p}x(t)=x(t)$$

而　　　　　$\dfrac{1}{p}px(t)=\displaystyle\int_{-\infty}^{t}\left[\dfrac{\mathrm{d}x(\tau)}{\mathrm{d}\tau}\right]\mathrm{d}\tau=x(t)-x(-\infty)$

则　　　　　$\dfrac{1}{p}px(t)\neq x(t)$

除非 $x(-\infty)=0$，否则分母、分子的 p 就不能消去，即

$$p\frac{1}{p}x(t)\neq\frac{1}{p}px(t)$$

所以，对函数进行"先除后乘"算子 p 的运算（先积分后微分运算）时，分式的分子与分母中公共 p 算子（或 p 算子多项式）允许消去。而对函数进行"先乘后除"算子 p 的运算（先微分后积分运算）时，则不能相消。所以，对函数乘、除算子 p 的顺序是不能随便颠倒的。

性质 3　算子方程两边的公共因子不能随便消去。

例如，$px(t)=py(t)$ 等号两边的公共因子 p 不能随便消去。由

$$\frac{\mathrm{d}x(t)}{\mathrm{d}t}=\frac{\mathrm{d}y(t)}{\mathrm{d}t}$$

两边积分得　　　$x(t)=y(t)+c$

式中，c 是积分常数，一般情况下 $x(t)\neq y(t)$。

同样，方程 $(p+a)x(t)=(p+a)y(t)$ 不能直接消去公因式 $(p+a)$ 得到 $x(t)=y(t)$。可以证明，正确结果是 $x(t)=y(t)+ce^{-at}$。

含 p 的有理分式的分子、分母的公共因子也不能随便消去。例如，$x(t)=\dfrac{p+a}{(p+a)N(p)}y(t)$

不能随便消去公因式 $(p+a)$ ，一般 $x(t) \neq \dfrac{1}{N(p)} y(t)$ 。

2. 微分算子方程

微分算子方程是指用算子符号表示的微分方程。不但书写简便，更重要的是在建立系统模型时，可以联立方程消元，构成一元的高阶方程。

例 2.1-2　如图 2.1-1 所示电路，输入为 $f(t)$ ，输出为 $i_1(t)$ 和 $i_2(t)$ ，试建立该电路的输入输出方程。

解　电路的网孔方程为

$$3\frac{\mathrm{d}i_1(t)}{\mathrm{d}t} + i_1(t) - \frac{\mathrm{d}i_2(t)}{\mathrm{d}t} = f(t)$$

$$-\frac{\mathrm{d}i_1(t)}{\mathrm{d}t} + 3i_2(t) + \frac{\mathrm{d}i_2(t)}{\mathrm{d}t} = 0$$

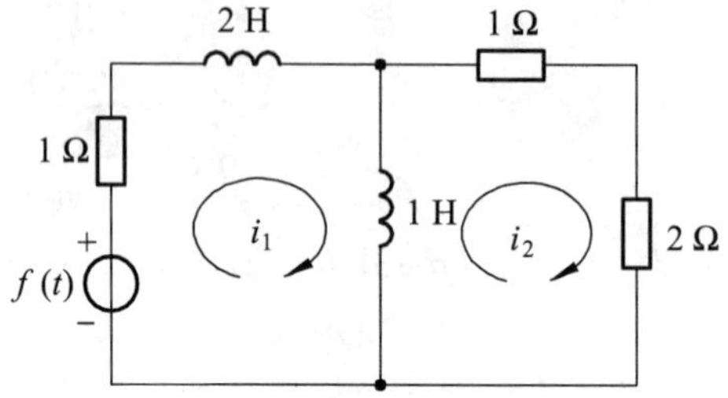

写成算子方程为

$$(3p+1)i_1(t) - pi_2(t) = f(t)$$

$$-pi_1(t) + (p+3)i_2(t) = 0$$

图 2.1-1　例 2.1-2 图

电路系统算子方程的列写还可以通过由基本元件 R 、 L 、 C 的伏安关系得到的相应算子模型完成。下面先介绍算子阻抗的概念。

对于电感元件：

伏安关系为　$u_L = L\dfrac{\mathrm{d}i_L}{\mathrm{d}t}$ 　　　　算子形式为　$u_L = Lpi_L$

对于电容元件：

伏安关系为　$u_C = \dfrac{1}{C}\displaystyle\int_{-\infty}^{t} i_C \mathrm{d}\tau$ 　　算子形式为　$u_C = \dfrac{1}{Cp}i_C$

式中，Lp 为用算子符号表示的电感感抗，或称算子感抗，$\dfrac{1}{Cp}$ 为用算子符号表示的电容容抗，或称算子容抗。

这样引入算子阻抗后，就可画出算子符号表示的电路模型，如图 2.1-2 所示。电路的算子方程可以通过算子符号表示的电路图直接用电路分析的方法来求解。

由图 2.1-2 列写网孔方程为

$$(3p+1)i_1(t) - pi_2(t) = f(t) \qquad (2.1\text{-}4a)$$

$$-pi_1(t) + (p+3)i_2(t) = 0 \qquad (2.1\text{-}4b)$$

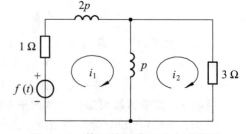

图 2.1-2　算子符号表示的电路模型

为了求解这组方程，必须消去一个变量，从而得到只含一个变量的微分方程。用消元法，方程（2.1-4a）两边同时乘以 $(p+3)$ ，方程（2.1-4b）两边同时乘以 p ，得到

$$(p+3)(3p+1)i_1(t) - (p+3)pi_2(t) = (p+3)f(t) \qquad (2.1\text{-}5a)$$

$$-p^2 i_1(t) + p(p+3)i_2(t) = 0 \qquad (2.1\text{-}5b)$$

两式相加，消去 i_2 ，整理得

$$(2p^2 + 10p + 3)i_1(t) = (p+3)f(t)$$

可以看出，整个运算过程只用了算子的乘法和加法，因此，将这组算子方程当作代数方程来

进行消元求解是正确的。

也可以直接应用克莱姆法则求解如下：

$$\begin{bmatrix} 3p+1 & -p \\ -p & p+3 \end{bmatrix}\begin{bmatrix} i_1 \\ i_2 \end{bmatrix} = \begin{bmatrix} f(t) \\ 0 \end{bmatrix}$$

所以　　　$i_1 = \dfrac{\begin{vmatrix} f(t) & -p \\ 0 & p+3 \end{vmatrix}}{\begin{vmatrix} 3p+1 & -p \\ -p & p+3 \end{vmatrix}} = \dfrac{p+3}{2p^2+10p+3}f(t)$ ，　　　$i_2 = \dfrac{\begin{vmatrix} 3p+1 & f(t) \\ -p & 0 \end{vmatrix}}{\begin{vmatrix} 3p+1 & -p \\ -p & p+3 \end{vmatrix}} = \dfrac{p}{2p^2+10p+3}f(t)$

或表示为　　　$\begin{cases} (2p^2+10p+3)i_1(t) = (p+3)f(t) \\ (2p^2+10p+3)i_2(t) = pf(t) \end{cases}$ 　　　　　　（2.1-6）

即　　　　　$2\dfrac{\mathrm{d}^2 i_1(t)}{\mathrm{d}t^2} + 10\dfrac{\mathrm{d}i_1(t)}{\mathrm{d}t} + 3i_1(t) = \dfrac{\mathrm{d}f(t)}{\mathrm{d}t} + 3f(t)$

上式即为待求变量 i_1 的二阶常系数线性非齐次微分方程。方程左端为响应 i_1 及其各阶导数的线性组合，右端为激励 $f(t)$ 及其各阶导数的线性组合。同理可分析 i_2 与 $f(t)$ 关系的微分方程。

2.1.2　传输算子

对于 n 阶线性时不变连续系统，若输入为 $f(t)$ ，输出为 $y(t)$ ，则系统输入输出方程是线性常系数 n 阶微分方程，一般形式为

$$\frac{\mathrm{d}^n y(t)}{\mathrm{d}t^n} + a_{n-1}\frac{\mathrm{d}^{n-1} y(t)}{\mathrm{d}t^{n-1}} + \cdots + a_1\frac{\mathrm{d}y(t)}{\mathrm{d}t} + a_0 y(t) = b_m\frac{\mathrm{d}^m f(t)}{\mathrm{d}t^m} + b_{m-1}\frac{\mathrm{d}^{m-1} f(t)}{\mathrm{d}t^{m-1}} + \cdots + b_1\frac{\mathrm{d}f(t)}{\mathrm{d}t} + b_0 f(t)$$

用微分算子 p 表示则为

$$(p^n + a_{n-1}p^{n-1} + \cdots + a_1 p + a_0)y(t) = (b_m p^m + b_{m-1}p^{m-1} + \cdots + b_1 p + b_0)f(t) \qquad （2.1\text{-}7）$$

若令　　　$D(p) = p^n + a_{n-1}p^{n-1} + \cdots + a_1 p + a_0$ ，　　　$N(p) = b_m p^m + b_{m-1}p^{m-1} + \cdots + b_1 p + b_0$

则算子方程（2.1-7）可简记为

$$D(p)y(t) = N(p)f(t) \qquad （2.1\text{-}8）$$

式（2.1-8）在形式上改写为

$$y(t) = \frac{N(p)}{D(p)}f(t) = H(p)f(t)$$

式中　　　　　$H(p) = \dfrac{N(p)}{D(p)} = \dfrac{b_m p^m + b_{m-1}p^{m-1} + \cdots + b_1 p + b_0}{p^n + a_{n-1}p^{n-1} + \cdots + a_1 p + a_0}$

$H(p)$ 称为输出 $y(t)$ 对输入 $f(t)$ 的传输算子，代表了系统将输入转变为输出的作用或系统对输入的传输作用，它为 p 的两个实系数有理多项式之比，分母为微分方程的特征多项式 $D(p)$ 。$H(p)$ 描述了系统本身的特性，与系统的激励和响应无关。传输算子完整地建立了描述系统的数学模型，系统特性可通过对 $H(p)$ 的分析得出。

上例中　　$i_1 = \dfrac{p+3}{2p^2+10p+3}f(t)$ ，则 $H_1(p) = \dfrac{p+3}{2p^2+10p+3}$ ，所以

$$i_1 = H_1(p)f(t) \qquad （2.1\text{-}9）$$

需要注意的是，方程（2.1-9）不是代数方程，而是算子符号表示的微分方程，$H_1(p)$ 是一个算子，作用在 $f(t)$ 上，表示对 $f(t)$ 进行一系列微分运算，从而把 $f(t)$ 转换成 $i_1(t)$ 。

对于系统　　　　　$y(t) = H(p)f(t)$

式中，$H(p)$ 代表了一系列运算：

　① $H(p) = p$ ，表示响应 $y(t)$ 是激励 $f(t)$ 的一阶导数。

　② $H(p) = p + a$ ，表示响应 $y(t)$ 等于激励 $f(t)$ 的微分再加上 $f(t)$ 的 a 倍。

　③ $H(p) = \dfrac{1}{p}$ ，表示响应 $y(t)$ 是激励 $f(t)$ 对时间的积分。

　④ $H(p) = \dfrac{1}{p + a}$ ，则 $y(t) = \dfrac{1}{p + a} f(t)$ ，即 $\dfrac{\mathrm{d}y(t)}{\mathrm{d}t} + ay(t) = f(t)$ ，其解为

$$y(t) = \int_{-\infty}^{t} \mathrm{e}^{-a(t-\tau)} f(\tau)\mathrm{d}\tau$$

所以，算子 $H(p) = \dfrac{1}{p + a}$ 表示一个积分变换，即

$$\frac{1}{p + a} f(t) = \int_{-\infty}^{t} \mathrm{e}^{-a(t-\tau)} f(\tau)\mathrm{d}\tau$$

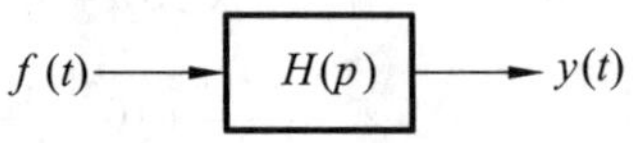

图 2.1-3　用 $H(p)$ 表示系统

推广到用 $H(p)$ 描述一个任意复杂的线性时不变系统，如图 2.1-3 所示。

引入传输算子 $H(p)$ 后，我们就能用简单明确的算子方程表征系统激励与响应的对应关系。对于一个指定的系统，有多少响应变量，就会有多少传输算子，每一个传输算子反映了一个响应变量与输入的关系。当我们只对某一个响应变量 $y(t)$ 感兴趣时，只需用一个联系 $y(t)$ 和输入 $f(t)$ 之间关系的传输算子 $H(p)$ ，就可以完整地建立描述这个系统的数学模型。

2.2　线性系统的时域分析

前面介绍了描述连续系统的微分算子方程和传输算子。本节将介绍连续系统的响应求解方法。首先回顾系统响应微分方程的经典求解方法，然后讨论将系统响应分为零输入响应和零状态响应两个分量的求解方法。

2.2.1　微分方程的经典解法

经典时域分析方法是直接应用微分方程经典解法来分析系统的方法。

设线性非时变连续系统方程为

$$\frac{\mathrm{d}^n y(t)}{\mathrm{d}t^n} + a_{n-1}\frac{\mathrm{d}^{n-1} y(t)}{\mathrm{d}t^{n-1}} + \cdots + a_1\frac{\mathrm{d}y(t)}{\mathrm{d}t} + a_0 y(t)$$

$$= b_m\frac{\mathrm{d}^m f(t)}{\mathrm{d}t^m} + b_{m-1}\frac{\mathrm{d}^{m-1} f(t)}{\mathrm{d}t^{m-1}} + \cdots + b_1\frac{\mathrm{d}f(t)}{\mathrm{d}t} + b_0 f(t) \quad (m \leqslant n) \tag{2.2-1}$$

则算子方程为　　$(p^n + a_{n-1}p^{n-1} + \cdots + a_1 p + a_0)y(t) = (b_m p^m + b_{m-1}p^{m-1} + \cdots + b_1 p + b_0)f(t)$

简记为　　　　　$D(p)y(t) = N(p)f(t)$ $\tag{2.2-2}$

或　　　　　　　$y(t) = \dfrac{N(p)}{D(p)} f(t) = H(p)f(t)$ $\tag{2.2-3}$

式中，$y(t)$ 是系统的某个响应，$f(t)$ 是系统的激励，$D(p)$ 和 $N(p)$ 是微分算子多项式。

由微分方程的经典解法，完全解由齐次解 $y_\mathrm{h}(t)$ 和特解 $y_\mathrm{p}(t)$ 组成，即

$$y(t) = y_\mathrm{h}(t) + y_\mathrm{p}(t)$$

1. 齐次解

齐次解 $y_h(t)$ 是齐次微分方程

$$\frac{\mathrm{d}^n y(t)}{\mathrm{d}t^n} + a_{n-1}\frac{\mathrm{d}^{n-1} y(t)}{\mathrm{d}t^{n-1}} + \cdots + a_1\frac{\mathrm{d}y(t)}{\mathrm{d}t} + a_0 y(t) = 0 \tag{2.2-4}$$

的解，即

$$(p^n + a_{n-1}p^{n-1} + \cdots + a_1 p + a_0)y(t) = 0$$

或

$$D(p)y(t) = 0$$

的解，解的基本形式为 $ke^{\lambda t}$，将 $ke^{\lambda t}$ 代入式（2.2-4），得

$$k\lambda^n e^{\lambda t} + k\,a_{n-1}\lambda^{n-1}e^{\lambda t} + \cdots + k\,a_1\lambda e^{\lambda t} + k\,a_0 e^{\lambda t} = 0$$

在 $k \neq 0$ 的条件下，得

$$\lambda^n + a_{n-1}\lambda^{n-1} + \cdots + a_1\lambda + a_0 = 0 \tag{2.2-5}$$

式（2.2-5）称为微分方程（2.2-4）对应的特征方程。特征方程的 n 个根 λ_1、λ_2、$\cdots$、λ_n 称为微分方程的特征根。

由特征根可写出齐次解的形式如下：

① 当特征根是不等实根 λ_1、λ_2、$\cdots$、λ_n 时

$$y_h(t) = c_1 e^{\lambda_1 t} + c_2 e^{\lambda_2 t} + \cdots + c_n e^{\lambda_n t}$$

② 当特征根是相等实根 $\lambda_1 = \lambda_2 = \cdots = \lambda_n = \lambda$ 时

$$y_h(t) = (c_0 + c_1 t + \cdots + c_{n-1}t^{n-1})e^{\lambda t}$$

③ 当特征根有共轭复根 $\lambda_{1,2} = \alpha \pm j\beta$ 时，对应于这对共轭复根的齐次解为

$$y_0(t) = c_1 e^{(\alpha+j\beta)t} + c_2 e^{(\alpha-j\beta)t}$$

对于实系统，响应 $y_0(t)$ 必须也为实数。只有当 c_1、c_2 共轭时才能成立，令

$$c_1 = \frac{c}{2}e^{j\theta} \qquad \text{和} \qquad c_2 = \frac{c}{2}e^{-j\theta}$$

得到

$$y_0(t) = \frac{c}{2}e^{j\theta}e^{(\alpha+j\beta)t} + \frac{c}{2}e^{-j\theta}e^{(\alpha-j\beta)t} = \frac{c}{2}e^{\alpha t}\left[e^{j(\beta t+\theta)} + e^{-j(\beta t+\theta)}\right] = ce^{\alpha t}\cos(\beta t+\theta)$$

因此，对应于共轭复根 $\lambda_{1,2} = \alpha \pm j\beta$ 的齐次解可以表示为复数形式或实数形式。以上各式中的 c_i 为待定系数，由初始条件确定。

表 2.2-1 给出了几种典型特征根形式对应的齐次解表达式。

表 2.2-1　微分方程的齐次解

特征根	齐次解
单实根 λ_i	$c_i e^{\lambda_i t}$
k 重实根 λ_i	$(c_0 + c_1 t + \cdots + c_{k-1}t^{k-1})e^{\lambda_i t}$
一对共轭复根 $\lambda_{1,2} = \alpha \pm j\beta$	$ce^{\alpha t}\cos(\beta t + \theta)$

2. 特　解

特解的函数形式与输入函数形式有关。表 2.2-2 给出了几种常用输入信号对应的特解表达式。根据不同类型的输入信号，选择相应的特解形式，代入原微分方程，求出特解中的待定系数，即得特解。

表 2.2-2　微分方程的特解

输入信号	特解
E（常数）	B（常数）
t	$at + b$
t^r	$B_0 + B_1 t + B_2 t^2 + \cdots + B_r t^r$
e^{at}	Be^{at}（a 不等于特征根）
	Bte^{at}（a 等于特征根）
	$Bt^r e^{at}$（a 等于 r 重特征根）
$\cos(\omega t)$ 或 $\sin(\omega t)$	$c_1 \cos(\omega t) + c_2 \sin(\omega t)$ 或 $c\cos(\omega t + \varphi)$
$ke^{-at}\cos(\omega_0 t)$ 或 $ke^{-at}\sin(\omega_0 t)$	$c_1 e^{-at}\cos(\omega_0 t) + c_2 e^{-at}\sin(\omega_0 t)$

3. 完全解

将微分方程的齐次解和特解相加就得到系统响应的完全解。对于 n 阶系统，需要通过 n 个初始条件来求得齐次解中的待定系数，从而得到微分方程的全解。

例 2.2-1　已知线性时不变系统的微分方程为

$$y''(t) + 4y'(t) + 3y(t) = f(t)$$

输入信号 $f(t) = e^{-2t}$（$t \geqslant 0$），初始条件 $y(0) = -1$，$y'(0) = 4$，求系统的完全响应 $y(t)$。

解

① 求齐次方程 $y''(t) + 4y'(t) + 3y(t) = 0$ 的齐次解：

特征方程为　　$\lambda^2 + 4\lambda + 3 = 0$

特征根为　　$\lambda_1 = -1$，　　$\lambda_2 = -3$

齐次解为　　$y_h(t) = c_1 e^{-t} + c_2 e^{-3t}$

② 求非齐次方程 $y''(t) + 4y'(t) + 3y(t) = f(t)$ 的特解：

由输入 $f(t) = e^{-2t}$ 的形式，设方程的特解为

$$y_p(t) = ce^{-2t}$$

将 $y_p(t)$、$y_p'(t)$ 和 $y_p''(t)$ 代入方程，整理得 $y_p(t) = -e^{-2t}$。

③ 微分方程完全解为

$$y(t) = y_h(t) + y_p(t) = c_1 e^{-t} + c_2 e^{-3t} - e^{-2t}$$

则一阶导数　　　　$y'(t) = -c_1 e^{-t} - 3c_2 e^{-3t} + 2e^{-2t}$

将初始条件代入上式，$y(0) = -1$，$y'(0) = 4$，得

$$y(0) = c_1 + c_2 - 1 = -1，\qquad y'(0) = -c_1 - 3c_2 + 2 = 4$$

解得 $c_1 = 1$，$c_2 = -1$，代入上式求得响应 $y(t)$ 的完全解为

$$y(t) = e^{-t} - e^{-3t} - e^{-2t} \qquad (t \geqslant 0)$$

2.2.2　零输入响应

如前所述，式（2.2-1）描述的系统是线性的，因此，系统响应可以表示为零输入响应 $y_x(t)$ 和零状态响应 $y_f(t)$ 之和，即

$$完全响应 = 零输入响应 + 零状态响应$$

或　　　　　　　　$$y(t) = y_x(t) + y_f(t)$$

零输入响应是输入 $f(t) = 0$ 时的系统响应，它是系统内部条件（如能量存储、初始条件）单独作用的结果，而与外部输入 $f(t)$ 无关。零状态响应是系统在零状态（如内部存储能量不存在、所有初始条件为零）时对输入 $f(t)$ 产生的响应。系统响应的这两个分量是相互独立的。

1. 初始条件

在连续系统的响应计算中，涉及微分方程求解时，需要用到系统初始条件。

假设系统输入是从 $t = 0$ 开始的，$t = 0$ 是一个参考点。在 $t = 0$ 之前的瞬间（恰好在输入作用之前）状态是 $t = 0_-$ 时的状态，而在 $t = 0$ 之后的瞬间（恰好在输入作用之后）状态是 $t = 0_+$ 时的状态。在实际中，很可能知道的是 $t = 0_-$ 时的初始条件，而不是 $t = 0_+$ 时的初始条件。这两组条件一般是不同的，虽然在某些情况下两者相同。

完全响应 $y(t)$ 由两部分构成：零输入响应分量 $y_x(t)$（输入 $f(t) = 0$ 时仅由初始状态产生的响应）和零状态响应分量 $y_f(t)$（在初始状态都为零仅由输入 $f(t)$ 产生的响应）。在 $t = 0_-$ 时，完全响应 $y(t)$ 由零输入响应分量 $y_x(t)$ 单独构成，因为此时 $f(t)$ 还没有输入，所以此时 $y(t)$ 的初始条件与 $y_x(t)$ 的初始条件完全相同，即

$$y(0_-) = y_x(0_-)，\qquad y'(0_-) = y_x'(0_-)，\cdots \tag{2.2-6}$$

而且，$y_x(t)$ 是仅由初始状态产生的响应，不依赖于输入 $f(t)$，所以在 $t = 0$ 时 $f(t)$ 的加入并不影响 $y_x(t)$；对于时不变系统，内部参数不随时间变化，这意味着在 $t = 0_-$ 和 $t = 0_+$ 时 $y_x(t)$ 的初始条件完全相同，即

$$y_x(0_-) = y_x(0_+)，\qquad y_x'(0_-) = y_x'(0_+)，\cdots \tag{2.2-7}$$

可见，对于 $y_x(t)$，$t = 0_-$、$t = 0$ 和 $t = 0_+$ 时的初始条件没有区别；但对于完全响应 $y(t)$，一般而言，$y(0_-) \neq y(0_+)$，$y'(0_-) \neq y'(0_+)$，$\cdots$。因为完全响应 $y(t)$ 包括零输入响应和零状态响应，即

$$y(t) = y_x(t) + y_f(t)$$

令 $t = 0_-$ 和 $t = 0_+$，可得

$$y(0_-) = y_x(0_-) + y_f(0_-) \tag{2.2-8}$$
$$y(0_+) = y_x(0_+) + y_f(0_+) \tag{2.2-9}$$

对于因果系统，由于激励 $f(t)$ 在 $t = 0$ 时接入，故有 $y_f(0_-) = 0$；对于时不变系统，代入式（2.2-6）和式（2.2-7），因此式（2.2-8）和式（2.2-9）可改写为

$$y(0_-) = y_x(0_-) = y_x(0_+)$$
$$y(0_+) = y_x(0_-) + y_f(0_+) = y(0_-) + y_f(0_+)$$

同理，可推得 $y(t)$ 的各阶导数满足

$$y'(0_-) = y_x'(0_-) = y_x'(0_+)，\cdots$$
$$y'(0_+) = y'(0_-) + y_f'(0_+)，\cdots$$

2. 零输入响应的求解

由式（2.2-2），输出 $y(t)$ 和输入 $f(t)$ 满足的算子方程为

$$D(p)y(t) = N(p)f(t)$$

在零输入条件下，微分方程等号右端为 0，化为齐次方程。求系统的零输入响应，就是求解

齐次方程 $\qquad D(p)y_x(t) = 0$

即 $\qquad (p^n + a_{n-1}p^{n-1} + \cdots + a_1 p + a_0)y_x(t) = 0$

如其特征根均为单根，则零输入响应为

$$y_x(t) = c_1 e^{\lambda_1 t} + c_2 e^{\lambda_2 t} + \cdots + c_n e^{\lambda_n t} = \sum_{k=1}^{n} c_k e^{\lambda_k t}$$

式中，c_1、c_2、$\cdots$、c_n 是任意待定常数，由 $t = 0_-$ 时的初始条件确定。

3. 由传输算子求零输入响应

由微分方程 $y(t) = \dfrac{N(p)}{D(p)}f(t) = H(p)f(t)$，得

$$H(p) = \frac{N(p)}{D(p)}$$

若 $D(p)$ 有 n 个相异的单根，则可分解为

$$(p - \lambda_1)(p - \lambda_2) \cdots (p - \lambda_n) = 0$$

称 λ_1、λ_2、$\cdots$、λ_n 为 $D(p)$ 的零点。使 $D(p) = 0$ 的 p 值是使 $H(p) = \infty$ 的值，因此，λ_1、λ_2、$\cdots$、λ_n 为 $H(p)$ 的极点。由传输算子 $H(p)$ 的极点可立刻写出零输入响应，即 $y_x(t)$ 的基本形式可由 $H(p)$ 的极点决定。

若传输算子 $H(p)$ 有 n 个极点，零输入响应包含以下情况：

① $D(p) = 0$ 有单根 λ_1、λ_2、$\cdots$、λ_n，则

$$y_x(t) = c_1 e^{\lambda_1 t} + c_2 e^{\lambda_2 t} + \cdots + c_n e^{\lambda_n t}$$

其中又分为：

· 当根是单实根 λ_k 时，零输入响应为 $c_k e^{\lambda_k t}$。

· 当根是一对共轭复根 $\lambda_i = \alpha + \mathrm{j}\beta$、$\lambda_j = \alpha - \mathrm{j}\beta$ 时，零输入响应为 $c_i e^{(\alpha + \mathrm{j}\beta)t} + c_j e^{(\alpha - \mathrm{j}\beta)t}$，或 $c\, e^{\alpha t}\cos(\beta t + \theta)$。

② $D(p) = 0$ 有重根：

· 当根是二重根 λ 时，零输入响应为 $(c_0 + c_1 t)e^{\lambda t}$。

· 当根是三重根 λ 时，零输入响应为 $(c_0 + c_1 t + c_2 t^2)e^{\lambda t}$。

· 当根是 m 重根 λ 时，零输入响应为 $(c_0 + c_1 t + \cdots + c_{m-1}t^{m-1})e^{\lambda t}$。

例 2.2-2 已知 $H(p) = \dfrac{2p^2 + p + 1}{2p^3 + 3p^2 + 4p + 2}$，求零输入响应 $y_x(t)$。

解 由 $D(p) = 2p^3 + 3p^2 + 4p + 2 = 0$，求得极点为

$$\lambda_1 = -0.7, \qquad \lambda_2 = -0.4 + \mathrm{j}1.13, \qquad \lambda_3 = -0.4 - \mathrm{j}1.13$$

零输入响应为 $\qquad y_x(t) = c_1 e^{-0.7t} + c_2 e^{(-0.4 + \mathrm{j}1.13)t} + c_3 e^{(-0.4 - \mathrm{j}1.13)t}$

$$= c_1 e^{-0.7t} + c' e^{-0.4t}\cos(1.13t + \phi) \qquad (c_2 \text{ 和 } c_3 \text{ 共轭})$$

例 2.2-3 已知 $H(p) = \dfrac{2p^2 + 8p + 3}{(p+1)(p+3)^2}$，初始条件为 $y(0_-) = 2$，$y'(0_-) = 1$，$y''(0_-) = 0$，求零输入响应 $y_x(t)$。

解 由 $D(p) = (p+1)(p+3)^2 = 0$ 求得极点为

$$\lambda_1 = -1, \qquad \lambda_2 = \lambda_3 = -3$$

零输入响应为　　　$y_x(t) = c_1 e^{-t} + (c_2 + c_3 t) e^{-3t}$

代入初始条件有　　$y(0_-) = c_1 + c_2 = 2$ ，　$y'(0_-) = -c_1 - 3c_2 + c_3 = 1$ ，　$y''(0_-) = c_1 + 9c_2 - 6c_3 = 0$

求解得　　　　　　$c_1 = 6$ ，　$c_2 = -4$ ，　$c_3 = -5$

所以　　　　　　　$y_x(t) = 6e^{-t} + (-4 - 5t) e^{-3t}$ 　　　　$(t \geqslant 0)$

2.2.3　单位冲激响应

当输入 $f(t) = \delta(t)$ 时的零状态响应称为单位冲激响应，简称冲激响应，用 $h(t)$ 表示。

为了计算系统对任意输入 $f(t)$ 的零状态响应，可先将 $f(t)$ 表示为许多冲激信号的基本单元之和，然后分别对各冲激分量计算响应，则系统响应是各个冲激分量响应之和。这就是用积分求零状态响应的基本原理。这个原理表明：若已知系统对一个单位冲激输入的响应 $h(t)$ ，就能确定系统对任意输入 $f(t)$ 的响应。

下面讨论确定线性时不变连续系统单位冲激响应 $h(t)$ 的方法。系统由 n 阶微分方程表示为

$$D(p)y(t) = N(p)f(t)$$

或　　　$(p^n + a_{n-1}p^{n-1} + \cdots + a_1 p + a_0)y(t) = (b_m p^m + b_{m-1}p^{m-1} + \cdots + b_1 p + b_0)f(t)$ 　　　$(m \leqslant n)$

在推导出单位冲激响应 $h(t)$ 的一般形式之前，先定性地理解 $h(t)$ 的本质。单位冲激响应 $h(t)$ 是系统在 $t = 0_-$ 时所有初始状态都为零的条件下，对 $t = 0$ 时刻所施加的单位冲激输入 $\delta(t)$ 的响应。一个单位冲激输入在 $t = 0$ 瞬时作用于系统，然后消失。但是在它作用的瞬间，系统发生了改变。也就是说，在 $t = 0_+$ 时刻，$\delta(t)$ 使系统中瞬时产生了非零初始条件，虽然冲激输入 $\delta(t)$ 在 $t \geqslant 0_+$ 就消失了，使系统在冲激作用后没有其它的输入，但是系统仍然会对这个新建立的初始条件产生响应。

把系统模型中的输出 $y(t)$ 和输入 $f(t)$ 分别用 $h(t)$ 和 $\delta(t)$ 代替，即

$$D(p)h(t) = N(p)\delta(t)$$

因为冲激信号 $\delta(t)$ 在 $t \geqslant 0_+$ 时为 0，所以，冲激响应 $h(t)$ 应与零输入响应具有相同的函数形式。假设有 n 个互异的特征根 λ_1 、λ_2 、$\cdots$ 、λ_n ，则冲激响应的形式为

$$h(t) = k_1 e^{\lambda_1 t} + k_2 e^{\lambda_2 t} + \cdots + k_n e^{\lambda_n t} \qquad (t \geqslant 0)$$

下面分析系统冲激响应的求解方法。先讨论一阶系统冲激响应的求解方法，然后再推广到一般情况。

1. 对于一阶系统，　$H(p) = \dfrac{k}{p - \lambda}$ ，方程右边含 $\delta(t)$

$$y(t) = H(p)f(t) = \frac{k}{p - \lambda}f(t)$$

令 $f(t)$ 等于 $\delta(t)$ ，则输出 $y(t)$ 等于 $h(t)$ ，所以有

$$h(t) = \frac{k}{p - \lambda}\delta(t)$$

一阶微分方程为　　$h'(t) - \lambda h(t) = k\delta(t)$ 　　　　　　　　　　　　　　　　（2.2-10）

由于输入信号 $\delta(t)$ 只在 $t = 0$ 时作用，$t \geqslant 0_+$ 后，$\delta(t)$ 等于 0，因此方程式（2.2-10）右端等于 0，成为齐次方程，故冲激响应与零输入响应的形式相同，即

$$h(t) = ce^{\lambda t}u(t) \qquad\qquad (2.2\text{-}11)$$

将式（2.2-11）代入式（2.2-10），有

$$c\,e^{\lambda t}\delta(t) + c\lambda e^{\lambda t}u(t) - \lambda ce^{\lambda t}u(t) = k\delta(t)$$

解得 $c = k$，所以 $h(t) = k\,e^{\lambda t}u(t)$，即

$$H(p) = \frac{k}{p-\lambda} \Rightarrow h(t) = ke^{\lambda t}u(t) \qquad\qquad (2.2\text{-}12)$$

2. 对于一阶系统，$H(p) = \dfrac{k_1 p + k_0}{p - \lambda}$，方程右边含 $\delta'(t)$

$$y(t) = H(p)f(t) = \frac{k_1 p + k_0}{p - \lambda} f(t)$$

输出 $y(t)$ 和输入 $f(t)$ 分别用 $h(t)$ 和 $\delta(t)$ 代替，得

$$h'(t) - \lambda h(t) = k_1 \delta'(t) + k_0 \delta(t) \qquad\qquad (2.2\text{-}13)$$

考虑到式（2.2-13）等号右边有 $\delta'(t)$，因此 $h(t)$ 也应含有 $\delta(t)$ 项，才能使等式两边平衡。因此，该系统的冲激响应写为

$$h(t) = B\delta(t) + ce^{\lambda t}u(t) \qquad\qquad (2.2\text{-}14)$$

将式（2.2-14）代入式（2.2-13），有

$$B\delta'(t) + ce^{\lambda t}\delta(t) + c\lambda e^{\lambda t}u(t) - \lambda B\delta(t) - \lambda ce^{\lambda t}u(t) = k_1\delta'(t) + k_0\delta(t)$$

比较系数，得　　　　$B = k_1$，　　　　$c - \lambda B = k_0$

解得　　　　　　　　$c = k_0 + \lambda k_1$

所以　　　　　　　　$h(t) = k_1\delta(t) + (k_0 + \lambda k_1)e^{\lambda t}u(t)$

　　　　或者先将 $H(p)$ 分解

$$H(p) = \frac{k_1 p + k_0}{p - \lambda} = k_1 + \frac{k_0 + \lambda k_1}{p - \lambda}$$

则　　　　　　　　　$h(t) = H(p)\delta(t) = k_1\delta(t) + \dfrac{k_0 + \lambda k_1}{p - \lambda}\delta(t)$

所以冲激响应为　　　$h(t) = k_1\delta(t) + (k_0 + \lambda k_1)e^{\lambda t}u(t)$

即　　　　　　　　　$H(p) = \dfrac{k_1 p + k_0}{p - \lambda} \Rightarrow h(t) = k_1\delta(t) + (k_0 + \lambda k_1)e^{\lambda t}u(t) \qquad (2.2\text{-}15)$

3. 对于二阶系统，$H(p) = \dfrac{k}{(p - \lambda)^2}$

　　令 $f(t)$ 等于 $\delta(t)$，得冲激响应 $h(t)$ 的算子方程为

$$(p - \lambda)\big[(p - \lambda)h(t)\big] = k\delta(t)$$

根据式（2.2-12），有　$(p - \lambda)h(t) = ke^{\lambda t}u(t)$

两边同乘以 $e^{-\lambda t}$，得　$(p - \lambda)h(t)e^{-\lambda t} = ku(t)$

则有　　　　$\dfrac{\mathrm{d}h(t)}{\mathrm{d}t}e^{-\lambda t} - \lambda h(t)e^{-\lambda t} = ku(t)$，　　　$\dfrac{\mathrm{d}}{\mathrm{d}t}\big[h(t)e^{-\lambda t}\big] = ku(t)$，　　$h(t)e^{-\lambda t} = ktu(t)$

得　　　　　　　　　$h(t) = kte^{\lambda t}u(t)$

所以
$$H(p) = \frac{k}{(p-\lambda)^2} \Rightarrow h(t) = kt\mathrm{e}^{\lambda t}u(t) \qquad （2.2\text{-}16）$$

4. 对于 n 阶系统

设描述系统的 n 阶微分方程的传输算子为

$$H(p) = \frac{N(p)}{D(p)} = \frac{b_m p^m + b_{m-1}p^{m-1} + \cdots + b_1 p + b_0}{p^n + a_{n-1}p^{n-1} + \cdots + a_1 p + a_0} = \frac{b_m p^m + b_{m-1}p^{m-1} + \cdots + b_1 p + b_0}{(p-\lambda_1)(p-\lambda_2)\cdots(p-\lambda_n)}$$

则
$$h^{(n)}(t) + \cdots + a_1 h'(t) + a_0 h(t) = b_m \delta^{(m)}(t) + \cdots + b_1 \delta'(t) + b_0 \delta(t) \qquad （2.2\text{-}17）$$

为保证式（2.2-17）两边所含 $\delta(t)$ 及各项导数项相平衡，$h(t)$ 与方程两边的最高阶次 n 、m 有关。分为以下三种情况：

（1）$n > m$

当 $n > m$ 时，$H(p)$ 为真分式。对于 $D(p) = 0$ 的根为单根（不论实根、虚根、复数根），部分分式展开有

$$H(p) = \frac{N(p)}{D(p)} = \frac{k_1}{p-\lambda_1} + \frac{k_2}{p-\lambda_2} + \cdots + \frac{k_n}{p-\lambda_n}$$

由式（2.2-12）得
$$h(t) = k_1 \mathrm{e}^{\lambda_1 t} + k_2 \mathrm{e}^{\lambda_2 t} + \cdots + k_n \mathrm{e}^{\lambda_n t} = \left(\sum_{i=1}^{n} k_i \mathrm{e}^{\lambda_i t}\right)u(t)$$

对于 $D(p) = 0$ 的根有重根，如 m 重根，由式（2.2-16）得

$H(p)$ 中包含有：
$$\frac{k_1}{p-\lambda} + \frac{k_2}{(p-\lambda)^2} + \cdots + \frac{k_m}{(p-\lambda)^m}$$

对应 $h(t)$ 中将包含有：
$$\left(k_1 \mathrm{e}^{\lambda t} + k_2 t\mathrm{e}^{\lambda t} + \cdots + \frac{k_m}{(m-1)!}t^{m-1}\mathrm{e}^{\lambda t}\right)u(t)$$

（2）$n = m$

当 $n = m$ 时，$H(p)$ 可用除法化为一个常数项与一个真分式之和

$$H(p) = b_0 + \frac{N_0(p)}{D(p)} = b_0 + \frac{k_1}{p-\lambda_1} + \frac{k_2}{p-\lambda_2} + \cdots + \frac{k_n}{p-\lambda_n}$$

$$h(t) = b_0 \delta(t) + \left(\sum_{i=1}^{n} k_i \mathrm{e}^{\lambda_i t}\right)u(t)$$

$h(t)$ 中将包含冲激函数 $\delta(t)$ 项。

（3）$n < m$

当 $n < m$ 时，将 $H(p)$ 化为一个多项式与一个真分式之和 $H(p) = H_1(p) + \dfrac{N_1(p)}{D(p)}$，再对真分式按部分分式展开。$h(t)$ 中除了包含指数项和冲激函数 $\delta(t)$ 外，还将包含有冲激函数的各阶导数，如 $\delta'(t), \cdots, \delta^{(j)}(t), \cdots, \delta^{(m-n)}(t)$ ，即

$$h(t) = \sum_{j=0}^{m-n} B_j \delta^{(j)}(t) + \left(\sum_{i=1}^{n} k_i \mathrm{e}^{\lambda_i t}\right)u(t)$$

当 $H(p)$ 为真分式时，求单位冲激响应 $h(t)$ 的步骤如下：

第一步，确定系统的传输算子 $H(p)$。

第二步，将 $H(p)$ 展开成部分分式和的形式。

第三步，求得各分式对应的冲激响应分量 $h_i(t)$。

第四步，将所有的 $h_i(t)$ 相加，得到系统的单位冲激响应 $h(t)$。

例 2.2-4 已知 $H(p) = \dfrac{p^3 + 9p^2 + 24p + 18}{(p+1)(p^2 + 2p + 2)(p+2)^2}$，求 $h(t)$。

解 极点：$\lambda_1 = -1$，$\lambda_2 = -1 + \mathrm{j}$，$\lambda_3 = -1 - \mathrm{j}$，$\lambda_4 = \lambda_5 = -2$。则

$$H(p) = \frac{k_1}{p+1} + \frac{k_2}{p+1-\mathrm{j}} + \frac{k_3}{p+1+\mathrm{j}} + \frac{a_1}{(p+2)^2} + \frac{a_0}{p+2}$$

求得

$$k_1 = (p+1)H(p)\Big|_{p=-1} = \frac{p^3 + 9p^2 + 24p + 18}{(p^2 + 2p + 2)(p+2)^2}\Big|_{p=-1} = 2$$

$$k_2 = (p+1-\mathrm{j})H(p)\Big|_{p=-1+\mathrm{j}} = \frac{p^3 + 9p^2 + 24p + 18}{(p+1)(p+1+\mathrm{j})(p+2)^2}\Big|_{p=-1+\mathrm{j}} = -2 - \mathrm{j} = \sqrt{5}\mathrm{e}^{-\mathrm{j}153°}$$

$$k_3 = k_2{}^*$$

$$a_1 = (p+2)^2 H(p)\Big|_{p=-2} = 1，\qquad a_0 = \frac{\mathrm{d}}{\mathrm{d}p}\Big[(p+2)^2 H(p)\Big]_{p=-2} = 2$$

所以

$$H(p) = \frac{2}{p+1} + \frac{\sqrt{5}\mathrm{e}^{-\mathrm{j}153°}}{p+1-\mathrm{j}} + \frac{\sqrt{5}\mathrm{e}^{\mathrm{j}153°}}{p+1+\mathrm{j}} + \frac{2}{p+2} + \frac{1}{(p+2)^2}$$

$$h(t) = 2\mathrm{e}^{-t} + \sqrt{5}\mathrm{e}^{-\mathrm{j}153°}\mathrm{e}^{(-1+\mathrm{j})t} + \sqrt{5}\mathrm{e}^{\mathrm{j}153°}\mathrm{e}^{(-1-\mathrm{j})t} + 2\mathrm{e}^{-2t} + t\mathrm{e}^{-2t}$$

$$= [2\mathrm{e}^{-t} + 2\sqrt{5}\mathrm{e}^{-t}\cos(t - 153°) + 2\mathrm{e}^{-2t} + t\,\mathrm{e}^{-2t}]u(t)$$

2.2.4 零状态响应

当系统的初始状态为零时，由系统的外部激励 $f(t)$ 产生的响应，称为系统的零状态响应，用 $y_\mathrm{f}(t)$ 表示。

现在利用信号分解和线性时不变系统的特性求解系统对任意输入 $f(t)$ 的响应。一般信号 $f(t)$ 可以表示为一系列矩形脉冲之和。定义一个高度为单位高度、宽度为 τ、起始于 $t = 0$ 的脉冲 $g_\tau(t)\tau$，如图 2.2-1（a）所示，其中 $g_\tau(t)$ 是面积为 1 的矩形脉冲。图 2.2-1（b）将输入 $f(t)$ 表示为一系列窄矩形脉冲之和，其中，第 0 个矩形脉冲表示为 $f(0)g_\tau(t)\tau$，第 1 个矩形脉冲表示为 $f(\tau)g_\tau(t-\tau)\tau$，第 n 个矩形脉冲表示为 $f(n\tau)g_\tau(t-n\tau)\tau$，则 $f(t)$ 是所有这些脉冲分量之和。因此有

$$f(t) = \lim_{\tau \to 0} \sum_{n=-\infty}^{\infty} f(n\tau)g_\tau(t-n\tau)\tau$$

因为

$$\delta(t) = \lim_{\tau \to 0} g_\tau(t)$$

代入得

$$f(t) = \lim_{\tau \to 0} \sum_{n=-\infty}^{\infty} f(n\tau)\delta(t-n\tau)\tau$$

为求输入 $f(t)$ 的零状态响应，考虑线性时不变特性，表示如下：

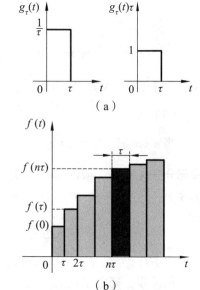

图 2.2-1 连续信号的分解

$$输入 \qquad\qquad 输出$$

$$\delta(t) \quad \Rightarrow \quad h(t)$$

$$\delta(t-n\tau) \quad \Rightarrow \quad h(t-n\tau)$$

$$f(n\tau)\delta(t-n\tau) \quad \Rightarrow \quad f(n\tau)h(t-n\tau)$$

$$\underbrace{\lim_{\tau\to 0}\sum_{n=-\infty}^{\infty}f(n\tau)\delta(t-n\tau)\tau}_{f(t)} \quad \Rightarrow \quad \underbrace{\lim_{\tau\to 0}\sum_{n=-\infty}^{\infty}f(n\tau)h(t-n\tau)\tau}_{y_f(t)}$$

因此，将零状态响应 $y_f(t)$ 写成积分的形式，即得任意波形信号 $f(t)$ 作用于线性系统引起的零状态响应

$$y_f(t) = \lim_{\tau\to 0}\sum_{n=-\infty}^{\infty}f(n\tau)h(t-n\tau)\tau = \int_{-\infty}^{\infty}f(\lambda)h(t-\lambda)\mathrm{d}\lambda \qquad （2.2\text{-}18）$$

这就是对任意输入 $f(t)$，用单位冲激响应 $h(t)$ 形式表示的零状态响应 $y_f(t)$ 的公式。已知 $h(t)$ 就可确定任意输入 $f(t)$ 的零状态响应 $y_f(t)$，即系统对任意输入的响应都可以用单位冲激响应确定。

系统总响应为（假设系统有 n 个单极点）

$$y(t) = y_x(t) + y_f(t) = \sum_{j=1}^{n}c_j\mathrm{e}^{\lambda_j t} + \int_{-\infty}^{\infty}f(\tau)h(t-\tau)\mathrm{d}\tau$$

例 2.2-5 已知 $i(t) = \dfrac{p}{(p+2)(p+3)}f(t)$，$f(t) = u(t)$，初始条件为 $i(0_-) = 1$，$i'(0_-) = 2$，求 $i(t)$。

解 ① 先求零输入响应。由传输算子 $H(p) = \dfrac{p}{(p+2)(p+3)}$ 求得极点为

$$\lambda_1 = -2，\qquad \lambda_2 = -3$$

零输入响应为 $\qquad i_x(t) = c_1\mathrm{e}^{-2t} + c_2\mathrm{e}^{-3t}$

代入初始条件有 $\qquad i(0_-) = c_1 + c_2 = 1，\qquad i'(0_-) = -2c_1 - 3c_2 = 2$

求解得 $\qquad c_1 = 5，\qquad c_2 = -4$

所以 $\qquad i_x(t) = 5\mathrm{e}^{-2t} - 4\mathrm{e}^{-3t} \qquad (t \geqslant 0)$

② 求零状态响应。将传输算子展开为

$$H(p) = \frac{p}{(p+2)(p+3)} = \frac{k_1}{p+2} + \frac{k_2}{p+3}$$

$$k_1 = \frac{p}{p+3}\bigg|_{p=-2} = -2，\qquad k_2 = \frac{p}{p+2}\bigg|_{p=-3} = 3$$

得 $\qquad H(p) = \dfrac{-2}{p+2} + \dfrac{3}{p+3}$

则冲激响应为 $\qquad h(t) = (-2\mathrm{e}^{-2t} + 3\mathrm{e}^{-3t})u(t)$

零状态响应 $\qquad i_f(t) = \displaystyle\int_{-\infty}^{\infty}f(\tau)h(t-\tau)\mathrm{d}\tau$

$$= \int_{-\infty}^{\infty}u(\tau)\Big[-2\mathrm{e}^{-2(t-\tau)} + 3\mathrm{e}^{-3(t-\tau)}\Big]u(t-\tau)\mathrm{d}\tau = \int_{0}^{t}\Big[-2\mathrm{e}^{-2(t-\tau)} + 3\mathrm{e}^{-3(t-\tau)}\Big]\mathrm{d}\tau$$

$$= -2\mathrm{e}^{-2t}\int_{0}^{t}\mathrm{e}^{2\tau}\mathrm{d}\tau + 3\mathrm{e}^{-3t}\int_{0}^{t}\mathrm{e}^{3\tau}\mathrm{d}\tau = (\mathrm{e}^{-2t} - \mathrm{e}^{-3t})u(t)$$

③ 求全响应：

$$i(t) = i_x(t) + i_f(t) = \underbrace{5e^{-2t} - 4e^{-3t}}_{i_x(t)} + \underbrace{e^{-2t} - e^{-3t}}_{i_f(t)} = 6e^{-2t} - 5e^{-3t} \qquad (t \geqslant 0)$$

由前面的分析可知，一个连续系统的全响应，可以按照系统微分方程的经典解法，将全解分为齐次解和特解两部分。其中，齐次解的函数是由系统本身特性决定的，与外加输入信号形式无关，称为系统的自由响应或固有响应。特解的形式由输入信号决定，称为系统的强迫响应。

系统全响应又可以表示为零输入响应和零状态响应两部分之和。零输入响应对应于齐次解，零状态响应包含齐次解和特解。注意，自由响应与零输入响应虽然都是系统齐次微分方程的解，但自由响应与零输入响应的系数不相同。自由响应的系数由初始状态和激励共同确定，即 0_+ 初始条件确定；零输入响应的系数由 0_- 初始条件确定。自由响应包含了零输入响应和零状态响应中的齐次解。

系统响应还可分解为暂态响应和稳态响应。所谓暂态响应，是指激励信号接入的一段时间内，完全响应中暂时出现的有关成分，随着时间 t 增加，它将消失，即 $t \to \infty$ 时，响应趋于 0 的那部分响应分量。而稳态响应是指 $t \to \infty$ 时，响应不为 0 的那部分响应分量。

例 2.2-6　已知系统的微分方程为

$$y''(t) + 3y'(t) + 2y(t) = f'(t) + 2f(t)$$

且 $f(t) = e^{-3t}u(t)$，初始条件为 $y(0_-) = 0$，$y'(0_-) = 3$，求系统完全响应 $y(t)$，并指出其零输入响应、零状态响应、自由响应、强迫响应、暂态响应和稳态响应。

解　系统的微分算子方程为

$$(p^2 + 3p + 2)y(t) = (p + 2)f(t)$$

① 先求零输入响应。由传输算子 $H(p) = \dfrac{p+2}{(p+1)(p+2)}$ 求得极点为

$$\lambda_1 = -1, \qquad \lambda_2 = -2$$

零输入响应为　　　$y_x(t) = c_1 e^{-t} + c_2 e^{-2t}$

代入初始条件有　　$y(0_-) = c_1 + c_2 = 0$, 　　　$y'(0_-) = -c_1 - 2c_2 = 3$

求解得　　　　　　$c_1 = 3$, 　　　$c_2 = -3$

所以　　　　　　　$y_x(t) = 3e^{-t} - 3e^{-2t}$ 　　　$(t \geqslant 0)$

② 求零状态响应。将传输算子展开为

$$H(p) = \frac{p+2}{(p+1)(p+2)} = \frac{1}{p+1}$$

则冲激响应为 $h(t) = e^{-t}u(t)$，代入 $f(t) = e^{-3t}u(t)$，则零状态响应为

$$y_f(t) = \int_{-\infty}^{\infty} f(\tau)h(t-\tau)\,d\tau = \int_{-\infty}^{\infty} \left[e^{-(t-\tau)}u(t-\tau) \right] e^{-3\tau}u(\tau)\,d\tau$$

$$= e^{-t} \int_0^t e^{-2\tau}\,d\tau = \frac{1}{2}(e^{-t} - e^{-3t})u(t)$$

③ 系统的全响应为

$$y(t) = y_x(t) + y_f(t) = \underbrace{3e^{-t} - 3e^{-2t}}_{i_x(t)} + \underbrace{\frac{1}{2}e^{-t} - \frac{1}{2}e^{-3t}}_{i_f(t)} = \frac{7}{2}e^{-t} - 3e^{-2t} - \frac{1}{2}e^{-3t} \qquad (t \geqslant 0)$$

由系统的全响应可得：

自由响应为　　$\dfrac{7}{2}\mathrm{e}^{-t}-3\mathrm{e}^{-2t}$　　　　　　　强迫响应为　　$-\dfrac{1}{2}\mathrm{e}^{-3t}$

暂态响应为　　$\dfrac{7}{2}\mathrm{e}^{-t}-3\mathrm{e}^{-2t}-\dfrac{1}{2}\mathrm{e}^{-3t}$　　　　稳态响应为　　0

例 2.2-7　已知系统的微分方程为

$$y''(t)+3y'(t)+2y(t)=f'(t)+2f(t)$$

且 $f(t)=\mathrm{e}^{-3t}u(t)$，初始条件为 $y(0_+)=0$，$y'(0_+)=4$，求系统的零输入响应和零状态响应。

　　解　本例与例 2.2-6 相似，区别仅在于已知的是 0_+ 初始条件。由式（2.2-9）及其导数式，有

$$\begin{cases} y(0_+)=y_\mathrm{x}(0_+)+y_\mathrm{f}(0_+)=0 \\ y'(0_+)=y_\mathrm{x}'(0_+)+y_\mathrm{f}'(0_+)=4 \end{cases} \tag{2.2-19}$$

按上式无法确定 $y_\mathrm{x}(0_+)$ 和 $y_\mathrm{x}'(0_+)$，也就无法求出零输入响应的待定系数。解决方法是：先求零状态响应，然后将零状态响应及其各阶导数的初始值代入式（2.2-19）即得到 0_- 初始条件。系统的微分算子方程为

$$(p^2+3p+2)y(t)=(p+2)f(t)$$

　　① 先求零状态响应。将传输算子展开为

$$H(p)=\frac{p+2}{(p+1)(p+2)}=\frac{1}{p+1}$$

则冲激响应为 $h(t)=\mathrm{e}^{-t}u(t)$，代入 $f(t)=\mathrm{e}^{-3t}u(t)$，则系统的零状态响应为

$$y_\mathrm{f}(t)=\int_{-\infty}^{\infty}f(\tau)h(t-\tau)\mathrm{d}\tau=\int_{-\infty}^{\infty}\left[\mathrm{e}^{-(t-\tau)}u(t-\tau)\right]\mathrm{e}^{-3\tau}u(\tau)\mathrm{d}\tau=\mathrm{e}^{-t}\int_0^t\mathrm{e}^{-2\tau}\mathrm{d}\tau=\frac{1}{2}(\mathrm{e}^{-t}-\mathrm{e}^{-3t})u(t)$$

由上式可求得 $y_\mathrm{f}(0_+)=0$，$y_\mathrm{f}'(0_+)=1$，代入式（2.2-19）得到 0_- 初始条件

$$y_\mathrm{x}(0_+)=0，\qquad y_\mathrm{x}'(0^+)=3$$

则　　　　　　　　　　$y(0_-)=y_\mathrm{x}(0_-)=0，\qquad y'(0_-)=y_\mathrm{x}'(0_-)=3$

　　② 求零输入响应。由传输算子 $H(p)=\dfrac{p+2}{(p+1)(p+2)}$ 求得极点为

$$\lambda_1=-1，\qquad \lambda_2=-2$$

零输入响应为　　　　　　$y_\mathrm{x}(t)=c_1\mathrm{e}^{-t}+c_2\mathrm{e}^{-2t}$

代入初始条件有　　　　　$y(0_-)=c_1+c_2=0，\qquad y'(0_-)=-c_1-2c_2=3$

求解得　　　　　　　　　$c_1=3，\ c_2=-3$

所以系统的零输入响应为　$y_\mathrm{x}(t)=3\mathrm{e}^{-t}-3\mathrm{e}^{-2t}$　　　　$(t\geqslant 0)$

2.3　卷　积　积　分

　　由输入 $f(t)$ 引起的零状态响应 $y_\mathrm{f}(t)$ 表示如下

$$y_\mathrm{f}(t)=\int_{-\infty}^{\infty}f(\tau)h(t-\tau)\mathrm{d}\tau$$

可见，零状态响应是以一个积分形式给出的，这种积分在物理学、工程学科和数学中经常出现，它有一个专用名字：卷积积分。

　　卷积积分（Convolution）的定义为：给定两个函数 $f_1(t)$ 和 $f_2(t)$，由这两个函数构成积分

$$f_1(t) * f_2(t) = \int_{-\infty}^{\infty} f_1(\tau) f_2(t-\tau) \mathrm{d}\tau \qquad (2.3\text{-}1)$$

这个积分就定义为函数 $f_1(t)$ 和 $f_2(t)$ 的卷积积分。简记为：$f_1(t) * f_2(t)$。

2.3.1　卷积的性质

卷积积分是一种数学运算方法,它具有一些重要性质,利用这些性质可使卷积运算大为简化。

1. 卷积代数

卷积积分与代数中的乘法运算相类似，满足三个基本代数运算规律。

① 交换律：$f_1(t) * f_2(t) = f_2(t) * f_1(t)$

② 分配律：$f_1(t) * \left[f_2(t) + f_3(t) \right] = f_1(t) * f_2(t) + f_1(t) * f_3(t)$

③ 结合律：$f_1(t) * \left[f_2(t) * f_3(t) \right] = \left[f_1(t) * f_2(t) \right] * f_3(t)$

2. 卷积的微分和积分

上述卷积代数运算的规律与乘法运算相类似，但卷积的微分和积分运算却与普通两个函数的乘积的微分和积分运算不同。

① 微分：$\quad \dfrac{\mathrm{d}}{\mathrm{d}t}\left[f_1(t) * f_2(t) \right] = f_1(t) * \dfrac{\mathrm{d}f_2(t)}{\mathrm{d}t} = \dfrac{\mathrm{d}f_1(t)}{\mathrm{d}t} * f_2(t)$

② 积分：$\quad \displaystyle\int_{-\infty}^{t} \left[f_1(\tau) * f_2(\tau) \right] \mathrm{d}\tau = f_1(t) * \left[\int_{-\infty}^{t} f_2(\tau)\mathrm{d}\tau \right] = \left[\int_{-\infty}^{t} f_1(\tau)\mathrm{d}\tau \right] * f_2(t)$

③ 微积分：$\dfrac{\mathrm{d}f_1(t)}{\mathrm{d}t} * \displaystyle\int_{-\infty}^{t} f_2(\tau)\mathrm{d}\tau = f_1(t) * f_2(t)$

3. $f(t)$ 与奇异信号的卷积

① $f(t)$ 与 $\delta(t)$ 的卷积：信号 $f(t)$ 与冲激函数 $\delta(t)$ 的卷积等于 $f(t)$ 本身，即

$$f(t) * \delta(t) = f(t)$$

② $f(t)$ 与 $u(t)$ 的卷积：信号 $f(t)$ 与阶跃函数的卷积等于 $f(t)$ 的积分，即

$$f(t) * u(t) = \int_{-\infty}^{t} f(\tau)\mathrm{d}\tau$$

推论　　　　$f(t) * u(t-t_0) = \displaystyle\int_{-\infty}^{t-t_0} f(\tau)\mathrm{d}\tau$

4. 卷积时移

若　　　　　$f_1(t) * f_2(t) = y(t)$

则　　　　　$f_1(t-t_0) * f_2(t) = f_1(t) * f_2(t-t_0) = y(t-t_0)$

式中，t_0 为实常数。可见，任意函数 $f(t)$ 与一个延迟时间为 t_0 秒的单位冲激函数的卷积，只是使 $f(t)$ 在时间上延迟了 t_0，而波形不变。

推论　　　　$f_1(t-t_1) * f_2(t-t_2) = y(t-t_1-t_2)$

式中，t_1 和 t_2 为实常数。

5. 输入与单位冲激响应的卷积积分上、下限

由输入 $f(t)$ 引起的零状态响应 $y_\mathrm{f}(t)$ 为

$$y_f(t) = f(t) * h(t) = \int_{-\infty}^{\infty} f(\tau)h(t-\tau)\mathrm{d}\tau \qquad （2.3-2）$$

在推导式（2.3-2）时，假定系统为线性时不变的，而对系统和输入信号 $f(t)$ 没有其他限制。在实际应用中，大多数系统都是因果的，系统响应不可能早于输入出现。另外，大多数输入信号也是因果的，表示它们开始于 $t = 0$ 时刻。

对信号和系统的因果性限制进一步简化了式（2.3-2）中的积分上、下限。根据定义，因果系统的输出不可能在输入开始之前出现，则因果系统对单位冲激信号 $\delta(t)$ 的响应 $h(t)$ 不可能早于 $t = 0$，$h(t)$ 是 $\delta(t)$ 在零状态下的响应，因此，一个因果系统的单位冲激响应 $h(t)$ 是一个因果信号。

注意，式（2.3-2）中的积分是对 τ（而非 t）进行的。若输入 $f(t)$ 是因果的，则当 $\tau < 0$ 时，$f(\tau) = 0$，即被积函数为 0，所以积分下限可改为 0；同样，若 $h(t)$ 是因果的，则当 $t - \tau < 0$ 或当 $\tau > t$ 时，$h(t-\tau) = 0$，即当 $\tau > t$ 时，被积函数为 0，所以积分上限可改为 t。

$$y_f(t) = f(t) * h(t) = \int_{0_-}^{t} f(\tau)h(t-\tau)\mathrm{d}\tau \qquad （2.3-3）$$

式（2.3-3）中的积分下限取为 0_-，以避免 $f(t)$ 在原点包含冲激时所带来的积分上的困难。

2.3.2　卷积的计算

1. 卷积积分的解析法

例 2.3-1　已知 $f(t) = u(t)$，$h(t) = \left[-2\mathrm{e}^{-2t} + 3\mathrm{e}^{-3t}\right]u(t)$，求 $y_f(t)$。

解　　　　　　$y_f(t) = f(t) * h(t) = (-2\mathrm{e}^{-2t} + 3\mathrm{e}^{-3t})u(t) * u(t)$

由卷积积分的性质，$f(t) * u(t) = \int_{-\infty}^{t} f(\tau)\mathrm{d}\tau$，则

$$y_f(t) = \int_{-\infty}^{t} (-2\mathrm{e}^{-2\tau} + 3\mathrm{e}^{-3\tau})u(\tau)\,\mathrm{d}\tau = \int_{0}^{t} (-2\mathrm{e}^{-2\tau} + 3\mathrm{e}^{-3\tau})\,\mathrm{d}\tau$$

$$= (\mathrm{e}^{-2\tau} - \mathrm{e}^{-3\tau})\Big|_{0}^{t} = \mathrm{e}^{-2t} - \mathrm{e}^{-3t} \qquad (t \geqslant 0)$$

例 2.3-2　已知 $f(t) = \mathrm{e}^{-t/2}\left[u(t) - u(t-2)\right]$，$h(t) = \mathrm{e}^{-t}u(t)$，求 $y_f(t)$。

解　　　　$y_f(t) = \int_{-\infty}^{\infty} f(\tau)h(t-\tau)\mathrm{d}\tau = \int_{-\infty}^{\infty} \mathrm{e}^{-\tau/2}\left[u(\tau) - u(\tau-2)\right]\mathrm{e}^{-(t-\tau)}u(t-\tau)\mathrm{d}\tau$

$$= \mathrm{e}^{-t}\int_{-\infty}^{\infty} \mathrm{e}^{\tau/2}\left[u(\tau)u(t-\tau)\right]\mathrm{d}\tau - \mathrm{e}^{-t}\int_{-\infty}^{\infty} \mathrm{e}^{\tau/2}\left[u(\tau-2)u(t-\tau)\right]\mathrm{d}\tau$$

$$= \mathrm{e}^{-t}\left[\int_{0}^{t} \mathrm{e}^{\tau/2}\mathrm{d}\tau\right]u(t) - \left[\mathrm{e}^{-t}\int_{2}^{t} \mathrm{e}^{\tau/2}\mathrm{d}\tau\right]u(t-2)$$

$$= 2\left[\mathrm{e}^{-t/2} - \mathrm{e}^{-t}\right]u(t) - 2\left[\mathrm{e}^{-t/2} - \mathrm{e}^{-(t-1)}\right]u(t-2)$$

由以上两例可以看出，应用卷积积分的定义直接计算，有两点需要注意：一是积分过程中积分上、下限如何确定；二是积分结果的有效存在时间如何使用阶跃函数表示出来。

可使用门函数确定积分上、下限。例如，例 2.3-2 中第一项积分含有 $u(\tau)u(t-\tau)$，即

$$u(\tau)u(t-\tau) = \begin{cases} 1 & \tau > 0 \text{ 且 } t - \tau > 0 \\ 0 & \text{其他} \end{cases}$$

相乘结果构成门函数，即

$$u(\tau)u(t-\tau) = u(\tau) - u(\tau-t) = \begin{cases} 1 & 0 < \tau < t \quad (t > 0) \\ 0 & \text{其他} \end{cases}$$

门函数的边界就是积分上、下限，所以积分上、下限为 $0 \sim t$。同理，第二项积分含有 $u(\tau-2)u(t-\tau)$，即

$$u(\tau-2)u(t-\tau) = \begin{cases} 1 & \tau > 2 \text{ 且 } t-\tau > 0 \\ 0 & \text{其他} \end{cases}$$

门函数为

$$u(\tau-2)u(t-\tau) = u(\tau-2) - u(\tau-t) = \begin{cases} 1 & 2 < \tau < t \quad (t > 2) \\ 0 & \text{其他} \end{cases}$$

所以积分上、下限为 $2 \sim t$。

积分结果的有效存在时间用阶跃函数表示，还可通过被积函数中两个阶跃函数构成的门函数来确定。例如，例 2.3-2 中第一项积分含有 $u(\tau)u(t-\tau)$，只有在 $t > 0$ 时积分才存在，所以结果乘以 $u(t)$，即 $2(e^{-t/2} - e^{-t})u(t)$；第二项积分含有 $u(\tau-2)u(t-\tau)$，只有在 $t > 2$ 时积分才存在，所以结果乘以 $u(t-2)$，即 $-2(e^{-t/2} - e^{-(t-1)})u(t-2)$。

2. 卷积积分的图解法

两个信号的卷积积分可以利用定义式计算，也可以用图解的方法计算。通过卷积积分的图形解释，很容易理解卷积运算，对求解更为复杂信号的卷积积分很有帮助。另外，用图解法直观，尤其是函数式复杂、用解析法求解容易出错时，通过图形帮助确定积分区间和积分上下限更为方便准确。最好将图解法、解析法两种方法结合起来。

运算过程的实质是：参与卷积的两个信号中，一个不动，另一个反转后随参变量 t 移动。对每一个 t 的值，将 $f(\tau)$ 和 $h(t-\tau)$ 对应相乘，再计算相乘后曲线所包围的面积。

下面通过对 $f(t)$ 和 $h(t)$ 的卷积来解释卷积运算。设是 $y(t)$ 是 $f(t)$ 和 $h(t)$ 的卷积，即

$$y(t) = f(t) * h(t) = \int_{-\infty}^{\infty} f(\tau)h(t-\tau)d\tau \tag{2.3-4}$$

注意：积分是对 τ 进行的，t 只是一个参数，这两个函数都应作为 τ 的函数绘制。

只要用 τ 置换 t，函数 $f(\tau)$ 就与 $f(t)$ 相同，有相同的图形表示。$h(\tau)$ 与 $h(t)$ 也相同。

为得到 $h(t-\tau)$ 的图形，先将 $h(\tau)$ 翻转得到 $h(-\tau)$，再将 $h(-\tau)$ 平移，得到 $h(-(\tau-t)) = h(t-\tau)$，t 为正数时，向右移；t 为负数时，向左移。

前面给出了 $f(\tau)$ 和 $h(t-\tau)$ 的图形解释。卷积 $y(t)$ 是 $f(\tau)$ 和 $h(t-\tau)$ 两个函数乘积下的面积。图解法求解的步骤如下：

第一步，变量替换。将 $f_1(t)$、$f_2(t)$ 中的自变量由 t 换为 τ，画出 $f_1(\tau)$ 和 $f_2(\tau)$ 的波形。

第二步，翻转。将其中一个信号翻转，如将 $f_2(\tau)$ 波形以纵轴为中心翻转 $180°$，得到 $f_2(-\tau)$ 的波形。

第三步，平移。将 $f_2(-\tau)$ 沿时间轴 τ 平移 t，变为 $f_2(t-\tau)$。

第四步，相乘。将 $f_1(\tau)$ 与 $f_2(t-\tau)$ 相乘得卷积积分式中的被积函数 $f_1(\tau)f_2(t-\tau)$。

第五步，计算乘积信号 $f_1(\tau)f_2(t-\tau)$ 波形与 τ 轴之间的面积，即卷积在 t 时刻的值。

第六步，令变量 t 在 $(-\infty, \infty)$ 范围内变化，重复第 3、4、5 步，最终得到卷积信号 $f_1(t) * f_2(t)$ 的值。

例 2.3-3 计算图 2.3-1 中信号的卷积，$y(t) = f(t) * h(t) = \int_{-\infty}^{\infty} f(\tau)h(t-\tau)d\tau$。

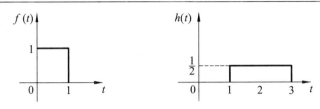

图 2.3-1　例 2.3-3 图（一）

解　首先将函数的自变量由 t 换为 τ，如图 2.3-2（a）、（b）所示。再将 $h(\tau)$ 翻转得 $h(-\tau)$，如图 2.3-2（c）所示。然后将 $h(-\tau)$ 平移 t，变为 $h(t-\tau)$。观察 $f(\tau)$ 与 $h(t-\tau)$ 的乘积随着参变量 t 的变化而变化的情况，将 t 分成不同的区间，计算过程如下：

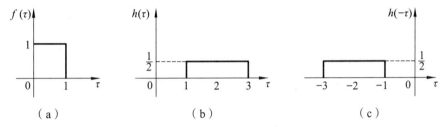

（a）　　　　　　　　　（b）　　　　　　　　　（c）

图 2.3-2　例 2.3-3 图（二）

① 当 $-1+t<0$，即 $t<1$ 时，$f(\tau)$ 与 $h(t-\tau)$ 两个波形没有相遇，因此 $f(\tau)h(t-\tau)=0$，所以 $y(t)=\int_{-\infty}^{\infty}f(\tau)h(t-\tau)\mathrm{d}\tau=0$，如图 2.3-3（a）所示。

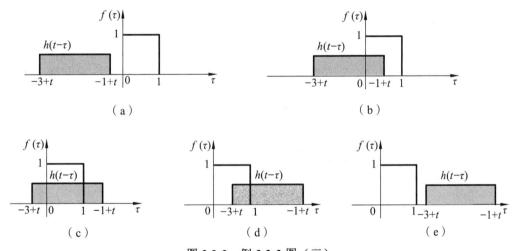

（a）　　　　　　　　　　　　　　　（b）

（c）　　　　　　　　（d）　　　　　　　　（e）

图 2.3-3　例 2.3-3 图（三）

② 当 $0\leqslant-1+t<1$，即 $1\leqslant t<2$ 时，$f(\tau)$ 与 $h(t-\tau)$ 两个波形相遇，而且随着 t 的增加，其重合区间增大，如图 2.3-3（b）所示。由图可见，在 $1\leqslant t<2$ 区间，重合区间为（0，$-1+t$），因此，卷积积分的下限、上限取 0 与 $-1+t$，且 $f(\tau)=1$，$h(t-\tau)=1/2$，即

$$y(t)=\int_{0}^{-1+t}f(\tau)h(t-\tau)\mathrm{d}\tau=\int_{0}^{-1+t}1\times\frac{1}{2}\mathrm{d}\tau=\frac{1}{2}(t-1)$$

③ 当 $1\leqslant-1+t$ 且 $-3+t<0$，即 $2\leqslant t<3$ 时，$f(\tau)$ 与 $h(t-\tau)$ 两个波形继续相遇，而且随着 t 的增加，其重合区间的长度不变，如图 2.3-3（c）所示。在 $2\leqslant t<3$ 区间，重合区间为（0，1），

因此，卷积积分的下限、上限取 0 与 1，且仍是 $f(\tau)=1$，$h(t-\tau)=1/2$，即

$$y(t)=\int_0^1 f(\tau)h(t-\tau)\mathrm{d}\tau=\int_0^1 1\times\frac{1}{2}\mathrm{d}\tau=\frac{1}{2}$$

④ 当 $0\leqslant -3+t<1$，即 $3\leqslant t<4$ 时，$f(\tau)$ 与 $h(t-\tau)$ 两个波形继续相遇，但随着 t 的增加，其重合区间逐渐减少，如图 2.3-3（d）所示。在 $3\leqslant t<4$ 区间，重合区间为（$-3+t$，1），因此，卷积积分的下限、上限取 $-3+t$ 与 1，且仍是 $f(\tau)=1$，$h(t-\tau)=1/2$，即

$$y(t)=\int_{-3+t}^1 f(\tau)h(t-\tau)\mathrm{d}\tau=\int_{-3+t}^1 1\times\frac{1}{2}\mathrm{d}\tau=\frac{1}{2}(4-t)$$

⑤ 当 $-3+t\geqslant 1$，即 $t\geqslant 4$ 时，$f(\tau)$ 与 $h(t-\tau)$ 两个波形没有公共的重叠部分，因此 $f(\tau)h(t-\tau)=0$，所以 $y(t)=\int_{-\infty}^\infty f(\tau)h(t-\tau)\mathrm{d}\tau=0$，如图 2.3-3（e）所示。

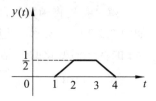

图 2.3-4　例 2.3-3 图（四）

卷积 $y(t)=f(t)*h(t)=\int_{-\infty}^\infty f(\tau)h(t-\tau)\mathrm{d}\tau$ 的各段积分结果如图 2.3-4 所示。可见，两个不等宽的矩形脉冲的卷积为一个等腰梯形。

2.4　系统对指数信号的响应

指数信号是用于线性系统频域分析的基本信号，任意连续输入信号 $f(t)$ 可分解为许多指数信号。

2.4.1　对指数信号 $f(t)=\mathrm{e}^{st}$（$-\infty<t<\infty$）的响应

当输入 $f(t)=\mathrm{e}^{st}$ 是无始无终（永存）指数函数，即函数定义域为 $-\infty<t<\infty$ 时，线性时不变连续系统（零状态）对输入的响应也是一个相同的无始无终指数（相差一个常数）。使系统对输入的响应具有与输入本身相同的形式，这样的输入称为系统的特征函数。由于正弦函数是指数函数的一种特例（$s=\mathrm{j}\omega$），无始无终的正弦函数也是线性时不变连续系统的一个特征函数。

证明　系统对无始无终指数函数输入 e^{st} 的零状态响应是输入 e^{st} 与系统单位冲激响应 $h(t)$ 的卷积积分，即

$$y_\mathrm{f}(t)=f(t)*h(t)=\mathrm{e}^{st}*h(t)=\int_{-\infty}^\infty h(\tau)\mathrm{e}^{s(t-\tau)}\mathrm{d}\tau=\mathrm{e}^{st}\int_{-\infty}^\infty h(\tau)\mathrm{e}^{-s\tau}\mathrm{d}\tau$$

右边的积分是复数变量 s 的函数，用 $H(s)$ 表示，它一般也是一个复数。因此

$$y_\mathrm{f}(t)=H(s)\mathrm{e}^{st} \tag{2.4-1}$$

其中　　　　　$$H(s)=\int_{-\infty}^\infty h(\tau)\mathrm{e}^{-s\tau}\mathrm{d}\tau$$

式（2.4-1）只有对使 $H(s)$ 存在，即 $\int_{-\infty}^\infty h(\tau)\mathrm{e}^{-s\tau}\mathrm{d}\tau$ 存在时的 s 值才成立。注意，给定 s 时，$H(s)$ 是一常数。因此，对无始无终指数函数，系统的输入和输出是相同的（相差一个常数）。

2.4.2　对指数信号 $f(t)=\mathrm{e}^{\lambda t}u(t)$ 的响应

在线性时不变连续系统的分析中，指数信号是最重要的信号之一。一个指数输入信号的强迫响应（特解）具有很简单的形式。从表 2.2-2 中可以看出，输入 $\mathrm{e}^{\lambda t}$ 具有 $B\mathrm{e}^{\lambda t}$ 的形式。下

面证明 $B = \dfrac{N(\lambda)}{D(\lambda)}$ ，此结论仅在 λ 不是系统的特征根时成立。

证明　在系统方程中

$$D(p)y(t) = N(p)f(t) \tag{2.4-2}$$

代入 $y_p(t) = Be^{\lambda t}$ ，得到　　$D(p)(Be^{\lambda t}) = N(p)e^{\lambda t}$ $\qquad$ （2.4-3）

有

$$pe^{\lambda t} = \frac{d}{dt}(e^{\lambda t}) = \lambda e^{\lambda t}$$

$$p^2 e^{\lambda t} = \frac{d^2}{dt^2}(e^{\lambda t}) = \lambda^2 e^{\lambda t}$$

$$\vdots$$

$$p^m e^{\lambda t} = \frac{d^m}{dt^m}(e^{\lambda t}) = \lambda^m e^{\lambda t}$$

所以有　　$D(p)e^{\lambda t} = D(\lambda)e^{\lambda t}$ $\quad$ 和 $\quad$ $N(p)e^{\lambda t} = N(\lambda)e^{\lambda t}$

则式（2.4-3）变为　　$D(\lambda)(Be^{\lambda t}) = N(\lambda)e^{\lambda t}$

得到　　$B = \dfrac{N(\lambda)}{D(\lambda)}$

所以，对于输入 $f(t) = e^{\lambda t}u(t)$ ，强迫响应为

$$y_p(t) = H(\lambda)e^{\lambda t} \qquad (t \geqslant 0) \tag{2.4-4}$$

式中　　$H(\lambda) = \dfrac{N(\lambda)}{D(\lambda)}$ $\qquad$ （2.4-5）

式（2.4-4）指出，一个指数输入 $e^{\lambda t}$ 的强迫响应 $y_p(t)$ 是同样的指数函数乘以 $H(\lambda) = \dfrac{N(\lambda)}{D(\lambda)}$ 。

系统对指数输入 $f(t) = e^{\lambda t}u(t)$ 的完全响应为

$$y(t) = \sum_{j=1}^{n} c_j e^{p_j t} + H(\lambda)e^{\lambda t} \qquad (t \geqslant 0) \tag{2.4-6}$$

其中，任意常数 c_1、c_2、…、c_n 由初始条件确定。式（2.4-6）的形式假设有 n 个不同根，如果有重根，应用相应的响应形式。

前面指出，指数信号包括很多种类的信号，如常数 $(s = 0)$、正弦 $(s = \pm j\omega)$ 和指数增长及衰减的正弦 $(s = \sigma \pm j\omega)$ 信号，这些信号的强迫响应为：

① 常数输入 $f(t) = c$ ，则 $y_p(t) = cH(0)$ 。

② 指数输入 $f(t) = e^{j\omega t}$ ，则 $y_p(t) = H(j\omega)e^{j\omega t}$ 。

③ 正弦输入 $f(t) = \cos \omega t$ 。当正弦信号作用到线性系统时，响应由暂态分量和稳态分量组成。其中稳态分量即强迫响应，也是一个与输入信号相同频率的正弦信号。

$$
\begin{array}{ll}
\text{输入} & \text{稳态响应} \\[6pt]
f(t) = e^{j\omega t} & y_{ss}(t) = H(j\omega)e^{j\omega t} \\[6pt]
f(t) = e^{-j\omega t} & y_{ss}(t) = H(-j\omega)e^{-j\omega t}
\end{array}
$$

由于 $f(t) = \cos \omega t = \dfrac{e^{j\omega t} + e^{-j\omega t}}{2}$ ，$\cos \omega t$ 的强迫响应为

$$y_p(t) = \frac{1}{2}\left[H(j\omega)e^{j\omega t} + H(-j\omega)e^{-j\omega t} \right]$$

由于等号右边两项共轭，即

$$y_p(t) = \text{Re}\left[H(j\omega)e^{j\omega t} \right]$$

又有　　　　　　　　$H(j\omega) = \left| H(j\omega) \right| e^{j\angle H(j\omega)}$

所以　　　　　　$y_p(t) = \text{Re}\left[\left| H(j\omega) \right| e^{j(\omega t + \angle H(j\omega))} \right] = \left| H(j\omega) \right| \cos(\omega t + \angle H(j\omega))$

这个结果可以推广到输入为 $f(t) = \cos(\omega t + \theta)$ 的情况，此时强迫响应为

$$y_p(t) = \left| H(j\omega) \right| \cos(\omega t + \theta + \angle H(j\omega))$$

　　本章最后比较一下求系统响应的两种方法：将响应分解为零输入响应和零状态响应之和进行求解的方法，与解微分方程的经典方法比较，经典方法较为简单；但经典方法得到的是完全响应，无法分解为由内部条件和外部条件分别引起的分量，而在对系统的研究中，用输入 $f(t)$ 的显函数形式来表示出系统对 $f(t)$ 的响应很重要；另外，经典方法局限于某些类型的输入，不适用于所有类型的输入；还有，经典方法得到的是完全响应，初始条件必须是对完全响应而言，它必须是从 $t \geq 0_+$ 开始的，但在实际中更有可能获得的是 $t = 0_-$ 时的初始条件，因此需要从已知的 $t = 0_-$ 时的条件推导出一组新的 $t = 0_+$ 时的条件。

2.5 节内容及本章小结在此，
扫一扫就能得到啦！

扫一扫，本章习题及
参考答案在这里哦！

第 3 章　连续时间信号与系统的频域分析

由于线性时不变系统的线性性质，通过将输入 $f(t)$ 分解成若干个分量，然后将系统对所有分量的响应相加就可以求得系统的响应。在时域分析中，$f(t)$ 被分解为冲激分量。从本章开始由时域转入变换域分析，首先讨论频域分析。在频域分析中，将 $f(t)$ 分解为 $e^{j\omega t}$ 的指数形式，分解的工具就是傅里叶变换。频域分析将时间变量变换成频率变量，揭示了信号内在的频率特性以及信号的时间特性与频率特性之间的密切关系。

3.1　周期信号的傅里叶级数

3.1.1　三角函数形式的傅里叶级数

如果连续时间信号 $f(t)$ 是以 T 为周期的周期信号，T 为正常数，则表达式为

$$f(t+T) = f(t) \qquad (-\infty < t < \infty)$$

满足上式的最小正数 T 为基本周期。

设 $f(t)$ 是基本周期为 T 的周期信号，则可以表示为

$$f(t) = a_0 + \sum_{n=1}^{\infty}\left[a_n \cos(n\omega_0 t) + b_n \sin(n\omega_0 t)\right] \qquad (-\infty < t < \infty) \qquad （3.1\text{-}1）$$

式（3.1-1）称为周期信号 $f(t)$ 的三角函数形式傅里叶级数。式中，ω_0 是基波角频率，且 $\omega_0 = \dfrac{2\pi}{T}$，$a_0$、$a_n$ 和 b_n 为傅里叶级数的系数，都是实数。其中 a_0 项是常数，或者是 $f(t)$ 的直流成分，$f(t)$ 的一次谐波项为 $a_1 \cos(\omega_0 t) + b_1 \sin(\omega_0 t)$，二次谐波项为 $a_2 \cos(2\omega_0 t) + b_2 \sin(2\omega_0 t)$，第 n 次谐波项为 $a_n \cos(n\omega_0 t) + b_n \sin(n\omega_0 t)$。注意，组成 $f(t)$ 的谐波频率是 ω_0 的整数倍 $k\omega_0$，这是周期信号的重要特性。式（3.1-1）表明：一个周期信号可以表示为直流分量和一系列不同频率的正弦量之和。

傅里叶级数的系数 a_0、a_n 和 b_n 可由下面的公式计算出来：

$$a_0 = \frac{1}{T}\int_0^T f(t)\mathrm{d}t$$

$$a_n = \frac{2}{T}\int_0^T f(t)\cos(n\omega_0 t)\mathrm{d}t \qquad (n = 1,\ 2,\ \cdots) \qquad （3.1\text{-}2）$$

$$b_n = \frac{2}{T}\int_0^T f(t)\sin(n\omega_0 t)\mathrm{d}t \qquad (n = 1,\ 2,\ \cdots) \qquad （3.1\text{-}3）$$

应该注意的是，上面给定的 a_n 和 b_n 可以在任何整周期内积分计算出来，即积分上、下限为一个周期即可，如 $(0,\ T)$、$\left(-\dfrac{T}{2},\ \dfrac{T}{2}\right)$、$\left(\dfrac{T}{2},\ \dfrac{3T}{2}\right)$ 等。因此，对任意实数 t_0，有

$$a_n = \frac{2}{T}\int_{t_0}^{t_0+T} f(t)\cos(n\omega_0 t)\mathrm{d}t \qquad (n = 1,\ 2,\ \cdots)$$

式（3.1-1）的三角函数形式傅里叶级数可以写成余弦函数的形式

$$f(t) = c_0 + \sum_{n=1}^{\infty} c_n \cos(n\omega_0 t + \varphi_n) \qquad (-\infty < t < \infty) \tag{3.1-4}$$

式中
$$\begin{cases} c_0 = a_0 \\ c_n = \sqrt{a_n^2 + b_n^2} \qquad (n = 1, 2, \cdots) \\ \varphi_n = \arctan\left(-\dfrac{b_n}{a_n}\right) \end{cases} \tag{3.1-5}$$

以及
$$\begin{cases} a_n = c_n \cos\varphi_n \\ b_n = -c_n \sin\varphi_n \end{cases} \tag{3.1-6}$$

如果一个周期信号 $f(t)$ 有傅里叶级数，必须满足狄里赫利（Dirichlet）条件：

① 在一个周期内连续或只有有限个第一类间断点。

② 在一个周期内只有有限个极大值和极小值。

③ 函数 $f(t)$ 在任一周期内绝对可积，即积分 $\int_{t_0}^{t_0+T} |f(t)| \mathrm{d}t$ 存在。

实际的周期信号都能满足 Dirichlet 条件，有傅里叶级数表达式，所以本书以后的分析不再考虑这一条件。

3.1.2　指数函数形式的傅里叶级数

利用欧拉公式将 $\sin(n\omega_0 t)$ 和 $\cos(n\omega_0 t)$ 的复指数形式代入式（3.1-1）

$$f(t) = a_0 + \sum_{n=1}^{\infty} \left[a_n \cos(n\omega_0 t) + b_n \sin(n\omega_0 t) \right]$$

可得到含有复指数函数的傅里叶级数。

将欧拉公式 $\cos\omega_0 t = \dfrac{\mathrm{e}^{\mathrm{j}\omega_0 t} + \mathrm{e}^{-\mathrm{j}\omega_0 t}}{2}$ 和 $\sin\omega_0 t = \dfrac{\mathrm{e}^{\mathrm{j}\omega_0 t} - \mathrm{e}^{-\mathrm{j}\omega_0 t}}{2\mathrm{j}}$ 代入上式，可得级数

$$f(t) = a_0 + \sum_{n=1}^{\infty} a_n \frac{\mathrm{e}^{\mathrm{j}n\omega_0 t} + \mathrm{e}^{-\mathrm{j}n\omega_0 t}}{2} + \sum_{n=1}^{\infty} b_n \frac{\mathrm{e}^{\mathrm{j}n\omega_0 t} - \mathrm{e}^{-\mathrm{j}n\omega_0 t}}{2\mathrm{j}}$$

$$= a_0 + \sum_{n=1}^{\infty} \frac{a_n - \mathrm{j}b_n}{2} \mathrm{e}^{\mathrm{j}n\omega_0 t} + \sum_{n=1}^{\infty} \frac{a_n + \mathrm{j}b_n}{2} \mathrm{e}^{-\mathrm{j}n\omega_0 t} \tag{3.1-7a}$$

令
$$F_0 = a_0, \qquad F_n = \frac{a_n - \mathrm{j}b_n}{2}, \qquad F_{-n} = \frac{a_n + \mathrm{j}b_n}{2} \tag{3.1-7b}$$

则
$$f(t) = F_0 + \sum_{n=1}^{\infty} (F_n \mathrm{e}^{\mathrm{j}n\omega_0 t} + F_{-n} \mathrm{e}^{-\mathrm{j}n\omega_0 t})$$

$$= F_0 + \sum_{n=1}^{\infty} F_n \mathrm{e}^{\mathrm{j}n\omega_0 t} + \sum_{n=-\infty}^{-1} F_n \mathrm{e}^{\mathrm{j}n\omega_0 t} = \sum_{n=-\infty}^{\infty} F_n \mathrm{e}^{\mathrm{j}n\omega_0 t} \qquad (-\infty < t < \infty)$$

即
$$f(t) = \sum_{n=-\infty}^{\infty} F_n \mathrm{e}^{\mathrm{j}n\omega_0 t} \qquad (-\infty < t < \infty) \tag{3.1-8}$$

式（3.1-8）为指数函数形式傅里叶级数。其中，F_n 为傅里叶级数系数，是复常数。下面讨论如何通过 $f(t)$ 求得 F_n。

为了求得 F_n 的计算表达式，在式（3.1-8）两端乘以 $\mathrm{e}^{-\mathrm{j}m\omega_0 t}$（$m$ 为整数），并在 $f(t)$ 的任一周期上积分，可得

$$\int_T f(t)\mathrm{e}^{-jm\omega_0 t}\mathrm{d}t = \int_T \left(\sum_{n=-\infty}^{\infty} F_n\mathrm{e}^{jn\omega_0 t}\right)\mathrm{e}^{-jm\omega_0 t}\mathrm{d}t$$

$$= \int_T \sum_{n=-\infty}^{\infty} F_n\mathrm{e}^{j(n-m)\omega_0 t}\mathrm{d}t = \sum_{n=-\infty}^{\infty} F_n\int_T \mathrm{e}^{j(n-m)\omega_0 t}\mathrm{d}t \qquad （3.1\text{-}9）$$

如果 $m \neq n$，则　　　$\int_T \mathrm{e}^{j(n-m)\omega_0 t}\mathrm{d}t = 0$

因为　　　　　　　　$\mathrm{e}^{j(n-m)\omega_0 t} = \cos(n-m)\omega_0 t + j\sin(n-m)\omega_0 t$

是周期为 T 的周期函数。当 $m = n$ 时，$\mathrm{e}^{j(n-m)\omega_0 t} = 1$，则积分结果为 T。因此

$$\int_T \mathrm{e}^{j(n-m)\omega_0 t}\mathrm{d}t = \begin{cases} 0 & n \neq m \\ T & n = m \end{cases}$$

则式（3.1-9）简化为　　　$\int_T f(t)\mathrm{e}^{-jm\omega_0 t}\mathrm{d}t = TF_m$

解得　　　　　　　　$F_m = \frac{1}{T}\int_T f(t)\mathrm{e}^{-jm\omega_0 t}\mathrm{d}t$

所以　　　　　　　　$F_n = \frac{1}{T}\int_T f(t)\mathrm{e}^{-jn\omega_0 t}\mathrm{d}t \qquad (-\infty < n < \infty,\ n\ 为整数) \qquad （3.1\text{-}10）$

式（3.1-10）是指数函数形式傅里叶级数的系数 F_n 的定义式。

由式（3.1-8）和式（3.1-10）得连续时间指数函数形式傅里叶级数变换对为

$$f(t) = \sum_{n=-\infty}^{\infty} F_n\mathrm{e}^{jn\omega_0 t}, \qquad F_n = \frac{1}{T}\int_T f(t)\mathrm{e}^{-jn\omega_0 t}\mathrm{d}t$$

可见，周期信号可分解为 $(-\infty, \infty)$ 区间上的指数信号 $\mathrm{e}^{jn\omega_0 t}$ 的线性组合，根据 F_n，$f(t)$ 可被唯一确定。

下面分析三角函数形式傅里叶系数与指数函数形式傅里叶系数之间的关系。

当 $f(t)$ 为实函数时，a_n 和 b_n 都是实数，由式（3.1-7b）可看出 F_n 和 F_{-n} 是互为共轭的一对，即 $F_n = F_{-n}^*$。

另外，由式（3.1-5）可得

$$a_n - jb_n = \sqrt{a_n^2 + b_n^2}\,\mathrm{e}^{j\arctan\left(-\frac{b_n}{a_n}\right)} = c_n\mathrm{e}^{j\varphi_n}$$

因此　　　$F_0 = a_0 = c_0, \qquad F_n = \frac{1}{2}c_n\mathrm{e}^{j\varphi_n}, \qquad F_{-n} = \frac{1}{2}c_n\mathrm{e}^{-j\varphi_n}$

从而得到　　　$|F_n| = |F_{-n}| = \frac{1}{2}c_n \qquad (n \neq 0)$

$$\angle F_n = \varphi_n, \qquad \angle F_{-n} = -\varphi_n \qquad （3.1\text{-}11）$$

三角函数形式傅里叶级数和指数函数形式傅里叶级数虽形式不同，但实际上都属于同一性质的级数，都是将一个信号表示为直流分量和各次谐波分量之和。实际应用中，采用指数函数形式傅里叶级数更为方便，一般来说，指数函数形式傅里叶系数的计算要比三角函数形式傅里叶系数的计算简单得多。

3.1.3　波形对称性与傅里叶系数

一般情况下，确定傅里叶系数的工作是繁琐的，因此，对这项工作的任何简化都是有益的，而具有对称性质的周期函数会大大降低确定傅里叶系数的工作量。下面讨论具有波形对

称性的周期函数的傅里叶级数展开式的特点。

1. 偶函数

对于 $-\infty < t < \infty$，如果 $f(t) = f(-t)$，则信号 $f(t)$ 称为偶函数，关于纵轴对称，如图 3.1-1 所示。

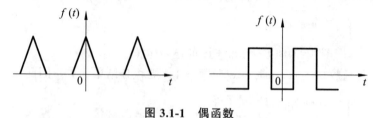

图 3.1-1　偶函数

由于 $\cos(n\omega_0 t)$ 是 t 的偶函数，$\sin(n\omega_0 t)$ 是 t 的奇函数，则式（3.1-2）和式（3.1-3）可以简化为

$$\begin{cases} a_n = \dfrac{4}{T}\displaystyle\int_0^{T/2} f(t)\cos(n\omega_0 t)\mathrm{d}t \\ b_n = 0 \end{cases} \qquad (n = 1,\ 2,\ \cdots)$$

则
$$f(t) = a_0 + \sum_{n=1}^{\infty} a_n \cos(n\omega_0 t)$$

即任何周期偶函数 $f(t)$ 的傅里叶级数仅由余弦项和常数项组成。

2. 奇函数

对于 $-\infty < t < \infty$，如果 $f(t) = -f(-t)$，则信号 $f(t)$ 称为奇函数，关于原点对称，如图 3.1-2 所示。于是

$$\begin{cases} a_n = 0 \qquad (全部 n) \\ b_n = \dfrac{4}{T}\displaystyle\int_0^{T/2} f(t)\sin(n\omega_0 t)\mathrm{d}t \end{cases} \qquad (n = 1,\ 2,\ \cdots)$$

则
$$f(t) = \sum_{n=1}^{\infty} b_n \sin(n\omega_0 t)$$

即任何周期奇函数 $f(t)$ 的傅里叶级数仅由正弦项组成。

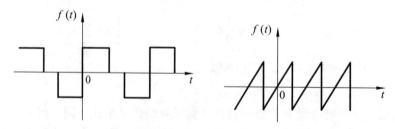

图 3.1-2　奇函数

在进行谐波分析时，通常纵坐标是可以人为选取的，只有选择合适的纵坐标，才有可能使波形所描述的函数成为奇（偶）函数。沿时间轴移动函数会影响周期函数的奇偶性，即正确选择 $t = 0$ 点的位置，将会把周期函数变成奇对称或偶对称。

3. 奇谐波函数

对于 $-\infty < t < \infty$，如果

$$f\left(t\pm\frac{T}{2}\right)=-f(t)\qquad（T\text{ 为 }f(t)\text{ 的周期）}$$

则称 $f(t)$ 为奇谐波函数，其波形特点是前半周平移半个
周期与后半周成镜像对称，即把波形的正半波向右平移
半个周期后，与负半波是以横轴为对称的，也称为半波
对称函数，如图 3.1-3 所示。

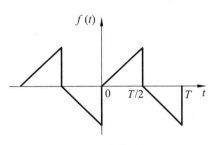

可以证明

$$a_n=0，\quad b_n=0\qquad（n\text{ 为偶数）}$$
$$a_n、b_n\text{ 有值}\qquad（n\text{ 为奇数）}$$

图 3.1-3　奇谐波函数

这样，半波对称信号的傅里叶级数仅包括奇次谐波，所以称为奇谐波函数。

4. 偶谐波函数

对于 $-\infty<t<\infty$，如果 $f\left(t\pm\frac{T}{2}\right)=f(t)$，则称 $f(t)$ 为偶谐波函数。可见，其波形的基本周

期是 $T/2$，而不是 T，如图 3.1-4 所示。其波形特点是前半周平
移半个周期与后半周相同，即把波形平移半个周期后与原波形是
重合的，则

$$a_n=0，\quad b_n=0\qquad（n\text{ 为奇数）}$$
$$a_n、b_n\text{ 有值}\qquad（n\text{ 为偶数）}$$

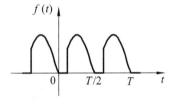

图 3.1-4　偶谐波函数

一个周期性函数是偶函数还是奇函数，除与波形本身有关
外，还与计时零点（即坐标原点）的选取有关。但一个周期函数是偶谐波函数还是奇谐波函
数，只与波形本身有关，与时间起点无关。注意，不要把奇函数和奇谐波函数相混淆，奇函
数只可能包含正弦项，而奇谐波函数只可能包含奇次谐波的正弦、余弦项。

例 3.1-1　已知波形如图 3.1-5 所示，求三角函数形式傅里叶级数展开式。

解　由图可见，波形平移半个周期后与原波形是重合
的，则 $f(t)$ 是偶谐波函数。

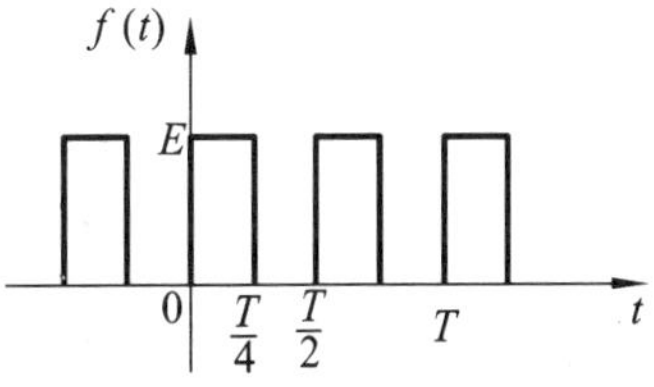

$$
\begin{aligned}
a_0 &=\frac{1}{T}\int_0^T f(t)\mathrm{d}t\\
&=\frac{1}{T}\left(\int_0^{T/4}E\mathrm{d}t+\int_{T/2}^{3T/4}E\mathrm{d}t\right)=\frac{E}{T}\left(\frac{T}{4}+\frac{3T}{4}-\frac{T}{2}\right)=\frac{E}{2}
\end{aligned}
$$

图 3.1-5　例 3.1-1 图

$$
\begin{aligned}
a_n &=\frac{2}{T}\left(\int_0^{T/4}E\cos n\omega_0 t\,\mathrm{d}t+\int_{T/2}^{3T/4}E\cos n\omega_0 t\,\mathrm{d}t\right)\\
&=\frac{2E}{T}\left[\frac{1}{n\omega_0}\sin\left(n\omega_0\cdot\frac{T}{4}\right)+\frac{1}{n\omega_0}\sin\left(n\omega_0\cdot\frac{3T}{4}\right)-\frac{1}{n\omega_0}\sin\left(n\omega_0\cdot\frac{T}{2}\right)\right]
\end{aligned}
$$

因为上式中 $\omega_0=\dfrac{2\pi}{T}$，则 $\quad a_n=\dfrac{E}{n\pi}\left(\sin\dfrac{n\pi}{2}+\sin\dfrac{3n\pi}{2}\right)=0$

同样可得 $\quad b_n=\dfrac{2}{T}\left(\int_0^{T/4}E\sin n\omega_0 t\,\mathrm{d}t+\int_{T/2}^{3T/4}E\sin n\omega_0 t\,\mathrm{d}t\right)=-\dfrac{E}{n\pi}\left(\cos\dfrac{n\pi}{2}-1+\cos\dfrac{3n\pi}{2}-\cos n\pi\right)$

$$
=\begin{cases}\dfrac{4E}{n\pi} & n=4i+2\quad(i=0,1,2,3,\cdots)\\[2mm] 0 & \text{其他}\end{cases}
$$

代入式（3.1-1）即得 $f(t)$ 的傅里叶级数展开式为

$$f(t) = \frac{E}{2} + \frac{4E}{\pi} \sum_{n=4i+2}^{\infty} \frac{1}{n} \sin n\omega_0 t$$

$$= \frac{E}{2} + \frac{4E}{\pi} \left(\frac{1}{2} \sin 2\omega_0 t + \frac{1}{6} \sin 6\omega_0 t + \frac{1}{10} \sin 10\omega_0 t + \cdots \right) \quad (i = 0, 1, 2, 3, \cdots)$$

例 3.1-2 已知波形如图 3.1-6 所示，求指数函数形式傅里叶级数展开式。

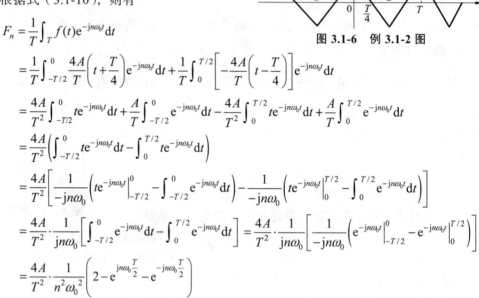

图 3.1-6　例 3.1-2 图

解 根据式（3.1-10），则有

$$F_n = \frac{1}{T} \int_T f(t) e^{-jn\omega_0 t} dt$$

$$= \frac{1}{T} \int_{-T/2}^{0} \frac{4A}{T} \left(t + \frac{T}{4} \right) e^{-jn\omega_0 t} dt + \frac{1}{T} \int_0^{T/2} \left[-\frac{4A}{T} \left(t - \frac{T}{4} \right) \right] e^{-jn\omega_0 t} dt$$

$$= \frac{4A}{T^2} \int_{-T/2}^{0} t e^{-jn\omega_0 t} dt + \frac{A}{T} \int_{-T/2}^{0} e^{-jn\omega_0 t} dt - \frac{4A}{T^2} \int_0^{T/2} t e^{-jn\omega_0 t} dt + \frac{A}{T} \int_0^{T/2} e^{-jn\omega_0 t} dt$$

$$= \frac{4A}{T^2} \left(\int_{-T/2}^{0} t e^{-jn\omega_0 t} dt - \int_0^{T/2} t e^{-jn\omega_0 t} dt \right)$$

$$= \frac{4A}{T^2} \left[\frac{1}{-jn\omega_0} \left(t e^{-jn\omega_0 t} \Big|_{-T/2}^{0} - \int_{-T/2}^{0} e^{-jn\omega_0 t} dt \right) - \frac{1}{-jn\omega_0} \left(t e^{-jn\omega_0 t} \Big|_0^{T/2} - \int_0^{T/2} e^{-jn\omega_0 t} dt \right) \right]$$

$$= \frac{4A}{T^2} \cdot \frac{1}{jn\omega_0} \left[\int_{-T/2}^{0} e^{-jn\omega_0 t} dt - \int_0^{T/2} e^{-jn\omega_0 t} dt \right] = \frac{4A}{T^2} \cdot \frac{1}{jn\omega_0} \left[\frac{1}{-jn\omega_0} \left(e^{-jn\omega_0 t} \Big|_{-T/2}^{0} - e^{-jn\omega_0 t} \Big|_0^{T/2} \right) \right]$$

$$= \frac{4A}{T^2} \cdot \frac{1}{n^2\omega_0^2} \left(2 - e^{jn\omega_0 \frac{T}{2}} - e^{-jn\omega_0 \frac{T}{2}} \right)$$

因为上式中 $\omega_0 = \dfrac{2\pi}{T}$，则

$$F_n = \frac{2A}{n^2\pi^2} (1 - \cos n\pi) = \begin{cases} \dfrac{4A}{n^2\pi^2} & (n \text{为奇数}) \\ 0 & (n \text{为偶数}) \end{cases}$$

将其代入式(3.1-8)即得 $f(t)$ 的指数函数形式傅里叶级数展开式为

$$f(t) = \sum_{n=-\infty}^{\infty} F_n e^{jn\omega_0 t} = \frac{4A}{\pi^2} \sum_{n=2i+1}^{\infty} \frac{1}{n^2} e^{jn\omega_0 t} \quad (i = 0, \pm 1, \pm 2, \cdots)$$

3.2　周期信号的傅里叶频谱

周期信号的频率分量统称为信号的频谱或周期信号所有谐波分量随频率的分布。

由三角函数形式傅里叶级数

$$f(t) = c_0 + \sum_{n=1}^{\infty} c_n \cos(n\omega_0 t + \varphi_n)$$

可知，一个周期信号 $f(t)$ 可以表示为频率为 0（直流），$\omega_0, 2\omega_0, \cdots, n\omega_0, \cdots$ 的正弦信号之和，它们的幅度分别是 $c_0, c_1, c_2, \cdots, c_n, \cdots$，相位分别是 $0, \varphi_1, \varphi_2, \cdots, \varphi_n, \cdots$。画出信号各次谐波对

应的振幅 c_n 及相位 φ_n 随 ω 变化的曲线，这种呈线状分布的图形称为信号的频谱图。c_n-ω 关系曲线称为幅度频谱图，如图 3.2-1（a）所示；φ_n-ω 关系曲线称为相位频谱图，如图 3.2-1（b）所示。可见，三角函数形式频谱是单边频谱，频谱图总在 $\omega \geqslant 0$ 的半平面上。

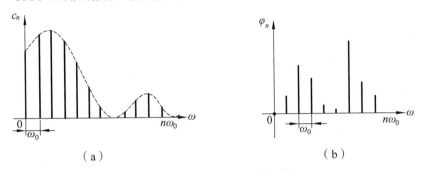

（a）　　　　　　　　　　　　　　　（b）

图 3.2-1　三角函数形式频谱

从频谱图中可以看出信号 $f(t)$ 所包含的频率分量及其大小和相位。知道了这些频谱，就可以根据公式 $f(t) = a_0 + \sum\limits_{n=1}^{\infty} c_n \cos(n\omega_0 t + \varphi_n)$ 合成出信号 $f(t)$。因此，频谱是描述一个周期信号 $f(t)$ 的另一种方式，一个信号的频谱构成了 $f(t)$ 的频域描述，对应于 $f(t)$ 用时间函数表征的时域描述。

在指数函数形式傅里叶级数中，周期信号 $f(t)$ 可以分解为不同频率虚指数信号之和，即

$$f(t) = \sum_{n=-\infty}^{\infty} F_n e^{jn\omega_0 t}$$

因此，可以通过研究傅里叶级数的系数 F_n 来研究信号的特性。F_n 是频率的函数，它反映了组成信号各次谐波的幅度和相位随频率变化的规律，称为频谱函数。由于 F_n 一般是复数，将系数 F_n 表示成极坐标形式 $|F_n|e^{j\varphi_n}$，其中 $|F_n|$ 和 φ_n 分别为各指数分量的振幅和相位，所以频谱图有两部分，$|F_n|$-ω 关系曲线称为幅度频谱图，φ_n-ω 关系曲线称为相位频谱图，如图 3.2-2 所示。可见，指数函数形式频谱是双边频谱，$n\omega_0$ 由 $-\infty \sim +\infty$ 在整个 ω 轴上变化。

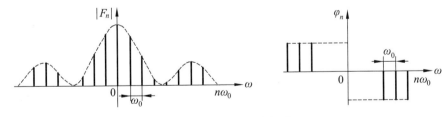

图 3.2-2　指数形式频谱

三角函数形式频谱图与指数函数形式频谱图之间的关系如下：

幅频特性　$|F_n| = \dfrac{1}{2}\sqrt{a_n^2 + b_n^2} = \dfrac{1}{2}c_n$　　　相频特性　$\varphi_n = \arctan\left(-\dfrac{b_n}{a_n}\right)$

三角函数形式频谱图 c_n-ω 和 φ_n-ω 是单边频谱，而指数函数形式频谱图 $|F_n|$-ω 和 φ_n-ω 是双边频谱。对于实信号 $f(t)$，幅度谱 $|F_n| = |F_{-n}|$，$|F_n|$-ω 是 ω 的偶函数，而相位频谱 φ_n-ω 是 ω 的奇函数。

例 3.2-1　求 $f(t) = \sin \omega_0 t$ 的指数函数形式频谱，并画出幅度谱和相位谱。

解　根据式（3.1-8）

$$f(t) = \sum_{n=-\infty}^{\infty} F_n \mathrm{e}^{\mathrm{j}n\omega_0 t} \qquad (-\infty < t < \infty)$$

将 $f(t)$ 化为指数函数形式的傅里叶级数，得

$$f(t) = \sin \omega_0 t = \frac{1}{2\mathrm{j}}(\mathrm{e}^{\mathrm{j}\omega_0 t} - \mathrm{e}^{-\mathrm{j}\omega_0 t}) = \frac{1}{2\mathrm{j}}\mathrm{e}^{\mathrm{j}\omega_0 t} - \frac{1}{2\mathrm{j}}\mathrm{e}^{-\mathrm{j}\omega_0 t}$$

所以 $f(t)$ 的频谱只有两项，指数函数形式的傅里叶级数的系数为

$$F_1 = \frac{1}{2\mathrm{j}} = \frac{1}{2}\mathrm{e}^{-\mathrm{j}\frac{\pi}{2}} , \qquad F_{-1} = -\frac{1}{2\mathrm{j}} = \frac{1}{2}\mathrm{e}^{\mathrm{j}\frac{\pi}{2}}$$

各指数分量的振幅 $|F_n|$ 和相位 φ_n 分别为

$$|F_1| = 0.5 , \qquad \varphi_1 = -\frac{\pi}{2}$$

$$|F_{-1}| = 0.5 , \qquad \varphi_{-1} = \frac{\pi}{2}$$

指数函数形式的频谱图如图 3.2-3 所示。

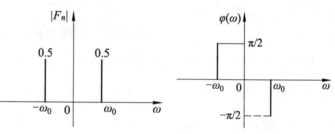

图 3.2-3　$\sin \omega_0 t$ 的频谱

例 3.2-2　求 $f(t) = 1 + \sin \omega_1 t + 2\cos \omega_1 t + \cos\left(2\omega_1 t + \dfrac{\pi}{4}\right)$ 的三角函数形式频谱和指数函数形式频谱，并画出相应的幅度谱和相位谱。

解　根据式（3.1-4）

$$f(t) = c_0 + \sum_{n=1}^{\infty} c_n \cos(n\omega_0 t + \varphi_n) \qquad (-\infty < t < \infty)$$

先将 $f(t)$ 化为余弦形式的傅里叶级数，得

$$f(t) = 1 + \sqrt{5}\cos(\omega_1 t - 0.15\pi) + \cos\left(2\omega_1 t + \frac{\pi}{4}\right)$$

则三角函数形式的傅里叶级数的系数为

$$c_0 = 1 , \qquad\qquad \varphi_0 = 0$$
$$c_1 = \sqrt{5} = 2.236 , \qquad \varphi_1 = -0.15\pi$$
$$c_2 = 1 , \qquad\qquad \varphi_2 = 0.25\pi$$

三角函数形式的频谱图如图 3.2-4 所示。

再根据式（3.1-8）

$$f(t) = \sum_{n=-\infty}^{\infty} F_n \mathrm{e}^{\mathrm{j}n\omega_0 t} \qquad (-\infty < t < \infty)$$

将 $f(t)$ 化为指数函数形式的傅里叶级数，得

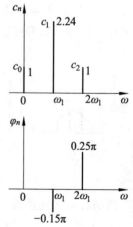

图 3.2-4　例 3.2-2 的三角形式频谱

$$f(t) = 1 + \sin \omega_1 t + 2\cos \omega_1 t + \cos\left(2\omega_1 t + \frac{\pi}{4}\right)$$

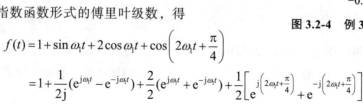

整理得
$$f(t)=1+\left(1+\frac{1}{2j}\right)e^{j\omega_1 t}+\left(1-\frac{1}{2j}\right)e^{-j\omega_1 t}+\frac{1}{2}e^{j\frac{\pi}{4}}e^{j2\omega_1 t}+\frac{1}{2}e^{-j\frac{\pi}{4}}e^{-j2\omega_1 t}$$

则指数函数形式的傅里叶级数的系数为

$$F_0=1\,,\qquad F_1=1+\frac{1}{2j}=1.12e^{-j0.15\pi}\,,\qquad F_{-1}=1-\frac{1}{2j}=1.12e^{j0.15\pi}$$

$$F_2=\frac{1}{2}e^{j\frac{\pi}{4}}\,,\qquad F_{-2}=\frac{1}{2}e^{-j\frac{\pi}{4}}$$

各指数分量的振幅 $|F_n|$ 和相位 φ_n 分别为

$$F_0=1\,,\qquad \varphi_0=0$$
$$|F_1|=1.12\,,\quad \varphi_1=-0.15\pi \qquad |F_{-1}|=1.12\,,\quad \varphi_{-1}=0.15\pi$$
$$|F_2|=0.5\,,\quad \varphi_2=0.25\pi \qquad |F_{-2}|=0.5\,,\quad \varphi_{-2}=-0.25\pi$$

指数函数形式的频谱图如图 3.2-5 所示。

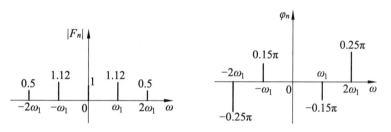

图 3.2-5　例 3.2-2 的复指数形式频谱

例 3.2-3　求图 3.2-6 所示的脉冲宽度为 τ、信号周期为 T 的周期矩形脉冲信号的频谱，并画出相应的幅度谱和相位谱。

解　周期矩形脉冲信号在第一周期内的表达式为

$$f(t)=\begin{cases}1 & |t|<\dfrac{\tau}{2}\\[2mm] 0 & \text{其他}\end{cases}$$

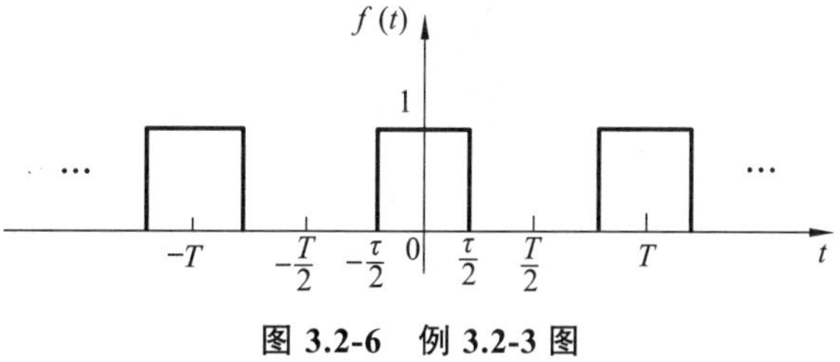

图 3.2-6　例 3.2-3 图

根据式（3.1-8），傅里叶级数的频谱为

$$F_n=\frac{1}{T}\int_{-T/2}^{T/2}f(t)e^{-jn\omega_0 t}\mathrm{d}t=\frac{1}{T}\int_{-\tau/2}^{\tau/2}e^{-jn\omega_0 t}\mathrm{d}t=\frac{1}{T}\cdot\left.\frac{e^{-jn\omega_0 t}}{-jn\omega_0}\right|_{-\tau/2}^{\tau/2}$$

$$=\frac{2}{T}\cdot\frac{\sin\dfrac{n\omega_0\tau}{2}}{n\omega_0}=\frac{\tau}{T}\cdot\frac{\sin\dfrac{n\omega_0\tau}{2}}{\dfrac{n\omega_0\tau}{2}}\qquad (n=0,\ \pm1,\ \pm2,\cdots)$$

其中基波频率 $\omega_0=\dfrac{2\pi}{T}$，抽样函数信号定义为 $\mathrm{Sa}(x)=\dfrac{\sin x}{x}$，则频谱为

$$F_n=\frac{\tau}{T}\mathrm{Sa}\left(\frac{n\omega_0\tau}{2}\right)\qquad (n=0,\ \pm1,\ \pm2,\cdots)\qquad\qquad (3.2\text{-}1)$$

由式（3.2-1）可见，周期矩形脉冲信号的频谱 F_n 是常数 $\dfrac{\tau}{T}$ 与函数 $\text{Sa}\left(\dfrac{n\omega_0\tau}{2}\right)$ 的乘积，变量为 $n\omega_0$，频谱结构取决于脉冲宽度 τ 及信号周期 T。当周期 T 为定值时，基波频率 $\omega_0 = \dfrac{2\pi}{T}$ 为一确定值，随着 τ 的减少，第一个过零点增大，而各次谐波分量的振幅 $\dfrac{\tau}{T}$ 同时减少。例如，当 $\tau = \dfrac{T}{4}$ 时，代入 $\omega_0 = \dfrac{2\pi}{T}$，则 $F_n = \dfrac{1}{4}\text{Sa}\left(\dfrac{n\pi}{4}\right)$，第一个过零点为 $n = 4$，频谱如图 3.2-7（a）所示。当 $\tau = \dfrac{T}{8}$ 时，频谱如图 3.2-7（b）所示。当脉冲宽度 τ 为定值时，第一个过零点为一确定值，随着周期 T 的增大，基波频率逐渐减小，谱线变密，而各次谐波分量的振幅同时减少。图 3.2-7（c）和（d）画出了脉冲宽度 τ 不变、周期 T 为 4τ 和 8τ 时的频谱。

由图 3.2-7 可以得出周期矩形脉冲信号频谱的特性：一是离散性，即频谱由不连续的谱线组成；二是谐波性，每一条谱线只能出现在基波频率的整数倍频率上，即只有基波频率的各次谐波分量；三是收敛性，即各次谐波分量的振幅随着谐波次数 n 的增大而逐渐减小。这些特性虽然是由周期矩形脉冲信号得到，但一般的周期信号也具有这些特性。

由于周期矩形脉冲信号具有收敛性，信号能量主要集中在 $\omega = 0 \sim \dfrac{2\pi}{\tau}$ 这段频率范围。通常将 $\omega = 0 \sim \dfrac{2\pi}{\tau}$ 这段频率范围称为矩形脉冲信号的频带宽度，即认为这种信号占有频率范围 B_ω 近似为 $\dfrac{2\pi}{\tau}$，记为 $B_\omega = \dfrac{2\pi}{\tau}$ 或 $B_f = \dfrac{1}{\tau}$。

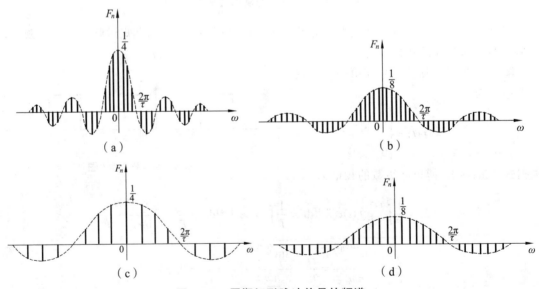

图 3.2-7　周期矩形脉冲信号的频谱

由图 3.2-7 可以看出，当周期 T 由小变大，其谐波频率成分则越来越多，并且频谱的幅度越来越小。当周期 T 趋于无穷大时，频谱的幅度趋于无穷小，此时周期信号趋于非周期信号，离散频谱趋于连续频谱。

3.3　非周期信号的连续时间傅里叶变换

3.3.1　非周期信号的傅里叶变换

由前面关于周期矩形脉冲信号频谱的讨论已经知道，当周期 T 趋于无穷大时，周期信号趋于非周期信号。

下面分析如图 3.3-1（a）所示的非周期信号 $f(t)$。

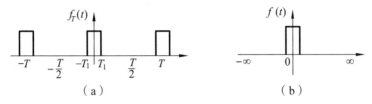

（a）　　　　　　　　　　　　（b）

图 3.3-1　通过非周期信号构造周期信号

为了把 $f(t)$ 用无始无终的指数信号表示，可以考虑先构造一个新的周期信号 $f_T(t)$，它由信号 $f(t)$ 以每隔 T 秒不断重复形成，如图 3.3-1（b）所示。这里的周期 T 要足够地长，以避免重复脉冲之间互相重叠。若令 $T \to \infty$，则在这个周期信号中的脉冲就会在一个无限长的间隔之后重复，因此

$$\lim_{T \to \infty} f_T(t) = f(t)$$

这样，代表 $f_T(t)$ 的傅里叶级数也一定能在极限 $T \to \infty$ 下表示 $f(t)$。当周期矩形脉冲信号的周期 T 无限大时，就演变成了非周期信号的单脉冲信号。周期信号 $f_T(t)$ 可以用指数函数形式傅里叶级数表示为

$$f_T(t) = \sum_{n=-\infty}^{\infty} F_n e^{jn\omega_0 t} \tag{3.3-1}$$

其中

$$F_n = \frac{1}{T} \int_{-T/2}^{T/2} f_T(t) e^{-jn\omega_0 t} dt \tag{3.3-2}$$

$$\omega_0 = \frac{2\pi}{T} \tag{3.3-3}$$

可以看到，在 $\left(-\dfrac{T}{2}, \dfrac{T}{2} \right)$ 上积分 $f_T(t)$ 与在 $(-\infty, \infty)$ 上积分 $f(t)$ 是完全一样的，因此式（3.3-2）可表示为

$$F_n = \frac{1}{T} \int_{-\infty}^{\infty} f(t) e^{-jn\omega_0 t} dt \tag{3.3-4}$$

当 $T \to \infty$ 时，ω_0 变成无限小，用更加近似的符号 $\Delta\omega$ 代替 ω_0，所以 $n\omega_0$ 由离散间隔转换为连续变量 ω，记为 $\omega = n\omega_0$，则

$$F_n = \lim_{T \to \infty} \frac{1}{T} \int_{-\infty}^{\infty} f(t) e^{-j\omega t} dt = \lim_{T \to \infty} \frac{1}{T} F(j\omega) \tag{3.3-5}$$

其中

$$F(j\omega) = \int_{-\infty}^{\infty} f(t) e^{-j\omega t} dt \tag{3.3-6}$$

$F(j\omega)$ 是 ω 的一个连续函数，由式（3.3-4）和式（3.3-6）可得

$$F_n = \frac{1}{T} F(jn\omega_0) \tag{3.3-7}$$

式（3.3-7）意味着傅里叶系数 F_n 是 $F(j\omega)$ 以 ω_0 为间隔的均匀样本的 $\frac{1}{T}$ 倍。因此，$\frac{1}{T}F(j\omega)$ 是系数 F_n 的包络。

将式（3.3-7）代入式（3.3-1），得

$$f_T(t) = \sum_{n=-\infty}^{\infty} \frac{F(jn\omega_0)}{T} e^{jn\omega_0 t} \qquad (3.3-8)$$

当 $T \to \infty$ 时，ω_0 变成无限小，用符号 $\Delta\omega$ 代替 ω_0，则 $\Delta\omega = \frac{2\pi}{T}$，式（3.3-8）变为

$$f_T(t) = \sum_{n=-\infty}^{\infty} \frac{F(jn\Delta\omega)\Delta\omega}{2\pi} e^{jn\Delta\omega t} \qquad (3.3-9)$$

式（3.3-9）表明，$f_T(t)$ 能表示为频率为 $0, \pm\Delta\omega, \pm2\Delta\omega, \cdots$ 的无始无终的指数信号之和（傅里叶级数）。频率为 $n\Delta\omega$ 分量的大小是 $\frac{F(jn\Delta\omega)\Delta\omega}{2\pi}$。在极限情况下，$T \to \infty$，$\Delta\omega \to 0$，$f_T(t) \to f(t)$。因此

$$f(t) = \lim_{T \to \infty} f_T(t) = \lim_{\Delta\omega \to 0} \frac{1}{2\pi} \sum_{n=-\infty}^{\infty} F(jn\Delta\omega) e^{jn\Delta\omega t} \Delta\omega \qquad (3.3-10)$$

式（3.3-10）右边的和可以视为

$$f(t) = \frac{1}{2\pi} \int_{-\infty}^{\infty} F(j\omega) e^{j\omega t} d\omega \qquad (3.3-11)$$

这个积分称为傅里叶积分。现在已经将一个非周期信号 $f(t)$ 表示成一个傅里叶积分。从推导可知，此积分就是在基波频率 $\Delta\omega \to 0$ 下的傅里叶级数。指数 $e^{jn\Delta\omega t}$ 的大小是 $\frac{F(jn\Delta\omega)\Delta\omega}{2\pi}$，于是 $F(j\omega) = \int_{-\infty}^{\infty} f(t) e^{-j\omega t} dt$ 就作为一个频谱函数。

由式（3.3-6）和式（3.3-11）得傅里叶变换对

$$f(t) = \frac{1}{2\pi} \int_{-\infty}^{\infty} F(j\omega) e^{j\omega t} d\omega, \qquad F(j\omega) = \int_{-\infty}^{\infty} f(t) e^{-j\omega t} dt$$

其中，$F(j\omega)$ 称为 $f(t)$ 的变换函数，$f(t)$ 称为 $F(j\omega)$ 的原函数。由 $f(t)$ 求 $F(j\omega)$ 称为傅里叶正变换，由 $F(j\omega)$ 求 $f(t)$ 称为傅里叶逆变换。简记为

$$\mathscr{F}[f(t)] = F(j\omega), \qquad \mathscr{F}^{-1}[F(j\omega)] = f(t)$$
$$f(t) \Leftrightarrow F(j\omega)$$

前面根据周期信号的傅里叶级数导出了傅里叶变换。从理论上讲，非周期信号 $f(t)$ 也应满足一定条件才存在傅里叶变换。非周期信号 $f(t)$ 的傅里叶变换存在的充分条件为 $f(t)$ 应绝对可积，即

$$\int_{-\infty}^{\infty} |f(t)| dt < \infty$$

所有能量信号均满足此条件。这一条件是傅里叶变换存在的充分条件而不是必要条件。一些不满足绝对可积条件的函数也可以有傅里叶变换，例如阶跃函数、正弦函数等。

3.3.2　非周期信号的频谱函数

由非周期信号的傅里叶变换可知

$$f(t) = \frac{1}{2\pi}\int_{-\infty}^{\infty}F(\mathrm{j}\omega)\mathrm{e}^{\mathrm{j}\omega t}\mathrm{d}\omega$$

此式表明，非周期信号 $f(t)$ 可以表示成复指数 $\mathrm{e}^{\mathrm{j}\omega t}$ 的连续和，振幅为 $\frac{1}{2\pi}F(\mathrm{j}\omega)\mathrm{d}\omega$ ，对任一 ω ，

因 $\mathrm{d}\omega$ 为无穷小，所以 $\mathrm{e}^{\mathrm{j}\omega t}$ 的绝对振幅 $\left|\frac{1}{2\pi}F(\mathrm{j}\omega)\mathrm{d}\omega\right| \to 0$ ，也是无穷小，虽然各频谱幅度无限小，

但相对大小仍有区别。

由式（3.3-6）有

$$F(\mathrm{j}\omega) = \int_{-\infty}^{\infty}f(t)\mathrm{e}^{-\mathrm{j}\omega t}\mathrm{d}t = \lim_{T\to\infty}TF_n = \lim_{\omega_0\to 0}\frac{2\pi F_n}{\omega_0} = \lim_{f\to 0}\frac{F_n}{f}$$

可知 $F(\mathrm{j}\omega)$ 是一个密度的概念，其量纲为单位频率的振幅，因此称 $F(\mathrm{j}\omega)$ 为频谱密度函数，或简称频谱函数、频谱。$F(\mathrm{j}\omega)$ 一般是复函数，可记为

$$F(\mathrm{j}\omega) = \left|F(\mathrm{j}\omega)\right|\mathrm{e}^{\mathrm{j}\varphi(\omega)}$$

式中，$\left|F(\mathrm{j}\omega)\right|$ 为 $F(\mathrm{j}\omega)$ 的模，代表信号 $f(t)$ 中各频率分量的相对大小；$\varphi(\omega)$ 为 $F(\mathrm{j}\omega)$ 的相位，代表各频率分量的相位。与周期信号的频谱相对应，习惯上将 $\left|F(\mathrm{j}\omega)\right|$-$\omega$ 曲线称为非周期信号的幅度频谱，而将 $\varphi(\omega)$-ω 曲线称为非周期信号的相位频谱，它们都是 ω 的连续函数。

3.4　典型信号的傅里叶变换

3.4.1　单边指数信号

单边指数信号 $f(t) = \mathrm{e}^{-\alpha t}u(t)$ ，当 $\alpha > 0$ 时，为单边衰减指数信号。

由傅里叶变换定义

$$F(\mathrm{j}\omega) = \int_{-\infty}^{\infty}\mathrm{e}^{-\alpha t}u(t)\cdot\mathrm{e}^{-\mathrm{j}\omega t}\mathrm{d}t = \int_{0}^{\infty}\mathrm{e}^{-(\alpha+\mathrm{j}\omega)t}\mathrm{d}t = \frac{-1}{\alpha+\mathrm{j}\omega}\mathrm{e}^{-(\alpha+\mathrm{j}\omega)t}\Bigg|_{0}^{\infty} = \frac{1}{\alpha+\mathrm{j}\omega}$$

所以　　　　$\mathrm{e}^{-\alpha t}u(t) \Leftrightarrow \frac{1}{\alpha+\mathrm{j}\omega}$ 　　　$(\alpha > 0)$ 　　　　　　　　　　　　　（3.4-1）

当 $\alpha > 0$ 时，$\displaystyle\int_{-\infty}^{\infty}\left|f(t)\right|\mathrm{d}t = \int_{-\infty}^{\infty}\left|\mathrm{e}^{-\alpha t}u(t)\right|\mathrm{d}t = \frac{1}{\alpha} < \infty$ ，满足绝对可积条件，傅里叶变换存在。

当 $\alpha < 0$ 时，$\displaystyle\int_{-\infty}^{\infty}\left|f(t)\right|\mathrm{d}t = \int_{-\infty}^{\infty}\left|\mathrm{e}^{-\alpha t}u(t)\right|\mathrm{d}t = -\frac{1}{\alpha}\mathrm{e}^{-\alpha t}\Bigg|_{0}^{\infty} \to \infty$ ，不满足绝对可积条件，傅里叶

变换不存在。

单边指数信号的幅度频谱和相位频谱分别为

幅度频谱　　$\left|F(\mathrm{j}\omega)\right| = \dfrac{1}{\sqrt{\alpha^2+\omega^2}}$

相位频谱　　$\varphi(\omega) = -\arctan\dfrac{\omega}{\alpha}$

频谱图如图 3.4-1 所示。

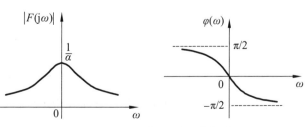

图 3.4-1　单边指数信号的频谱

3.4.2　矩形脉冲信号

矩形脉冲信号表示为

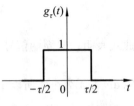

图 3.4-2　矩形脉冲信号

$$g_\tau(t) = \begin{cases} 1 & |t| < \dfrac{\tau}{2} \\ 0 & |t| > \dfrac{\tau}{2} \end{cases}$$

式中，τ 为脉冲宽度，波形如图 3.4-2 所示。

$$F(j\omega) = \int_{-\infty}^{\infty} g_\tau(t) e^{-j\omega t} dt = \int_{-\tau/2}^{\tau/2} 1 \cdot e^{-j\omega t} dt = \frac{1}{-j\omega} e^{-j\omega t} \Big|_{-\tau/2}^{\tau/2}$$

$$= \frac{1}{-j\omega}\left(e^{-j\omega\frac{\tau}{2}} - e^{j\omega\frac{\tau}{2}}\right) = \frac{2\sin\left(\dfrac{\omega\tau}{2}\right)}{\omega} = \tau\frac{\sin\left(\dfrac{\omega\tau}{2}\right)}{\dfrac{\omega\tau}{2}} = \tau\,\mathrm{Sa}\left(\frac{\omega\tau}{2}\right)$$

式中，$\mathrm{Sa}\left(\dfrac{\omega\tau}{2}\right)$ 为抽样函数信号，抽样函数信号的定义为 $\mathrm{Sa}(t) = \dfrac{\sin t}{t}$。

所以得　　　　　　$g_\tau(t) \Leftrightarrow \tau\,\mathrm{Sa}\left(\dfrac{\omega\tau}{2}\right)$ 　　　　　　　　　　（3.4-2）

矩形脉冲信号的幅度频谱和相位频谱分别为：

$$\left|F(j\omega)\right| = \tau\left|\mathrm{Sa}\left(\frac{\omega\tau}{2}\right)\right|$$

$$\varphi(\omega) = \begin{cases} 0 & \dfrac{4n\pi}{\tau} < |\omega| < \dfrac{2(2n+1)\pi}{\tau} \\ \pm\pi & \dfrac{2(2n+1)\pi}{\tau} < |\omega| < \dfrac{2(2n+2)\pi}{\tau} \end{cases} \quad (n = 0,\ 1,\ 2,\ \cdots)$$

频谱图如图 3.4-3 所示。

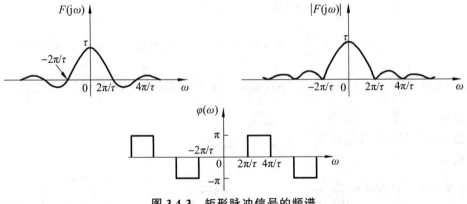

图 3.4-3　矩形脉冲信号的频谱

由图 3.4-3 可见，矩形脉冲信号在时域内集中在有限的范围内，而它的频谱却以 $\mathrm{Sa}\left(\dfrac{\omega\tau}{2}\right)$ 的

规律变化，分布在无限宽的频率范围上，但是其信号能量主要集中在 $\omega = 0 \sim \dfrac{2\pi}{\tau}$ 这段频率范围。

3.4.3　单位冲激函数 $\delta(t)$

利用冲激函数的采样性质，有

$$\mathscr{F}\big[\delta(t)\big]=\int_{-\infty}^{\infty}\delta(t)\mathrm{e}^{-\mathrm{j}\omega t}\mathrm{d}t=1$$

即　　　　$\delta(t) \Leftrightarrow 1$ 　　　　（3.4-3）

此变换说明，在一点的冲激包含了全部频谱分量，频谱幅值等于 1。

图 3.4-4 示出了 $\delta(t)$ 及其频谱。

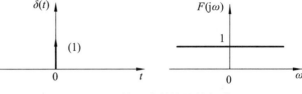

图 3.4-4　单位冲激信号的频谱

例 3.4-1　求 $\delta(\omega)$ 的傅里叶逆变换。

解　由傅里叶逆变换定义有

$$\mathscr{F}^{-1}\big[\delta(\omega)\big]=\frac{1}{2\pi}\int_{-\infty}^{\infty}\delta(\omega)\mathrm{e}^{\mathrm{j}\omega t}\mathrm{d}\omega=\frac{1}{2\pi}$$

因此　　　　$\dfrac{1}{2\pi} \Leftrightarrow \delta(\omega)$ 　　或　　$1 \Leftrightarrow 2\pi\delta(\omega)$

这个结果表明：一个常数信号 $\dfrac{1}{2\pi}$ 的频谱是一个冲激信号 $\delta(\omega)$，如图 3.4-5 所示。

由 $\delta(t) \Leftrightarrow 1$，则 $\mathscr{F}^{-1}\big[1\big]=\delta(t)$，根据傅里叶逆变换定义

$$f(t)=\frac{1}{2\pi}\int_{-\infty}^{\infty}F(\mathrm{j}\omega)\mathrm{e}^{\mathrm{j}\omega t}\mathrm{d}\omega$$

有　　　$f(t)=\mathscr{F}^{-1}\big[1\big]=\dfrac{1}{2\pi}\int_{-\infty}^{\infty}1\cdot\mathrm{e}^{\mathrm{j}\omega t}\mathrm{d}\omega=\delta(t)$

即　　　　$\displaystyle\int_{-\infty}^{\infty}\mathrm{e}^{\mathrm{j}\omega t}\mathrm{d}\omega=2\pi\delta(t)$

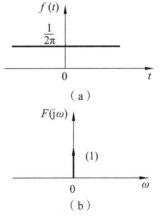

（a）

（b）

图 3.4-5　常数信号 1/2π 的频谱

由 $1 \Leftrightarrow 2\pi\delta(\omega)$，则 $\mathscr{F}\big[1\big]=2\pi\delta(\omega)$，根据傅里叶变换定义

$$F(\mathrm{j}\omega)=\int_{-\infty}^{\infty}f(t)\mathrm{e}^{-\mathrm{j}\omega t}\mathrm{d}t$$

有　　　$\mathscr{F}\big[1\big]=\displaystyle\int_{-\infty}^{\infty}1\cdot\mathrm{e}^{-\mathrm{j}\omega t}\mathrm{d}t=2\pi\delta(\omega)$

即　　　　$\displaystyle\int_{-\infty}^{\infty}\mathrm{e}^{-\mathrm{j}\omega t}\mathrm{d}t=2\pi\delta(\omega)$

一般表示为　　　$\displaystyle\int_{-\infty}^{\infty}\mathrm{e}^{\pm\mathrm{j}xy}\mathrm{d}x=2\pi\delta(y)$ 　　　　（3.4-4）

式（3.4-4）是一个重要的结果。可这样理解：对复指数 $\mathrm{e}^{\pm\mathrm{j}xy}$ 积分，若积分变量为 x，结果为 $2\pi\delta(y)$；若积分变量为 y，结果为 $2\pi\delta(x)$，而与复指数上的正、负号无关。注意：式（3.4-4）是根据冲激函数 $\delta(t)$ 定义导出的，是运算的符号表示，不能按经典积分理论去计算。

3.4.4　常数 $f(t)=E(-\infty<t<\infty)$

根据式（3.4-4），有

$$F(\mathrm{j}\omega)=\int_{-\infty}^{\infty}E\cdot\mathrm{e}^{-\mathrm{j}\omega t}\mathrm{d}t=2\pi E\delta(\omega)$$

$$\begin{cases}E \Leftrightarrow 2\pi E\delta(\omega)\\1 \Leftrightarrow 2\pi\delta(\omega)\end{cases}$$ 　（3.4-5）

常数 E 的频谱如图 3.4-6 所示。

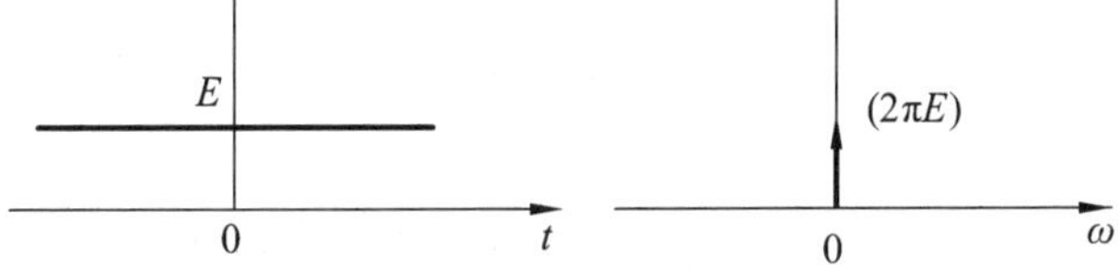

图 3.4-6　常数信号 E 的频谱

3.4.5　复指数 $e^{j\omega_0 t}$ ($-\infty < t < \infty$)

根据式（3.4-4），有

$$F(j\omega) = \int_{-\infty}^{\infty} e^{j\omega_0 t} \cdot e^{-j\omega t} dt$$

$$= \int_{-\infty}^{\infty} e^{-j(\omega - \omega_0)t} dt = 2\pi\delta(\omega - \omega_0)$$

$$e^{j\omega_0 t} \Leftrightarrow 2\pi\delta(\omega - \omega_0) \qquad （3.4-6）$$

注意，$e^{j\omega_0 t}$ 是无始无终指数信号，即 $-\infty < t < \infty$，频谱只集中在 $\omega = \omega_0$ 处一点，如图 3.4-7 所示。

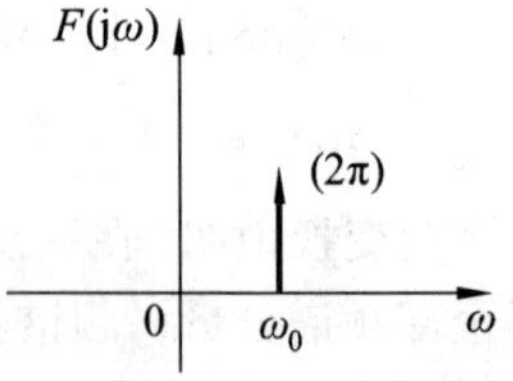

图 3.4-7　$e^{j\omega_0 t}$ 的频谱

3.4.6　周期正弦信号 $\sin\omega_0 t$ 及余弦信号 $\cos\omega_0 t$

由欧拉公式 $\cos\omega_0 t = \frac{1}{2}(e^{j\omega_0 t} + e^{-j\omega_0 t})$ 可知

$$\mathscr{F}\left[\cos\omega_0 t\right] = \mathscr{F}\left[\frac{1}{2}(e^{j\omega_0 t} + e^{-j\omega_0 t})\right] = \pi\left[\delta(\omega - \omega_0) + \delta(\omega + \omega_0)\right] \qquad （3.4-7）$$

$\cos\omega_0 t$ 的频谱由在 ω_0 和 $-\omega_0$ 处的两个冲激信号组成，如图 3.4-8 所示。这个结果也能从推理中得出：一个无始无终的余弦信号 $\cos\omega_0 t$ 能用两个无始无终的指数信号 $e^{j\omega_0 t}$ 和 $e^{-j\omega_0 t}$ 合成，因此，傅里叶频谱中仅由两个频率分量 ω_0 和 $-\omega_0$ 组成。

同理得　$\mathscr{F}\left[\sin\omega_0 t\right] = j\pi\left[\delta(\omega + \omega_0) - \delta(\omega - \omega_0)\right] = \pi\left[\delta(\omega + \omega_0)e^{j\frac{\pi}{2}} + \delta(\omega - \omega_0)e^{-j\frac{\pi}{2}}\right]$ （3.4-8）

$\sin\omega_0 t$ 的频谱如图 3.4-9 所示。

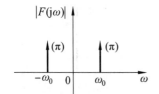

图 3.4-8　$\cos\omega_0 t$ 的频谱

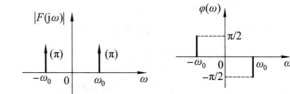

图 3.4-9　$\sin\omega_0 t$ 的频谱

3.4.7　周期信号的傅里叶变换

下面介绍如何求周期信号的傅里叶变换，以及与傅里叶级数的关系。

对周期为 T 的周期信号 $f(t)$，可以用傅里叶级数表示成指数信号 $e^{jn\omega_0 t}$ 的和，即

$$f(t) = \sum_{n=-\infty}^{\infty} F_n e^{jn\omega_0 t}, \qquad \omega_0 = \frac{2\pi}{T}$$

而指数信号的傅里叶变换前面已求得，所以利用线性性质能很快求得一个周期信号的傅里叶变换。对上式两边取傅里叶变换得到

$$F(j\omega) = \mathscr{F}\left[\sum_{n=-\infty}^{\infty} F_n e^{jn\omega_0 t}\right] = 2\pi\sum_{n=-\infty}^{\infty} F_n\delta(\omega - n\omega_0)$$

$$\sum_{n=-\infty}^{\infty} F_n e^{jn\omega_0 t} \Leftrightarrow 2\pi\sum_{n=-\infty}^{\infty} F_n\delta(\omega - n\omega_0) \qquad （3.4-9）$$

可见，周期信号 $f(t)$ 的频谱由冲激序列组成，在 $n\omega_0$ 处强度为 $2\pi F_n$，与 F_n 成正比，是离散谱。而非周期信号 $F(j\omega)$ 是连续谱。

综上所述，无论 $f(t)$ 是周期信号还是非周期信号，我们都可以采用统一的分析方法 —— 傅里叶变换。

例 3.4-2 求均匀冲激序列 $\delta_T(t) = \sum\limits_{n=-\infty}^{\infty} \delta(t-nT)$（$n$ 为整数）的傅里叶变换。

解 $\delta_T(t)$ 如图 3.4-10（a）所示。由式（3.4-9）得傅里叶变换为

$$\mathscr{F}\left[\delta_T(t)\right] = 2\pi \sum_{n=-\infty}^{\infty} F_n \delta(\omega - n\omega_0), \qquad \omega_0 = \frac{2\pi}{T}$$

其中

$$F_n = \frac{1}{T} \int_T \delta_T(t) e^{-jn\omega_0 t} dt = \frac{1}{T} \int_{-T/2}^{T/2} \delta(t) e^{-jn\omega_0 t} dt = \frac{1}{T}$$

所以

$$\mathscr{F}\left[\delta_T(t)\right] = \frac{2\pi}{T} \sum_{n=-\infty}^{\infty} \delta(\omega - n\omega_0)$$

$$= \omega_0 \sum_{n=-\infty}^{\infty} \delta(\omega - n\omega_0) = \omega_0 \delta_{\omega_0}(\omega)$$

$$\delta_T(t) \Leftrightarrow \omega_0 \delta_{\omega_0}(\omega) \qquad (3.4\text{-}10)$$

对应频谱如图 3.4-10（b）所示。由图可知，$\delta_T(t)$ 的频谱密度函数也是一个冲激序列，其周期和 $\delta_T(t)$ 的周期成反比，强度和周期都是 ω_0。

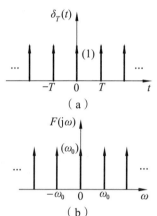

图 3.4-10 均匀冲激序列的频谱

3.4.8 符号函数 Sgn(t)

符号函数 Sgn(t) 的定义为

$$\text{Sgn}(t) = \begin{cases} 1 & t > 0 \\ -1 & t < 0 \end{cases}$$

符号函数不满足 Dirichet 条件，但其傅里叶变换存在，可以借助符号函数与双边指数衰减函数相乘，先得乘积信号的频谱，然后取极限，从而得出符号函数的频谱。如图 3.4-11 所示，构造一个函数 $f_1(t) = \text{Sgn}(t)e^{-\alpha|t|}$，图中虚线是 $e^{-\alpha t}u(t)$ 和 $-e^{\alpha t}u(-t)$ 两个函数。显然，当 $\alpha \to 0$

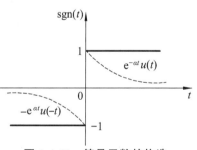

图 3.4-11 符号函数的构造

时，图形右端的虚指数曲线趋近于实水平直线，左端的虚指数曲线也趋近于实水平曲线。求这两个指数的傅里叶变换，令 $\alpha \to 0$，求极限，得到符号函数的傅里叶变换，即

$$\mathscr{F}\left[e^{-\alpha t}u(t) - e^{\alpha t}u(-t)\right] = \int_{-\infty}^{\infty} e^{-\alpha t}u(t)e^{-j\omega t}dt - \int_{-\infty}^{\infty} e^{\alpha t}u(-t)e^{-j\omega t}dt$$

$$= \int_0^{\infty} e^{-(\alpha+j\omega)t}dt - \int_{-\infty}^0 e^{(\alpha-j\omega)t}dt = \frac{1}{\alpha+j\omega} - \frac{1}{\alpha-j\omega}$$

$$\mathscr{F}\left[\text{Sgn}(t)\right] = \lim_{\alpha \to 0} \mathscr{F}\left[e^{-\alpha t}u(t) - e^{\alpha t}u(-t)\right]$$

$$= \lim_{\alpha \to 0} \left(\frac{1}{\alpha+j\omega} - \frac{1}{\alpha-j\omega}\right) = \begin{cases} \dfrac{2}{j\omega} & \omega \neq 0 \\ 0 & \omega = 0 \end{cases} \qquad (3.4\text{-}11)$$

3.4.9 单位阶跃函数 $u(t)$

单位阶跃函数 $u(t)$ 不满足 Dirichet 条件，但其傅里叶变换同样存在。可以利用符号函数和直流信号的频谱来求单位阶跃函数的频谱。

单位阶跃函数可分解为偶函数和奇函数之和，如图 3.4-12 所示。

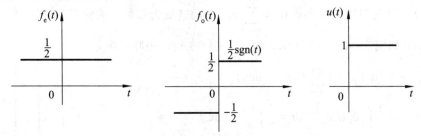

图 3.4-12　单位阶跃函数的分解

偶函数为　$f_{\mathrm{e}}(t)=\dfrac{1}{2}\big[u(t)+u(-t)\big]=\dfrac{1}{2}$　　　　奇函数为　$f_{\mathrm{o}}(t)=\dfrac{1}{2}\big[u(t)-u(-t)\big]=\dfrac{1}{2}\mathrm{Sgn}(t)$

由前面讨论可知　　$\dfrac{1}{2}\Leftrightarrow\pi\delta(\omega)$，　　　$\dfrac{1}{2}\mathrm{Sgn}(t)\Leftrightarrow\dfrac{1}{\mathrm{j}\omega}$

因此　　　　　　　$\mathscr{F}\big[u(t)\big]=\mathscr{F}\left[\dfrac{1}{2}+\dfrac{1}{2}\mathrm{Sgn}(t)\right]=\pi\delta(\omega)+\dfrac{1}{\mathrm{j}\omega}$

$$u(t)\Leftrightarrow\pi\delta(\omega)+\dfrac{1}{\mathrm{j}\omega}\tag{3.4-12}$$

表 3.4-1 中列出了常用信号的傅里叶变换，以便查阅。

表 3.4-1　常用信号的傅里叶变换

序号	$f(t)$	$F(\mathrm{j}\omega)$
1	$\mathrm{e}^{-\alpha t}u(t)$	$\dfrac{1}{\alpha+\mathrm{j}\omega}$　（$\alpha>0$）
2	$g_{\tau}(t)$	$\tau\,\mathrm{Sa}\left(\dfrac{\omega\tau}{2}\right)$
3	$\tau\,\mathrm{Sa}\left(\dfrac{\tau t}{2}\right)$	$2\pi g_{\tau}(\omega)$
4	$\delta(t)$	1
5	1	$2\pi\delta(\omega)$
6	$\mathrm{e}^{\mathrm{j}\omega_0 t}$	$2\pi\delta(\omega-\omega_0)$
7	$\cos(\omega_0 t)$	$\pi\big[\delta(\omega-\omega_0)+\delta(\omega+\omega_0)\big]$
8	$\sin(\omega_0 t)$	$\mathrm{j}\pi\big[\delta(\omega+\omega_0)-\delta(\omega-\omega_0)\big]$
9	$\mathrm{Sgn}(t)$	$\dfrac{2}{\mathrm{j}\omega}$
10	$u(t)$	$\pi\delta(\omega)+\dfrac{1}{\mathrm{j}\omega}$
11	$\displaystyle\sum_{n=-\infty}^{\infty}F_n\mathrm{e}^{\mathrm{j}n\omega_0 t}$	$\displaystyle 2\pi\sum_{n=-\infty}^{\infty}F_n\delta(\omega-n\omega_0)$
12	$\displaystyle\sum_{n=-\infty}^{\infty}\delta(t-nT)$	$\displaystyle\omega_0\sum_{n=-\infty}^{\infty}\delta(\omega-n\omega_0)$，　$\omega_0=\dfrac{2\pi}{T}$

序号	$f(t)$	$F(\mathrm{j}\omega)$
13	$\mathrm{e}^{-\alpha t}\cos(\omega_0 t)u(t)$	$\dfrac{\alpha+\mathrm{j}\omega}{(\alpha+\mathrm{j}\omega)^2+\omega_0^2}$
14	$\mathrm{e}^{-\alpha t}\sin(\omega_0 t)u(t)$	$\dfrac{\omega_0}{(\alpha+\mathrm{j}\omega)^2+\omega_0^2}$
15	$t\,\mathrm{e}^{-\alpha t}u(t)$	$\dfrac{1}{(\alpha+\mathrm{j}\omega)^2}$
16	$t^n\mathrm{e}^{-\alpha t}u(t)$	$\dfrac{n!}{(\alpha+\mathrm{j}\omega)^{n+1}}$

3.5　傅里叶变换的性质

傅里叶变换建立了时间函数 $f(t)$ 和频谱函数 $F(\mathrm{j}\omega)$ 之间的转换关系。除了掌握傅里叶变换的定义及若干基本函数的傅里叶变换，还应该掌握傅里叶变换的性质。熟练掌握和运用这些性质是利用傅里叶变换解决实际问题的关键。下面介绍一些主要性质。

3.5.1　线性性质

傅里叶变换是一种线性运算，如果 $f_1(t)\Leftrightarrow F_1(\mathrm{j}\omega)$，$f_2(t)\Leftrightarrow F_2(\mathrm{j}\omega)$，则对任何实数或复数 a_1、a_2，有

$$a_1 f_1(t)+a_2 f_2(t)\Leftrightarrow a_1 F_1(\mathrm{j}\omega)+a_2 F_2(\mathrm{j}\omega)$$

可以通过傅里叶变换的定义证明。所以，相加信号的频谱等于各个单独信号的频谱之和。这个性质虽然简单，但很重要，是频域分析的基础。

3.5.2　对称特性

由傅里叶变换对

$$f(t)=\frac{1}{2\pi}\int_{-\infty}^{\infty}F(\mathrm{j}\omega)\mathrm{e}^{\mathrm{j}\omega t}\mathrm{d}\omega,\qquad F(\mathrm{j}\omega)=\int_{-\infty}^{\infty}f(t)\mathrm{e}^{-\mathrm{j}\omega t}\mathrm{d}t$$

可看出，傅里叶正变换和逆变换运算非常相似，除了积分变量不同外，二者的区别仅在于指数中的符号不同。对称性质是根据傅里叶的正变换和逆变换的相似性得到的。

时域与频域的对称性描述为：如果 $f(t)\Leftrightarrow F(\mathrm{j}\omega)$，则

$$F(\mathrm{j}t)\Leftrightarrow 2\pi f(-\omega)$$

设 $f(t)\Leftrightarrow F(\mathrm{j}\omega)$，在 $F(\mathrm{j}\omega)$ 中，令 $\omega=t$，则可以定义一个新的连续时间信号 $F(\mathrm{j}t)$。

对称性表明：$F(\mathrm{j}t)$ 的傅里叶变换等于 $2\pi f(-\omega)$，其中，$f(-\omega)$ 是令 $f(t)$ 中 $t=-\omega$ 得到的频率函数。

证明　因为　$f(t)=\dfrac{1}{2\pi}\int_{-\infty}^{\infty}F(\mathrm{j}\omega)\mathrm{e}^{\mathrm{j}\omega t}\mathrm{d}\omega$

令 $t=-x$，得　$f(-x)=\dfrac{1}{2\pi}\int_{-\infty}^{\infty}F(\mathrm{j}\omega)\mathrm{e}^{-\mathrm{j}\omega x}\mathrm{d}\omega$

将上式中 x 换成 ω，ω 换成 t，得

$$f(-\omega)=\frac{1}{2\pi}\int_{-\infty}^{\infty}F(\mathrm{j}t)\mathrm{e}^{-\mathrm{j}t\omega}\mathrm{d}t$$

所以　　　　　　　$2\pi f(-\omega) = \int_{-\infty}^{\infty} F(\mathrm{j}t)\mathrm{e}^{-\mathrm{j}\omega t}\mathrm{d}t = \mathscr{F}\left[F(\mathrm{j}t)\right]$

即　　　　　　　　$F(\mathrm{j}t) \Leftrightarrow 2\pi f(-\omega)$

如果 $f(t)$ 是偶函数，即 $f(t) = f(-t)$，则

$$F(\mathrm{j}t) \Leftrightarrow 2\pi f(\omega)$$

时域与频域的对称性意义是：若 $F(\mathrm{j}t)$ 形状与 $F(\mathrm{j}\omega)$ 相同 $(\omega \to t)$，则 $F(\mathrm{j}t)$ 的频谱函数形状与 $f(t)$ 形状相同 $(t \to \omega)$，幅度差 2π。

对于任何傅里叶变换对 $f(t) \Leftrightarrow F(\mathrm{j}\omega)$，都可以由上式构造新的变换对。

例 3.5-1　求 $f(t) = \mathrm{Sa}\left(\dfrac{\tau t}{2}\right)$ 的傅里叶变换。

解　由表 3.4-1 可知

$$f(t) = g_\tau(t) \Leftrightarrow F(\mathrm{j}\omega) = \tau\,\mathrm{Sa}\left(\frac{\omega\tau}{2}\right)$$

由对称性可得　　　$F(\mathrm{j}t) \Leftrightarrow 2\pi f(-\omega)$

即　　　　　　$F(\mathrm{j}t) = \tau\,\mathrm{Sa}\left(\dfrac{\tau t}{2}\right) \Leftrightarrow 2\pi f(-\omega) = 2\pi g_\tau(\omega)$

由傅里叶变换的线性性质得

$$\mathrm{Sa}\left(\frac{t\tau}{2}\right) \Leftrightarrow \frac{2\pi}{\tau} g_\tau(\omega) \quad \text{或} \quad \frac{\tau}{2\pi}\mathrm{Sa}\left(\frac{t\tau}{2}\right) \Leftrightarrow g_\tau(\omega)$$

矩形脉冲信号与抽样函数信号的频谱的对称性如图 3.5-1 所示。

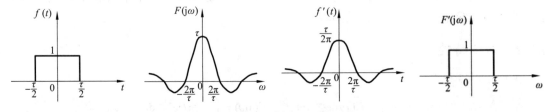

图 3.5-1　例 3.5-1 图

例 3.5-2　用对称性质求 $f(t) = 1$ 的傅里叶变换。

解　由式（3.4-5）可知　　$f(t) = \delta(t) \Leftrightarrow F(\mathrm{j}\omega) = 1$

由对称性可得　　$F(\mathrm{j}t) \Leftrightarrow 2\pi f(-\omega)$　　则　　$F(\mathrm{j}t) = 1 \Leftrightarrow 2\pi f(-\omega) = 2\pi\delta(\omega)$

直流和冲激函数的频谱的对称性如图 3.5-2 所示。

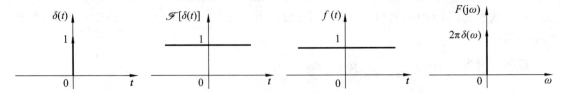

图 3.5-2　例 3.5-2 图

以上分析表明，时间函数 $F(\mathrm{j}t)$ 的频谱函数为 $2\pi f(-\omega)$，利用对称性质，可以方便地求得某些信号的频谱，特别是对于有些直接利用定义无法求解的信号，可利用对称性质求得。

3.5.3 尺度变换性质

如果 $f(t) \Leftrightarrow F(j\omega)$，则

$$f(at) \Leftrightarrow \frac{1}{|a|}F\left(j\frac{\omega}{a}\right)$$

式中，a 为非零实常数：

① $0 < a < 1$，时域扩展，频域压缩，频谱幅度增大。

② $a > 1$，时域压缩，频域扩展 a 倍，频谱幅度减小。

函数 $f(at)$ 代表函数 $f(t)$ 在时域被压缩了 a 倍，函数 $F\left(j\dfrac{\omega}{a}\right)$ 代表函数 $F(j\omega)$ 在频域被扩展了相同倍数 a。尺度变换性质说明：一个信号的时域压缩就形成它的频域扩展，而信号的时域扩展则导致它的频域压缩。

尺度变换性质如图 3.5-3 所示。

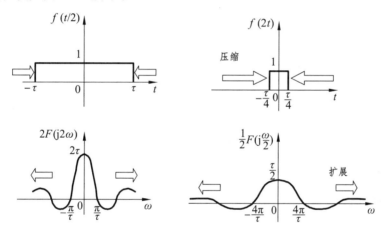

图 3.5-3 尺度变换性质

由式 $f(at) \Leftrightarrow \dfrac{1}{|a|}F\left(j\dfrac{\omega}{a}\right)$，令 $a = -1$ 就得到时域和频域的倒置性质

$$f(-t) \Leftrightarrow F(-j\omega)$$

3.5.4 时移特性

如果 $f(t) \Leftrightarrow F(j\omega)$，则

$$f(t - t_0) \Leftrightarrow F(j\omega)e^{-j\omega t_0}$$

式中，t_0 为实常数（可正可负）。

若 $F(j\omega) = |F(j\omega)|e^{j\varphi(\omega)}$，则

$$f(t - t_0) \Leftrightarrow |F(j\omega)|e^{j(\varphi(\omega) - \omega t_0)}$$

幅度频谱无变化，只影响相位频谱。

证明　$$\mathscr{F}\left[f(t - t_0)\right] = \int_{-\infty}^{\infty} f(t - t_0)e^{-j\omega t}dt$$

令 $x = t - t_0$，则　$$\mathscr{F}\left[f(x)\right] = \int_{-\infty}^{\infty} f(x)e^{-j\omega(x + t_0)}dx = e^{-j\omega t_0}\int_{-\infty}^{\infty} f(x)e^{-j\omega x}dx = F(j\omega)e^{-j\omega t_0}$$

例 3.5-3　求图 3.5-4 所示信号的频谱。

解　由图 3.5-4 得

$$f(t) = g_\tau\left(t - \frac{\tau}{2}\right)$$

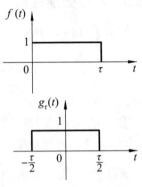

图 3.5-4　例 3.5-3 图

因为

$$g_\tau(t) \Leftrightarrow \tau\,\mathrm{Sa}\left(\frac{\omega\tau}{2}\right)$$

根据时移特性　　$f(t - t_0) \Leftrightarrow F(\mathrm{j}\omega)\mathrm{e}^{-\mathrm{j}\omega t_0}$

得

$$g_\tau\left(t - \frac{\tau}{2}\right) \Leftrightarrow \tau\,\mathrm{Sa}\left(\frac{\omega\tau}{2}\right)\mathrm{e}^{-\mathrm{j}\omega\frac{\tau}{2}}$$

当既有时移又有尺度变换时，如果 $f(t) \Leftrightarrow F(\mathrm{j}\omega)$，则

$$f(at + b) \Leftrightarrow \frac{1}{|a|}F\left(\mathrm{j}\frac{\omega}{a}\right)\mathrm{e}^{\mathrm{j}\omega\frac{b}{a}} \qquad (a\ \text{为非零实常数})$$

例 3.5-4　已知 $f(t) \Leftrightarrow F(\mathrm{j}\omega) = \tau\,\mathrm{Sa}\left(\dfrac{\omega\tau}{2}\right)$，求 $f(2t - 3)$ 的频谱密度函数。

解

方法一：先利用尺度变换性质，再利用时延性质。

对 t 压缩 2　　　　$f(2t) \Leftrightarrow \dfrac{1}{2}F\left(\mathrm{j}\dfrac{\omega}{2}\right) = \dfrac{\tau}{2}\,\mathrm{Sa}\left(\dfrac{\omega\tau}{4}\right)$

对 t 向右时移 $\dfrac{3}{2}$　　$f(2t - 3) \Leftrightarrow \dfrac{\tau}{2}\,\mathrm{Sa}\left(\dfrac{\omega\tau}{4}\right)\mathrm{e}^{-\mathrm{j}\frac{3}{2}\omega}$

方法二：先时延，再尺度变换。

对 t 向右时移 3　　$f(t - 3) \Leftrightarrow \tau\,\mathrm{Sa}\left(\dfrac{\omega\tau}{2}\right)\mathrm{e}^{-\mathrm{j}3\omega}$

对所有的 t 压缩 2　$f(2t - 3) \Leftrightarrow \dfrac{\tau}{2}\,\mathrm{Sa}\left(\dfrac{\omega\tau}{4}\right)\mathrm{e}^{-\mathrm{j}\frac{3}{2}\omega}$

3.5.5　频移特性

如果 $f(t) \Leftrightarrow F(\mathrm{j}\omega)$ ［ω_0 为实常数 (可正可负)］，则

$$f(t)\mathrm{e}^{\mathrm{j}\omega_0 t} \Leftrightarrow F(\mathrm{j}(\omega - \omega_0))$$

$$f(t)\mathrm{e}^{-\mathrm{j}\omega_0 t} \Leftrightarrow F(\mathrm{j}(\omega + \omega_0))$$

频移特性也称为频搬移定理。

证明　　$\mathscr{F}\left[f(t)\mathrm{e}^{\mathrm{j}\omega_0 t}\right] = \displaystyle\int_{-\infty}^{\infty}\left[f(t)\mathrm{e}^{\mathrm{j}\omega_0 t}\right]\mathrm{e}^{-\mathrm{j}\omega t}\mathrm{d}t = \int_{-\infty}^{\infty}\left[f(t)\mathrm{e}^{-\mathrm{j}(\omega - \omega_0)t}\right]\mathrm{d}t$

$$= F(\mathrm{j}(\omega - \omega_0))$$

时域 $f(t)$ 乘 $\mathrm{e}^{\mathrm{j}\omega_0 t}$，频域频谱右移 ω_0。时域 $f(t)$ 乘 $\mathrm{e}^{-\mathrm{j}\omega_0 t}$，频域频谱左移 ω_0。

推论　调制定理

$$f(t)\cos\omega_0 t \Leftrightarrow \frac{1}{2}\left[F(\mathrm{j}(\omega - \omega_0)) + F(\mathrm{j}(\omega + \omega_0))\right]$$

$$f(t)\sin\omega_0 t \Leftrightarrow \frac{1}{2\mathrm{j}}\Big[F(\mathrm{j}(\omega-\omega_0))-F(\mathrm{j}(\omega+\omega_0))\Big]$$

3.5.6　时域微分性质

如果 $f(t)\Leftrightarrow F(\mathrm{j}\omega)$，则

$$f'(t)\Leftrightarrow \mathrm{j}\omega F(\mathrm{j}\omega)$$

证明　因为 $f(t)=\dfrac{1}{2\pi}\displaystyle\int_{-\infty}^{\infty}F(\mathrm{j}\omega)\mathrm{e}^{\mathrm{j}\omega t}\mathrm{d}\omega$，则

$$f'(t)=\frac{1}{2\pi}\int_{-\infty}^{\infty}F(\mathrm{j}\omega)\mathrm{e}^{\mathrm{j}\omega t}\cdot\mathrm{j}\omega\mathrm{d}\omega=\frac{1}{2\pi}\int_{-\infty}^{\infty}\Big[\mathrm{j}\omega F(\mathrm{j}\omega)\Big]\mathrm{e}^{\mathrm{j}\omega t}\mathrm{d}\omega$$

所以　　　　　　　　$f'(t)\Leftrightarrow \mathrm{j}\omega F(\mathrm{j}\omega)$

推论　若对 $f(t)$ 求导 n 次，则

$$\frac{\mathrm{d}^n f(t)}{\mathrm{d}t^n}\Leftrightarrow (\mathrm{j}\omega)^n F(\mathrm{j}\omega)$$

3.5.7　频域微分性质

如果 $f(t)\Leftrightarrow F(\mathrm{j}\omega)$，则

$$t f(t)\Leftrightarrow \mathrm{j}\frac{\mathrm{d}F(\mathrm{j}\omega)}{\mathrm{d}\omega}\qquad 或\qquad -\mathrm{j}t f(t)\Leftrightarrow\frac{\mathrm{d}F(\mathrm{j}\omega)}{\mathrm{d}\omega}$$

证明　因为 $F(\mathrm{j}\omega)=\displaystyle\int_{-\infty}^{\infty}f(t)\mathrm{e}^{-\mathrm{j}\omega t}\mathrm{d}t$，则

$$F'(\mathrm{j}\omega)=\int_{-\infty}^{\infty}f(t)\mathrm{e}^{-\mathrm{j}\omega t}\cdot(-\mathrm{j}t)\mathrm{d}t=\int_{-\infty}^{\infty}\Big[(-\mathrm{j}t)f(t)\Big]\mathrm{e}^{-\mathrm{j}\omega t}\mathrm{d}t$$

所以　　　　　　　　$(-\mathrm{j}t)f(t)\Leftrightarrow F'(\mathrm{j}\omega)$

推论　　　　　　$(-\mathrm{j}t)^n f(t)\Leftrightarrow F^{(n)}(\mathrm{j}\omega)$

3.5.8　卷积定理

1. 时域卷积定理

如果 $f_1(t)\Leftrightarrow F_1(\mathrm{j}\omega)$，$f_2(t)\Leftrightarrow F_2(\mathrm{j}\omega)$，则

$$f_1(t)*f_2(t)\Leftrightarrow F_1(\mathrm{j}\omega)\cdot F_2(\mathrm{j}\omega)$$

时域的卷积对应于频域频谱密度函数的乘积。本性质是把时域分析方法与频域分析方法联系起来的重要桥梁。

若已知输入 $f(t)$ 及系统的单位冲激响应 $h(t)$，则由输入 $f(t)$ 引起的零状态响应为

时域分析　$y_\mathrm{f}(t)=h(t)*f(t)$　　　频域分析　$\mathscr{F}\big[y_\mathrm{f}(t)\big]=H(\mathrm{j}\omega)\cdot F(\mathrm{j}\omega)$

2. 频域卷积定理

如果 $f_1(t)\Leftrightarrow F_1(\mathrm{j}\omega)$，$f_2(t)\Leftrightarrow F_2(\mathrm{j}\omega)$，则

$$f_1(t)\cdot f_2(t)\Leftrightarrow\frac{1}{2\pi}F_1(\mathrm{j}\omega)*F_2(\mathrm{j}\omega)$$

时间函数的乘积对应于各频谱函数卷积的 $\dfrac{1}{2\pi}$ 倍。

例 3.5-5　求证：① $f(t)*\delta(t)=f(t)$；② $f(t)*\delta(t-t_0)=f(t-t_0)$；③ $f(t-t_1)*\delta(t-t_2)=$

$f(t - t_1 - t_2)$。

证明　由表 3.4-1 可知　　$f(t) = \delta(t) \Leftrightarrow F(j\omega) = 1$

利用时域卷积定理 $f_1(t) * f_2(t) \Leftrightarrow F_1(j\omega) \cdot F_2(j\omega)$，可得：

① 　$f(t) * \delta(t) \Leftrightarrow F(j\omega) \cdot 1 = F(j\omega)$　　所以　　$f(t) * \delta(t) = f(t)$

② 　$f(t) * \delta(t - t_0) \Leftrightarrow F(j\omega) \cdot e^{-j\omega t_0}$　而　　$\mathscr{F}^{-1}\left[F(j\omega) \cdot e^{-j\omega t_0} \right] = f(t - t_0)$

所以　　　　　　　　　$f(t) * \delta(t - t_0) = f(t - t_0)$

③ 　$f(t - t_1) * \delta(t - t_2) \Leftrightarrow F(j\omega) \cdot e^{-j\omega t_1} \cdot e^{-j\omega t_2} = F(j\omega) \cdot e^{-j\omega(t_1 + t_2)}$

而　　　$\mathscr{F}^{-1}\left[F(j\omega) \cdot e^{-j\omega(t_1 + t_2)} \right] = f(t - t_1 - t_2)$　　所以　　$f(t - t_1) * \delta(t - t_2) = f(t - t_1 - t_2)$

例 3.5-6　求证 $f(t)e^{-j\omega_0 t} \Leftrightarrow F(j(\omega + \omega_0))$。

证明　利用频域卷积定理

$$f_1(t) \cdot f_2(t) \Leftrightarrow \frac{1}{2\pi} F_1(j\omega) * F_2(j\omega)$$

则　　　　　　　$f(t)e^{-j\omega_0 t} \Leftrightarrow \frac{1}{2\pi} F(j\omega) * 2\pi\delta(\omega + \omega_0) = F(j(\omega + \omega_0))$

3.5.9　时域积分

如果 $f(t) \Leftrightarrow F(j\omega)$，则

$$\int_{-\infty}^{t} f(\tau)\mathrm{d}\tau \Leftrightarrow \frac{F(j\omega)}{j\omega} + \pi F(0)\delta(\omega)$$

证明　因为　　　　$f(t) * u(t) = \int_{-\infty}^{\infty} f(\tau)u(t - \tau)\mathrm{d}\tau = \int_{-\infty}^{t} f(\tau)\mathrm{d}\tau$

所以　　　　$\int_{-\infty}^{t} f(\tau)\mathrm{d}\tau = f(t) * u(t) \Leftrightarrow F(j\omega)\left[\frac{1}{j\omega} + \pi\delta(\omega) \right] = \frac{F(j\omega)}{j\omega} + \pi F(0)\delta(\omega)$

3.5.10　频域积分

如果 $f(t) \Leftrightarrow F(j\omega)$，则

$$\frac{f(t)}{-jt} + \pi f(0)\delta(t) \Leftrightarrow \int_{-\infty}^{\omega} F(j\theta)\mathrm{d}\theta$$

例 3.5-7　已知 $f(t) = \dfrac{\sin t}{t}$，　$f(0) = 0$，求 $F(j\omega)$。

解　因为

$$\sin t = \frac{1}{2j}(e^{jt} - e^{-jt}) \Leftrightarrow \frac{2\pi}{2j}\left[\delta(\omega - 1) - \delta(\omega + 1) \right] = j\pi\left[\delta(\omega + 1) - \delta(\omega - 1) \right]$$

由频域积分得

$$\frac{\sin t}{t} \Leftrightarrow \frac{1}{j}\int_{-\infty}^{\omega} j\pi\left[\delta(\theta + 1) - \delta(\theta - 1) \right]\mathrm{d}\theta = \pi\left[u(\omega + 1) - u(\omega - 1) \right]$$

3.5.11　帕塞瓦定理（**Paseval 定理**）

如果 $f(t) \Leftrightarrow F(j\omega)$，则

$$\int_{-\infty}^{\infty} f^2(t)dt = \frac{1}{2\pi}\int_{-\infty}^{\infty}\left|F(j\omega)\right|^2 d\omega$$

证明 设 $f(t)$ 是非周期的实信号，则能量为

$$E = \int_{-\infty}^{\infty} f^2(t)dt$$

代入

$$f(t) = \frac{1}{2\pi}\int_{-\infty}^{\infty} F(j\omega)e^{j\omega t}d\omega$$

得

$$E = \int_{-\infty}^{\infty} f(t)\left[\frac{1}{2\pi}\int_{-\infty}^{\infty} F(j\omega)e^{j\omega t}d\omega\right]dt = \frac{1}{2\pi}\int_{-\infty}^{\infty} F(j\omega)\left[\int_{-\infty}^{\infty} f(t)e^{j\omega t}dt\right]d\omega$$

$$= \frac{1}{2\pi}\int_{-\infty}^{\infty} F(j\omega)\cdot F(-j\omega)d\omega = \frac{1}{2\pi}\int_{-\infty}^{\infty} F(j\omega)\cdot F^*(j\omega)d\omega = \frac{1}{2\pi}\int_{-\infty}^{\infty}\left|F(j\omega)\right|^2 d\omega$$

式中，$\left|F(j\omega)\right|^2$ 为能量密度谱（能量谱）。所以

$$\int_{-\infty}^{\infty} f^2(t)dt = \frac{1}{2\pi}\int_{-\infty}^{\infty}\left|F(j\omega)\right|^2 d\omega$$

下面将傅里叶变换的性质列于表 3.5-1 中，以便查阅。

表 3.5-1 傅里叶变换的性质

序号	性质	信号	傅里叶变换
1	线性	$a_1 f_1(t) + a_2 f_2(t)$	$a_1 F_1(j\omega) + a_2 F_2(j\omega)$
2	对称性	$F(jt)$	$2\pi f(-\omega)$
3	时移	$f(t - t_0)$	$F(j\omega)e^{-j\omega t_0}$
4	频移	$f(t)e^{-j\omega_0 t}$	$F(j(\omega + \omega_0))$
5	尺度变换	$f(at)$	$\dfrac{1}{\left|a\right|}F\left(j\dfrac{\omega}{a}\right)$
6	时域微分	$\dfrac{df(t)}{dt}$	$j\omega F(j\omega)$
		$\dfrac{d^n f(t)}{dt^n}$	$(j\omega)^n F(j\omega)$
7	时域积分	$\displaystyle\int_{-\infty}^{t} f(\tau)d\tau$	$\dfrac{F(j\omega)}{j\omega} + \pi F(0)\delta(\omega)$
8	时域卷积	$f_1(t) * f_2(t)$	$F_1(j\omega)F_2(j\omega)$
9	频域卷积	$f_1(t)f_2(t)$	$\dfrac{1}{2\pi}F_1(j\omega) * F_2(j\omega)$
10	频域微分	$tf(t)$	$j\dfrac{dF(j\omega)}{d\omega}$
		$(-jt)^n f(t)$	$\dfrac{d^n F(j\omega)}{d\omega^n}$
11	频域积分	$\dfrac{f(t)}{-jt} + \pi f(0)\delta(t)$	$\displaystyle\int_{-\infty}^{\omega} F(j\theta)d\theta$
12	帕塞瓦定理	$\displaystyle\int_{-\infty}^{\infty} f^2(t)dt = \frac{1}{2\pi}\int_{-\infty}^{\infty}\left|F(j\omega)\right|^2 d\omega$	

3.6　系统响应的频域分析法

研究一个线性非时变连续时间系统，其冲激响应为 $h(t)$，在第 2 章已知，输入信号 $f(t)$ 产生的零状态响应 $y(t)$，可由下列卷积确定

$$y(t) = f(t) * h(t) = \int_{-\infty}^{\infty} h(\tau)f(t-\tau)\mathrm{d}\tau \tag{3.6-1}$$

对式（3.6-1）两边取傅里叶变换，根据时域卷积定理，两个连续时间信号卷积的傅里叶变换等于各信号傅里叶变换（频域频谱密度函数）的乘积，即

$$Y(\mathrm{j}\omega) = H(\mathrm{j}\omega)F(\mathrm{j}\omega) \tag{3.6-2}$$

式中，$F(\mathrm{j}\omega)$ 是输入信号 $f(t)$ 的傅里叶变换，$Y(\mathrm{j}\omega)$ 是输出信号 $y(t)$ 的傅里叶变换。可见，输出信号频谱 $Y(\mathrm{j}\omega)$ 等于 $H(\mathrm{j}\omega)$ 与输入信号的频谱 $F(\mathrm{j}\omega)$ 的乘积。由于式（3.6-2）是频率变量 ω 的函数，所以，这称为系统的频域表示法。

对式（3.6-2）两边取幅值和相位，输出信号的幅度频谱 $|Y(\mathrm{j}\omega)|$ 为

$$|Y(\mathrm{j}\omega)| = |H(\mathrm{j}\omega)||F(\mathrm{j}\omega)| \tag{3.6-3}$$

相位频谱 $\angle Y(\mathrm{j}\omega)$ 为

$$\angle Y(\mathrm{j}\omega) = \angle H(\mathrm{j}\omega) + \angle F(\mathrm{j}\omega) \tag{3.6-4}$$

式（3.6-3）表明：输出信号幅度频谱等于输入信号幅度频谱与 $|H(\mathrm{j}\omega)|$ 的乘积，而式（3.6-4）表明：输出信号相位频谱等于输入信号相位频谱与 $\angle H(\mathrm{j}\omega)$ 的和。

3.6.1　系统对周期信号的响应

设系统的输入信号 $f(t)$ 是一般周期信号，则 $f(t)$ 的三角函数形式傅里叶级数为

$$f(t) = c_0 + \sum_{n=1}^{\infty} c_n \cos(n\omega_0 t + \theta_n) \qquad (-\infty < t < \infty)$$

式中，ω_0 为基波频率。

第 2 章已证明，对正弦信号输入 $f(t) = \cos(\omega_0 t + \theta)$ 的强迫响应为

$$y_\mathrm{p}(t) = |H(\mathrm{j}\omega_0)|\cos(\omega_0 t + \theta + \angle H(\mathrm{j}\omega_0))$$

当 $-\infty < t < \infty$ 时（即从 $-\infty$ 开始），上式即零状态响应。也可以利用式（3.6-2）推导出此结论。因此，正弦输入信号的响应也是正弦信号，频率相同，只是幅值增加了 $|H(\mathrm{j}\omega_0)|$ 倍，相位移动了 $\angle H(\mathrm{j}\omega_0)$。这就是研究线性非时变系统的频域方法。由于正弦响应的幅值和相位直接由 $|H(\mathrm{j}\omega)|$ 和 $\angle H(\mathrm{j}\omega)$ 决定，即对频率为 ω 的正弦信号输入，响应直接由 $H(\mathrm{j}\omega)$ 得到，所以 $H(\mathrm{j}\omega)$ 也被称为系统的频率响应函数或系统函数。对于输入常数 c_0 的响应为 $c_0 H(0)$。

利用线性性质，周期输入信号的响应为

$$y(t) = c_0 H(0) + \sum_{n=1}^{\infty} c_n |H(\mathrm{j}n\omega_0)|\cos\left[n\omega_0 t + \theta_n + \angle H(\mathrm{j}n\omega_0)\right] \qquad (-\infty < t < \infty) \tag{3.6-5}$$

式（3.6-5）的右边是三角函数的傅里叶级数形式，所以，响应 $y(t)$ 是周期的，且基波频率为 ω_0，$y(t)$ 的周期与 $f(t)$ 相同。因此，具有基波周期 T 的周期信号输入时，其响应也是具有基波周期 T 的周期信号。

另外，一个周期信号能表示成无始无终的指数（或正弦）信号之和，同时也知道如何求得一个系统对于一个无始无终指数信号的响应。根据这些信息也能容易地确定一个线性时不

变系统对于周期输入的响应。周期为 T 的一个周期信号 $f(t)$ ，可表示为指数函数形式傅里叶级数，即

$$f(t) = \sum_{n=-\infty}^{\infty} F_n \mathrm{e}^{jn\omega_0 t} , \qquad \omega_0 = \frac{2\pi}{T}$$

第 2 章已证明，传递函数为 $H(s)$ 的一个线性时不变系统，对于一个无始无终的指数信号 $\mathrm{e}^{j\omega t}$ 的响应仍然是一个无始无终的指数 $H(j\omega)\mathrm{e}^{j\omega t}$ ，这个输入输出对可展开为

$$\underbrace{\mathrm{e}^{j\omega t}}_{\text{输入}} \Rightarrow \underbrace{H(j\omega)\mathrm{e}^{j\omega t}}_{\text{输出}}$$

因此，根据线性性质有

$$\underbrace{\sum_{n=-\infty}^{\infty} F_n \mathrm{e}^{jn\omega_0 t}}_{\text{输入} f(t)} \Rightarrow \underbrace{\sum_{n=-\infty}^{\infty} F_n H(jn\omega_0)\mathrm{e}^{jn\omega_0 t}}_{\text{输出} y(t)}$$

得到的响应 $y(t)$ 具有指数函数的傅里叶级数形式，因此也是一个与输入同周期的周期信号。

例 3.6-1　已知 $H(j\omega) = \dfrac{1}{j\omega+1}$ ，$f(t) = \sin 2t$ ，$\omega_0 = 2\,\mathrm{rad/s}$ ，求零状态响应 $y(t)$ 。

解　$f(t) = \sin 2t = \dfrac{\mathrm{e}^{j2t}}{2j} - \dfrac{\mathrm{e}^{-j2t}}{2j}$ ，$F_{-1} = -\dfrac{1}{2j}$ ，$F_1 = \dfrac{1}{2j}$ ，则零状态响应 $y(t)$ 为

$$y(t) = \sum_{n=-\infty}^{\infty} F_n H(jn\omega_0)\mathrm{e}^{jn\omega_0 t} = \sum_{n=-1}^{1} F_n H(j2n)\mathrm{e}^{j2nt} = -\frac{1}{j2} \cdot \frac{1}{-j2+1}\mathrm{e}^{-j2t} + \frac{1}{j2} \cdot \frac{1}{j2+1}\mathrm{e}^{j2t}$$

$$= \frac{1}{-4-j2}\mathrm{e}^{-j2t} + \frac{1}{-4+j2}\mathrm{e}^{j2t} = 0.224\mathrm{e}^{-j(2t-153.4°)} + 0.224\mathrm{e}^{j(2t-153.4°)}$$

$$= 0.448\cos(2t-153.4°) = 0.448\sin(2t-63.4°)$$

3.6.2　系统对非周期信号的响应

计算任意输入 $f(t)$ 的零状态响应 $y_f(t)$ ，先计算零状态响应的傅里叶变换 $Y(j\omega)$ ，然后再求傅里叶逆变换可得到 $y_f(t)$ 。

系统频域分析过程如图 3.6-1 所示。

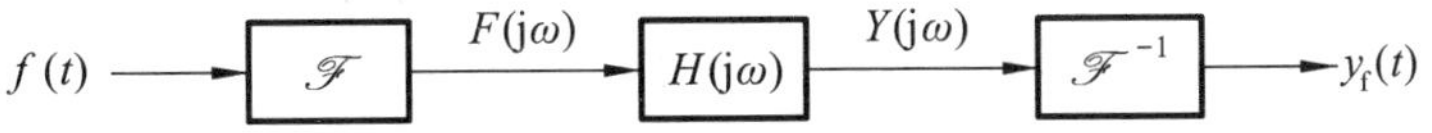

$$f(t) \longrightarrow \boxed{\mathscr{F}} \xrightarrow{F(j\omega)} \boxed{H(j\omega)} \xrightarrow{Y(j\omega)} \boxed{\mathscr{F}^{-1}} \longrightarrow y_f(t)$$

图 3.6-1　系统频域分析过程

注意，上述求得的系统响应是零状态响应，零输入响应要按时域方法求出。零输入响应先由 $H(p)$ 或 $H(j\omega)$ 求出极点，得到 $y_x(t)$ 的基本形式，再代入初始条件确定积分常数，求得 $y_x(t)$ 。一般 $H(j\omega) = H(p)\big|_{p=j\omega}$ 。

例 3.6-2　已知输入 $f(t) = \mathrm{e}^{-2t}u(t)$ ，系统传递函数为 $H(j\omega) = \dfrac{j\omega}{(j\omega)^2 + 4j\omega + 3}$ ，初始条件为零，求系统响应。

解　因初始条件为零，系统只有零状态响应

$$F(j\omega) = \mathscr{F}\left[f(t)\right] = \mathscr{F}\left[\mathrm{e}^{-2t}u(t)\right] = \frac{1}{j\omega+2}$$

$$H(\mathrm{j}\omega) = \frac{\mathrm{j}\omega}{(\mathrm{j}\omega)^2 + 4\mathrm{j}\omega + 3}$$

所以
$$Y(\mathrm{j}\omega) = H(\mathrm{j}\omega)F(\mathrm{j}\omega) = \frac{\mathrm{j}\omega}{(\mathrm{j}\omega + 3)(\mathrm{j}\omega + 2)(\mathrm{j}\omega + 1)} = \frac{-(3/2)}{\mathrm{j}\omega + 3} + \frac{2}{\mathrm{j}\omega + 2} + \frac{-(1/2)}{\mathrm{j}\omega + 1}$$

则
$$y_{\mathrm{f}}(t) = \mathscr{F}^{-1}\left[Y(\mathrm{j}\omega)\right] = \left(-\frac{3}{2}\mathrm{e}^{-3t} + 2\mathrm{e}^{-2t} - \frac{1}{2}\mathrm{e}^{-t}\right)u(t)$$

例 3.6-3 如果例 3.6-2 的初始条件为 $y(0_-) = 3$，$y'(0_-) = 2$，求系统全响应。

解 系统零状态响应已求出，只需求零输入响应。

令 $H(\mathrm{j}\omega)$ 分母为零，即 $(\mathrm{j}\omega + 3)(\mathrm{j}\omega + 1) = 0$，得极点
$$\lambda_1 = -3 , \qquad \lambda_2 = -1$$

零输入响应为
$$y_{\mathrm{x}}(t) = c_1 \mathrm{e}^{-3t} + c_2 \mathrm{e}^{-t} \qquad (t \geqslant 0)$$

代入初始条件 $y(0_-) = c_1 + c_2 = 3$，$\quad y'(0_-) = -3c_1 - c_2 = 2$

得
$$c_1 = -\frac{5}{2} , \qquad c_2 = \frac{11}{2}$$

则
$$y_{\mathrm{x}}(t) = -\frac{5}{2}\mathrm{e}^{-3t} + \frac{11}{2}\mathrm{e}^{-t} \qquad (t \geqslant 0)$$

系统的全响应为
$$y(t) = y_{\mathrm{x}}(t) + y_{\mathrm{f}}(t) = \left(-\frac{3}{2}\mathrm{e}^{-3t} + 2\mathrm{e}^{-2t} - \frac{1}{2}\mathrm{e}^{-t}\right) + \left(-\frac{5}{2}\mathrm{e}^{-3t} + \frac{11}{2}\mathrm{e}^{-t}\right)$$
$$= -4\mathrm{e}^{-3t} + 2\mathrm{e}^{-2t} + 5\mathrm{e}^{-t} \qquad (t \geqslant 0)$$

3.6.3 系统传递函数 $H(\mathrm{j}\omega)$ 的求解

当输入 $f(t) = \delta(t)$ 时，单位冲激响应为 $y(t) = h(t)$，则
$$F(\mathrm{j}\omega) = \mathscr{F}\left[\delta(t)\right] = 1$$
$$Y(\mathrm{j}\omega) = H(\mathrm{j}\omega)F(\mathrm{j}\omega)$$

所以
$$y(t) = h(t) = \mathscr{F}^{-1}\left[H(\mathrm{j}\omega)F(\mathrm{j}\omega)\right] = \mathscr{F}^{-1}\left[H(\mathrm{j}\omega)\right]$$
或
$$h(t) \Leftrightarrow H(\mathrm{j}\omega)$$

可见，单位冲激响应 $h(t)$ 与传递函数 $H(\mathrm{j}\omega)$ 是一对傅里叶变换，单位冲激响应 $h(t)$ 是在时域对系统性质的描述，传递函数 $H(\mathrm{j}\omega)$ 是在频域对系统性质的描述。系统传递函数 $H(\mathrm{j}\omega)$ 也可根据系统的数学模型 —— 微分方程直接观察得出。

例 3.6-4 已知系统方程为 $\dfrac{\mathrm{d}y(t)}{\mathrm{d}t} + y(t) = f(t)$，求传递函数 $H(\mathrm{j}\omega)$。

解 令系统初始条件为零，两端取傅里叶变换，得
$$\mathrm{j}\omega Y(\mathrm{j}\omega) + Y(\mathrm{j}\omega) = F(\mathrm{j}\omega)$$
$$(\mathrm{j}\omega + 1)Y(\mathrm{j}\omega) = F(\mathrm{j}\omega)$$

所以
$$H(\mathrm{j}\omega) = \frac{Y(\mathrm{j}\omega)}{F(\mathrm{j}\omega)} = \frac{1}{\mathrm{j}\omega + 1}$$

例 3.6-5 二阶系统的数学模型为 $\dfrac{\mathrm{d}^2 y(t)}{\mathrm{d}t^2} + 3\dfrac{\mathrm{d}y(t)}{\mathrm{d}t} + 2y(t) = \dfrac{\mathrm{d}f(t)}{\mathrm{d}t} + f(t)$，求传递函数 $H(\mathrm{j}\omega)$。

解 令初始条件为零，系统微分方程式两端取傅里叶变换，得
$$\left[(\mathrm{j}\omega)^2 + 3\mathrm{j}\omega + 2\right]Y(\mathrm{j}\omega) = (\mathrm{j}\omega + 1)F(\mathrm{j}\omega)$$

所以

$$H(\mathrm{j}\omega) = \frac{Y(\mathrm{j}\omega)}{F(\mathrm{j}\omega)} = \frac{\mathrm{j}\omega + 1}{(\mathrm{j}\omega)^2 + 3\mathrm{j}\omega + 2}$$

在 n 阶系统情况下，数学模型为

$$a_n \frac{\mathrm{d}^n y(t)}{\mathrm{d}t^n} + a_{n-1} \frac{\mathrm{d}^{n-1} y(t)}{\mathrm{d}t^{n-1}} + \cdots + a_1 \frac{\mathrm{d}y(t)}{\mathrm{d}t} + a_0 y(t) = b_m \frac{\mathrm{d}^m f(t)}{\mathrm{d}t^m} + b_{m-1} \frac{\mathrm{d}^{m-1} f(t)}{\mathrm{d}t^{m-1}} + \cdots + b_1 \frac{\mathrm{d}f(t)}{\mathrm{d}t} + b_0 f(t)$$

令初始条件为零，两端取傅里叶变换，得

$$\left[a_n (\mathrm{j}\omega)^n + a_{n-1}(\mathrm{j}\omega)^{n-1} + \cdots + a_1\mathrm{j}\omega + a_0 \right] Y(\mathrm{j}\omega) = \left[b_m (\mathrm{j}\omega)^m + b_{m-1}(\mathrm{j}\omega)^{m-1} + \cdots + b_1\mathrm{j}\omega + b_0 \right] F(\mathrm{j}\omega)$$

表示为

$$\sum_{k=0}^{n} a_k (\mathrm{j}\omega)^k Y(\mathrm{j}\omega) = \sum_{k=0}^{m} b_k (\mathrm{j}\omega)^k F(\mathrm{j}\omega)$$

则

$$H(\mathrm{j}\omega) = \frac{Y(\mathrm{j}\omega)}{F(\mathrm{j}\omega)} = \frac{b_m (\mathrm{j}\omega)^m + b_{m-1}(\mathrm{j}\omega)^{m-1} + \cdots + b_1\mathrm{j}\omega + b_0}{a_n (\mathrm{j}\omega)^n + a_{n-1}(\mathrm{j}\omega)^{n-1} + \cdots + a_1\mathrm{j}\omega + a_0} = \frac{\displaystyle\sum_{k=0}^{m} b_k (\mathrm{j}\omega)^k}{\displaystyle\sum_{k=0}^{n} a_k (\mathrm{j}\omega)^k}$$

在求线性系统对任意输入的响应中，时域方法采用的是卷积积分，而频域方法则用的是傅里叶积分。两种方法虽有不同，但基本原理是相似的。在时域情况下，是将输入 $f(t)$ 表示成它的各冲激分量之和，通过将系统对各冲激分量的响应相加所得到的响应 $y(t)$ 产生卷积积分；而在频域情况下，是将输入 $f(t)$ 表示成指数（或正弦）分量之和，通过将系统对指数（或正弦）分量的响应相加所得到的响应 $y(t)$ 得出傅里叶积分。时域方法和频域方法的对比列于表 3.6-1 中。

表 3.6-1　时域方法和频域方法的对比

时域情况	频域情况
$\delta(t) \Leftrightarrow h(t)$ 系统的单位冲激响应是 $h(t)$	$\mathrm{e}^{\mathrm{j}\omega t} \Leftrightarrow H(\mathrm{j}\omega)\mathrm{e}^{\mathrm{j}\omega t}$ 系统对 $\mathrm{e}^{\mathrm{j}\omega t}$ 的响应是 $H(\mathrm{j}\omega)\mathrm{e}^{\mathrm{j}\omega t}$
$f(t) = \int_{-\infty}^{\infty} f(\tau)\delta(t-\tau)\mathrm{d}\tau$ 将 $f(t)$ 表示成它的各冲激分量之和	$f(t) = \frac{1}{2\pi}\int_{-\infty}^{\infty} F(\mathrm{j}\omega)\mathrm{e}^{\mathrm{j}\omega t}\mathrm{d}\omega$ 将 $f(t)$ 表示成它的各指数分量之和
$y(t) = \int_{-\infty}^{\infty} f(\tau)h(t-\tau)\mathrm{d}\tau$ 将 $y(t)$ 表示成输入 $f(t)$ 的各冲激分量的响应之和	$y(t) = \frac{1}{2\pi}\int_{-\infty}^{\infty} H(\mathrm{j}\omega)F(\mathrm{j}\omega)\mathrm{e}^{\mathrm{j}\omega t}\mathrm{d}\omega$ 将 $y(t)$ 表示成输入 $f(t)$ 的各指数分量的响应之和

系统频域分析方法的限制条件：输入 $f(t)$ 的傅里叶变换必须存在；系统频域传递函数 $H(\mathrm{j}\omega)$ 必须存在。假设冲激响应 $h(t)$ 是绝对可积的，即

$$\int_{-\infty}^{\infty} |h(t)| \mathrm{d}t < \infty \qquad\qquad (3.6\text{-}6)$$

在给定的系统中，式（3.6-6）是一种稳定条件。作为可积性条件的结果之一，冲激响应 $h(t)$ 的傅里叶变换 $H(\mathrm{j}\omega)$ 一般是存在的，即

$$H(\mathrm{j}\omega) = \int_{-\infty}^{\infty} h(t)\mathrm{e}^{-\mathrm{j}\omega t}\mathrm{d}t \qquad\qquad (3.6\text{-}7)$$

3.7 无失真传输

一个线性时不变连续时间系统的传递函数是 $H(j\omega)$，假设输入信号 $f(t)$ 的傅里叶变换是 $F(j\omega)$，输出信号 $y(t)$ 的傅里叶变换是 $Y(j\omega)$，则式（3.6-2）

$$Y(j\omega) = H(j\omega)F(j\omega)$$

指出了输入信号 $f(t)$ 通过系统变化为输出信号 $y(t)$ 的变化性质。输出信号的幅度频谱 $|Y(j\omega)|$ 和相位频谱 $\angle Y(j\omega)$ 分别为

$$|Y(j\omega)| = |H(j\omega)||F(j\omega)| \qquad \angle Y(j\omega) = \angle H(j\omega) + \angle F(j\omega)$$

在信号传输的过程中，输入信号的幅度频谱 $|F(j\omega)|$ 变成 $|H(j\omega)||F(j\omega)|$，而输入信号的相位频谱 $\angle F(j\omega)$ 变成 $\angle H(j\omega) + \angle F(j\omega)$。这表明信号在通过系统时，某些频率分量在幅值上可能增加也可能衰减，各个频率分量之间的相对相位也会改变。一般情况下，系统的输出波形与输入波形并不相同。

3.7.1 失真和无失真的概念

由以上的分析可知，信号经过系统传输，要受到系统传递函数 $H(j\omega)$ 的作用，系统输出波形与输入波形相比发生了变化，产生了失真。

失真分为线性失真和非线性失真。

在线性系统中出现的失真称为线性失真。线性失真分为两类：一是幅度失真，指信号在通过系统时各频率分量幅度产生不同程度的衰减或增幅；二是相位失真，指系统对各频率分量产生的相移不与频率成正比，使响应的各频率分量在时间轴上的相对位置产生变化。线性失真的特点是幅度、相位发生变化，但不产生新的频率成分。

非线性失真是指非线性系统对所传输信号产生的失真，其特点是在输出（响应）中会出现输入（激励）信号中没有的新的频率成分。

对系统的不同用途有不同的要求，有时希望在信号传输过程中造成信号的失真越小越好，即无失真传输；有时需要利用系统失真来形成特定波形。本节研究无失真传输的条件。

所谓无失真，是指系统输出（响应）的波形与输入（激励）信号的波形完全相同，而只是幅度大小和波形出现时间不同，如图 3.7-1 所示。

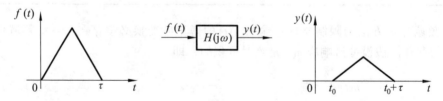

图 3.7-1 无失真传输的概念（时域中）

3.7.2 无失真传输的条件

如图 3.7-1 所示，如果要求信号 $f(t)$ 无失真传输，在时域中输出 $y(t)$ 与输入 $f(t)$ 之间应满足

$$y(t) = k f(t - t_0) \tag{3.7-1}$$

式（3.7-1）为系统在时域中无失真传输的条件。式中，k 为幅度增量，t_0 为延迟时间，k

和 t_0 均为常数，与 t 无关。式（3.7-1）表明，系统输出是输入的 k 倍，时间上延迟了 t_0 时间。

下面分析频域中系统无失真传输的条件。

对式（3.7-1）两边进行傅里叶变换，得

$$Y(\mathrm{j}\omega) = kF(\mathrm{j}\omega)\mathrm{e}^{-\mathrm{j}\omega t_0}$$

由于

$$Y(\mathrm{j}\omega) = H(\mathrm{j}\omega)F(\mathrm{j}\omega)$$

因此，无失真的线性时不变系统的系统函数为

$$H(\mathrm{j}\omega) = k\mathrm{e}^{-\mathrm{j}\omega t_0} \qquad (3.7\text{-}2)$$

式（3.7-2）为系统在频域中无失真传输的
条件，如图 3.7-2 所示。

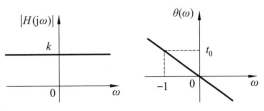

图 3.7-2　无失真传输的频域条件

因此，系统要实现无失真传输，在频域中应满足两个条件：

① 对所有频率 ω，系统传递函数的幅频特性应为常数，即 $\left|H(\mathrm{j}\omega)\right| = k$。

② 对所有频率 ω，系统对各频率分量产生的相移与频率成正比，系统传递函数的相频特性为过原点的直线，即 $\theta(\omega) = -\omega t_0$。

对式（3.7-2）两边取傅里叶逆变换，得系统的冲激响应

$$h(t) = k\delta(t - t_0) \qquad (3.7\text{-}3)$$

式（3.7-3）也描述了线性时不变系统满足无失真传输的时域条件。

3.8　理想低通滤波器

信号通过系统时，系统使信号的某些频率分量通过，而使其他频率分量不通过，这样的系统称为滤波器。如果允许通过的频率分量百分之百通过，不允许通过的频率分量完全截止，这样的系统就称为理想滤波器。其中，让信号通过的频率范围称为通带，阻止信号通过的频率范围称为阻带。

理想低通滤波器是使低于某频率的信号全部无失真通过，而让高于某频率的信号完全截止的系统，此系统函数可以表示为

$$H(\mathrm{j}\omega) = \begin{cases} k\mathrm{e}^{-\mathrm{j}\omega t_0} & |\omega| \leqslant \omega_{\mathrm{c}} \\ 0 & |\omega| > \omega_{\mathrm{c}} \end{cases} \qquad (3.8\text{-}1)$$

式中，t_0 是延迟时间。

由式（3.8-1）可以看出，滤波器对 $|\omega| \leqslant \omega_{\mathrm{c}}$ 的所有频率成分无失真地全部通过，而对 $|\omega| > \omega_{\mathrm{c}}$ 的频率成分完全阻塞，因此，ω_{c} 称为截止频率。理想低通滤波器的通带为 $|\omega| \leqslant \omega_{\mathrm{c}}$，$|\omega| > \omega_{\mathrm{c}}$ 的频率范围为阻带。图 3.8-1 绘出了理想低通滤波器的幅频特性和相频特性。

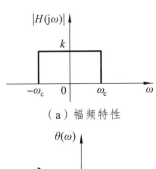

（a）幅频特性

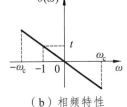

（b）相频特性

图 3.8-1　理想低通滤波器的频率特性

下面讨论理想低通滤波器的冲激响应。因为系统函数 $H(\mathrm{j}\omega)$ 是系统单位冲激响应 $h(t)$ 的傅里叶变换，所以对式（3.8-1）取傅里叶逆变换求得单位冲激响应 $h(t)$ 为

$$h(t) = \mathscr{F}^{-1}\left[H(\mathrm{j}\omega)\right] = \frac{1}{2\pi}\int_{-\infty}^{\infty} H(\mathrm{j}\omega)\mathrm{e}^{\mathrm{j}\omega t}\mathrm{d}\omega$$

$$= \frac{1}{2\pi} \int_{-\omega_c}^{\omega_c} k\mathrm{e}^{-\mathrm{j}\omega t_0}\mathrm{e}^{\mathrm{j}\omega t}\mathrm{d}\omega = \frac{1}{2\pi} \int_{-\omega_c}^{\omega_c} k\mathrm{e}^{\mathrm{j}\omega(t-t_0)}\mathrm{d}\omega$$

$$= \frac{k}{2\pi} \cdot \frac{1}{\mathrm{j}(t-t_0)}\mathrm{e}^{\mathrm{j}\omega(t-t_0)}\bigg|_{-\omega_c}^{\omega_c} = \frac{\omega_c k}{\pi}\mathrm{Sa}\big[\omega_c(t-t_0)\big]$$

理想低通滤波器的单位冲激响应的波形如图 3.8-2 所示。

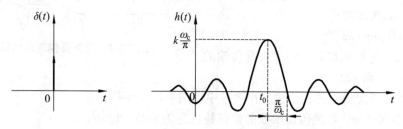

图 3.8-2　理想低通滤波器的单位冲激响应

从图 3.8-2 可以看出，冲激响应 $h(t)$ 是一个峰值位于 t_0 时刻的抽样信号函数，不同于输入冲激函数 $\delta(t)$ 的波形，产生了很大失真。这是因为 $\delta(t)$ 信号频带无限宽，而理想低通滤波器的通频带是有限的 $(0 \sim \omega_c)$，当 $\delta(t)$ 经过理想低通滤波器时，$|\omega| > \omega_c$ 的频率成分都衰减为 0，所以产生失真。

从图 3.8-2 中还可以看出，$h(t)$ 在 $t < 0$ 时存在，这在物理上是不满足因果关系的。因为 $\delta(t)$ 是在 $t = 0$ 时才加入，则由 $\delta(t)$ 产生的响应 $h(t)$ 不应该出现在加入 $\delta(t)$ 之前。这表明理想低通滤波器是一个非因果系统，在物理上是不可实现的。

一个系统在物理上可以实现的时域条件是 $h(t)$ 必须是因果的，即

$$h(t) = 0 \qquad (t < 0)$$

在频域，这个条件等效于佩利-维纳准则，这个频域准则给出了幅度响应 $|H(\mathrm{j}\omega)|$ 可物理实现的必要条件是

$$\int_{-\infty}^{\infty} \frac{\big|\ln|H(\mathrm{j}\omega)|\big|}{1+\omega^2}\mathrm{d}\omega < \infty$$

如果 $H(\mathrm{j}\omega)$ 不满足这个条件，则系统就不可能实现。

对于物理可实现系统，可以允许 $H(\mathrm{j}\omega)$ 特性在某些不连续的频率点上为零，但不允许在一个有限频带内为零。按此原理，理想低通、理想高通、理想带通、理想带阻等理想滤波器都是不可实现的；佩利-维纳准则是系统在物理上可实现的必要条件，而不是充分条件。

3.9　抽　样　定　理

前面研究的都是连续时间信号，因为现实中存在的大都是连续信号（如速度、温度、压力等），而计算机处理的则是离散信号。对连续信号进行抽样就可得到离散信号。需要解决的问题是从连续信号 $f(t)$ 中经抽样得到的离散时刻信号 $f_s(t)$ 是否包含了 $f(t)$ 的全部信息，即由离散时刻的信号 $f_s(t)$ 能否恢复原来的模拟信号 $f(t)$？抽样定理正是说明这样一个重要问题的定理。

3.9.1　抽样的概念

抽样是指从一个连续时间信号 $f(t)$ 中按照一定的时间间隔提取一系列离散样本值的过

程。通过抽样得到的离散信号称为抽样信号，用 $f_s(t)$ 表示。抽样是从连续信号提取离散信号的过程，也是对信号进行数字处理的第一个环节。抽样原理图如图 3.9-1 所示，其中，$f(t)$ 是连续信号，$p(t)$ 是抽样序列。

连续时间信号 $f(t)$ 的频谱宽度有限，为限带信号，即频谱函数 $F(\mathrm{j}\omega)$ 满足

$$F(\mathrm{j}\omega) = 0 \qquad (\text{当}\left|\omega\right| > \omega_\mathrm{m} \text{时})$$

式中，ω_m 称为信号 $f(t)$ 的最高频率，如图 3.9-2 所示。

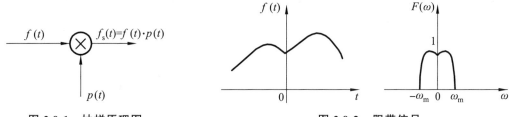

| 图 3.9-1　抽样原理图 | 图 3.9-2　限带信号 |

利用抽样序列 $p(t)$ 从连续信号 $f(t)$ 中抽取一系列离散样值而得的抽样信号，也称取样信号，用 $f_s(t)$ 表示，即

$$f_s(t) = f(t)p(t)$$

式中，抽样序列 $p(t)$ 也称为开关函数，若采用均匀抽样，抽样周期为 T_s，抽样频率为

$$\omega_s = 2\pi f_s = \frac{2\pi}{T_s}$$

3.9.2　理想抽样

如果抽样序列 $p(t)$ 是周期单位冲激序列 $\delta_{T_s}(t)$，则抽样得到的也是一个冲激序列，其各个冲激函数的强度为该时刻 $f(t)$ 的瞬时值，这种抽样称为理想抽样，即

$$p(t) = \delta_{T_s}(t) = \sum_{n=-\infty}^{\infty} \delta(t - nT_s)$$

$$f_s(t) = f(t)p(t) = f(t)\delta_{T_s}(t) = \sum_{n=-\infty}^{\infty} f(nT_s)\delta(t - nT_s)$$

周期单位冲激序列 $\delta_{T_s}(t)$ 的傅里叶变换为

$$P(\mathrm{j}\omega) = \omega_s \delta_{\omega_s}(\omega) = \omega_s \sum_{n=-\infty}^{\infty} \delta(\omega - n\omega_s)$$

式中，$\omega_s = \dfrac{2\pi}{T_s}$。

根据频域卷积定理，得抽样信号 $f_s(t)$ 的频谱

$$F_s(\mathrm{j}\omega) = \frac{1}{2\pi} F(\mathrm{j}\omega) * \left[\omega_s \delta_{\omega_s}(\omega) \right] = \frac{1}{2\pi} F(\mathrm{j}\omega) * \left[\omega_s \sum_{n=-\infty}^{\infty} \delta(\omega - n\omega_s) \right]$$

$$= \frac{1}{T_s} \sum_{n=-\infty}^{\infty} F(\mathrm{j}(\omega - n\omega_s))$$

此式反映了连续信号频谱和理想抽样信号频谱之间的关系，这也是研究抽样前后信号频谱变化的基本关系式，即

$$f_s(t) = \sum_{n=-\infty}^{\infty} f(nT_s)\delta(t-nT_s) \qquad F_s(j\omega) = \frac{1}{T_s}\sum_{n=-\infty}^{\infty} F(j(\omega-n\omega_s))$$

冲激抽样信号的频谱如图 3.9-3 所示，可见，抽样信号 $f_s(t)$ 的频谱 $F_s(j\omega)$ 是原信号 $f(t)$ 频谱 $F(j\omega)$ 的周期性重复。当 $n=0$ 时，$F_s(j\omega)=\frac{1}{T_s}F(j\omega)$，抽样信号包含原信号的全部信息，幅度差 T_s 倍；$F_s(j\omega)$ 是以 ω_s 为周期的连续谱，有新的频率成分，是 $F(j\omega)$ 的周期性延拓。若接一个理想低通滤波器，其增益为 T_s，截止频率 $\omega_m < \omega_c < \omega_s - \omega_m$，滤除了高频成分，就可重现原信号。

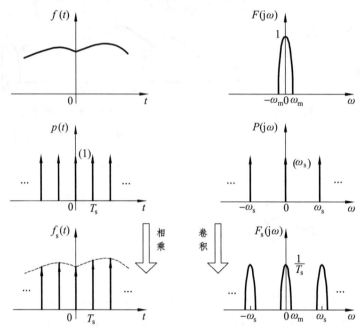

图 3.9-3　冲激抽样信号的频谱

3.9.3　抽样定理

抽样定理：如果一个频带有限信号 $f(t)$，频率范围为 $-\omega_m < \omega < \omega_m$，则信号 $f(t)$ 可以用等间隔的抽样值唯一表示，而抽样间隔必须 $\leqslant \frac{1}{2f_m}$，或最低抽样频率为 $2f_m$。

由抽样定理可以看出，为了能从抽样信号 $f_s(t)$ 中恢复原信号 $f(t)$，必须满足两个条件：首先，被抽样的信号 $f(t)$ 必须是有限频带信号，其频谱在 $|\omega| > \omega_m$ 时为零；其次，抽样频率 $\omega_s \geqslant 2\omega_m$ 或抽样间隔 $T_s \leqslant \frac{1}{2f_m}$。抽样定理也称为香农抽样定理，其原理如图 3.9-4 所示。

由图 3.9-4 可知，重建原信号的必要条件是 $\omega_s - \omega_m \geqslant \omega_m$，即

$$\omega_s \geqslant 2\omega_m \qquad \omega_s = \frac{2\pi}{T_s} = 2\pi f_s \geqslant 2\omega_m = 2\times 2\pi f_m$$

不满足此条件，就要发生频谱混叠现象。所以，抽样频率 $f_s \geqslant 2f_m$ 或抽样间隔 $T_s \leqslant \frac{1}{2f_m}$ 是必要条件。其中，最大允许抽样间隔 $T_s = \frac{1}{2f_m}$ 称为奈奎斯特（Nyquist）抽样间隔。最低允许的

抽样频率 $f_s = 2f_m$ 或 $\omega_s = 2\omega_m$ ，称为奈奎斯特（Nyquist）抽样频率。

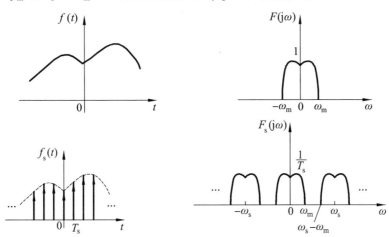

图 3.9-4 抽样定理

例3.9-1 已知信号 $f(t) = A_1 \cos(100\pi t + \varphi_1) + A_2 \cos(200\pi t + \varphi_2) + A_3 \sin(1\,000\pi t + \varphi_3)$，求奈奎斯特（Nyquist）抽样间隔。

解 信号 $f(t)$ 的最高角频率为 $\omega_m = 1\,000\pi$，所以

$$f_m = \frac{\omega_m}{2\pi} = \frac{1\,000\pi}{2\pi} = 500 \ (\text{Hz}), \qquad T_m = \frac{1}{f_m} = 2\times10^{-3} \ (\text{s})$$

奈奎斯特（Nyquist）抽样间隔为

$$T_s = \frac{1}{2f_m} = 1\times10^{-3}\,\text{s} = 1\,\text{ms}$$

抽样间隔 $\qquad T < T_s = 1\,\text{ms}$

抽样频率 $\qquad f > \dfrac{1}{T_s} = 1\,000\,\text{Hz}$

例3.9-2 对下列信号求奈奎斯特抽样间隔和奈奎斯特抽样频率。

① $\text{Sa}(100t)$；　　② $\text{Sa}^2(100t)$。

解 由表 3.4-1 可知

$$\frac{\tau}{2\pi}\text{Sa}\left(\frac{\tau t}{2}\right) \Leftrightarrow g_\tau(\omega)$$

如图 3.9-5 所示，得信号 $f(t)$ 的最高频率为

$$\omega_m = \frac{\tau}{2}$$

① 求信号 $\text{Sa}(100\,t)$ 的奈奎斯特抽样间隔和频率：

$$\tau = 200, \quad \omega_m = 100$$

$$f_m = \frac{\omega_m}{2\pi} = \frac{100}{2\pi}, \quad T_m = \frac{1}{f_m} = \frac{2\pi}{100}$$

奈奎斯特抽样间隔和频率为

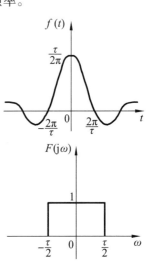

图 3.9-5　例 3.9-2 图（一）

$$T_s = \frac{1}{2f_m} = \frac{1}{2}T_m = \frac{\pi}{100}, \quad f_s = 2f_m = \frac{100}{\pi}$$

② 求信号 $Sa^2(100\,t)$ 的奈奎斯特抽样间隔和频率：

$$Sa\left(\frac{\tau t}{2}\right) \Leftrightarrow \frac{2\pi}{\tau}g_\tau(\omega)$$

$$Sa^2\left(\frac{\tau t}{2}\right) \Leftrightarrow \frac{1}{2\pi}\left[\frac{2\pi}{\tau}g_\tau(\omega)\right]*\left[\frac{2\pi}{\tau}g_\tau(\omega)\right] = \frac{2\pi}{\tau^2}g_\tau(\omega)*g_\tau(\omega)$$

$$= \begin{cases} 0 & \omega<-\tau, \quad \omega>\tau \\ \dfrac{2\pi(\omega+\tau)}{\tau^2} & -\tau\leqslant\omega<0 \\ \dfrac{2\pi(\tau-\omega)}{\tau^2} & 0\leqslant\omega\leqslant\tau \end{cases}$$

如图 3.9-6 所示，得信号 $f(t)$ 的最高频率为

$$\omega_m = \tau = 200, \quad f_m = \frac{\omega_m}{2\pi} = \frac{200}{2\pi} = \frac{100}{\pi}, \quad T_m = \frac{1}{f_m} = \frac{\pi}{100}$$

奈奎斯特抽样间隔和频率分别为

$$T_s = \frac{1}{2f_m} = \frac{1}{2}T_m = \frac{\pi}{200}, \quad f_s = 2f_m = \frac{200}{\pi}$$

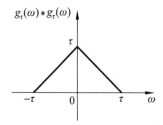

图 3.9-6　例 3.9-2 图（二）

3.10 节内容及本章小结在此，
扫一扫就能得到啦！

扫一扫，本章习题及
参考答案在这里哦！

第4章　连续时间信号与系统的复频域分析

　　傅里叶变换是连续时间信号和系统分析的强有力工具，它将系统输入输出关系的微分方程变换为代数方程，先求得输出信号的傅里叶变换，然后再进行傅里叶逆变换，就可求得时域中的系统输出。以傅里叶变换为基础的频域分析方法的优点在于，它给出的结果有着清楚的物理意义。但在系统分析中，许多重要信号的傅里叶变换并不存在。傅里叶变换只能处理符合狄里赫利条件的信号，因而其信号的分析受到限制；另外，在求时域响应时，运用傅里叶逆变换对频率进行无穷积分求解比较烦琐。

　　为了解决不符合狄里赫利条件的信号分析，可利用本章讨论的拉普拉斯变换法扩大信号变换的范围。作为傅里叶变换的推广，拉普拉斯变换法也是将信号表示成复指数线性组合。拉普拉斯变换是作为一个函数与一个指数衰减函数乘积的傅里叶变换引出的，这样有助于相应的积分收敛，并且产生一些非常重要的特征，从而使拉普拉斯变换成为分析连续时间线性时不变动态系统的最有效的工具之一。

4.1　拉普拉斯变换概述

4.1.1　拉普拉斯变换的定义

1. 拉普拉斯正变换

　　已知连续时间信号 $f(t)$ 的傅里叶变换定义为

$$F(\mathrm{j}\omega) = \int_{-\infty}^{\infty} f(t)\,\mathrm{e}^{-\mathrm{j}\omega t}\mathrm{d}t$$

　　从第 3 章中已知，许多常用信号因为不满足傅里叶变换的条件，在常用函数的意义上没有傅里叶变换，为了扩展常用函数进行频域表示的信号种类，引入拉普拉斯变换。它本质上是信号 $f(t)\mathrm{e}^{-\sigma t}$ 的傅里叶变换，即信号 $f(t)$ 乘以衰减因子 $\mathrm{e}^{-\sigma t}$（ σ 为任意实数）后容易满足绝对可积条件，根据傅里叶变换定义，则

$$F_1(\mathrm{j}\omega) = \mathscr{F}\left[f(t)\mathrm{e}^{-\sigma t}\right] = \int_{-\infty}^{\infty}\left[f(t)\mathrm{e}^{-\sigma t}\right]\mathrm{e}^{-\mathrm{j}\omega t}\mathrm{d}t = \int_{-\infty}^{\infty} f(t)\mathrm{e}^{-(\sigma+\mathrm{j}\omega)t}\mathrm{d}t = F(\sigma+\mathrm{j}\omega)$$

令 $\sigma+\mathrm{j}\omega = s$ ， s 称为复频率，则

$$F(s) = \int_{-\infty}^{\infty} f(t)\mathrm{e}^{-st}\mathrm{d}t \tag{4.1-1}$$

式（4.1-1）称为 $f(t)$ 的双边拉普拉斯变换。

　　由于　　　　　　　$F(s) = \int_{-\infty}^{\infty} f(t)\mathrm{e}^{-st}\mathrm{d}t = \int_{-\infty}^{\infty}\left[f(t)\mathrm{e}^{-\sigma t}\right]\mathrm{e}^{-\mathrm{j}\omega t}\mathrm{d}t = \mathscr{F}\left[f(t)\mathrm{e}^{-\sigma t}\right]$

所以拉普拉斯变换是对傅里叶变换的推广， $f(t)$ 的拉普拉斯变换就是 $f(t)\mathrm{e}^{-\sigma t}$ 的傅里叶变换。只要有合适的 σ 存在，就可以使某些本来不满足狄里赫利条件的信号在引入 $\mathrm{e}^{-\sigma t}$ 后满足该条件，即有些信号的傅里叶变换不收敛而它的拉普拉斯变换存在。这表明拉普拉斯变换比傅里叶变换有更广泛的适用性。

　　根据双边拉普拉斯变换的定义 $F(s) = \int_{-\infty}^{\infty} f(t)\mathrm{e}^{-st}\mathrm{d}t$ ，由 $s = \sigma+\mathrm{j}\omega$ 知，若 $\sigma = 0$ ， $s = \mathrm{j}\omega$ ，

则有 $f(t)$ 的傅里叶变换

$$F(j\omega) = \int_{-\infty}^{\infty} f(t) e^{-j\omega t} dt$$

但注意，只有在假设 $j\omega$ 轴（ $\sigma = 0$ ）属于拉普拉斯变换的收敛域情况下，才可以从拉普拉斯变换复原傅里叶变换，只要在相应的拉普拉斯变换的表达式中简单地设定 $s = j\omega$ 即可。这表明了连续时间傅里叶变换是双边拉普拉斯变换在 $\sigma = 0$ 或在 $j\omega$ 轴上的特例。

2. 拉普拉斯逆变换

由前面推导可知

$$F(\sigma + j\omega) = \int_{-\infty}^{\infty} f(t) e^{-(\sigma + j\omega)t} dt$$

可见 $f(t) e^{-\sigma t}$ 是 $F(\sigma + j\omega)$ 的傅里叶逆变换，根据傅里叶逆变换的定义，则

$$f(t) e^{-\sigma t} = \frac{1}{2\pi} \int_{-\infty}^{\infty} F(\sigma + j\omega) e^{j\omega t} d\omega$$

此式两边同时乘以 $e^{\sigma t}$ ，得

$$f(t) = \frac{1}{2\pi} \int_{-\infty}^{\infty} F(\sigma + j\omega) e^{(\sigma + j\omega)t} d\omega$$

令 $s = \sigma + j\omega$ ，若 σ 取常数，则 $ds = jd\omega$ ，相应的积分上、下限对于积分变量 ω 是 $(-\infty, \infty)$ ，对于 s 为 $(\sigma - j\infty, \sigma + j\infty)$ ，则拉普拉斯逆变换的定义为

$$f(t) = \frac{1}{2\pi j} \int_{\sigma - j\infty}^{\sigma + j\infty} F(s) e^{st} ds \qquad (4.1\text{-}2)$$

式（4.1-1）和式（4.1-2）这对方程称为双边拉普拉斯变换对，其中 $F(s)$ 是 $f(t)$ 的拉普拉斯正变换，而 $f(t)$ 是 $F(s)$ 的拉普拉斯逆变换。用符号表示为

$$F(s) = \mathscr{L}\left[f(t)\right] \quad \text{和} \quad f(t) = \mathscr{L}^{-1}\left[F(s)\right]$$

通常采用双向箭头表示一对拉普拉斯变换对

$$f(t) \leftrightarrow F(s)$$

式中，$F(s)$ 称为 $f(t)$ 的象函数，$f(t)$ 称为 $F(s)$ 的原函数。双边拉普拉斯变换能够处理从 $-\infty \sim +\infty$ 整个时间区间内存在的信号（因果和非因果信号）。

3. 单边拉普拉斯变换

单边拉普拉斯变换是双边拉普拉斯变换的一种特殊情况。考虑到实际信号都是因果信号，将式（4.1-1）积分中的积分限取为 $0 \sim \infty$ 。因此，信号 $f(t)$ 的单边拉普拉斯变换的定义为

$$F(s) = \int_{0_-}^{\infty} f(t) e^{-st} dt$$

这里选择 0_- 作为积分下限，不仅保证了在 $t = 0$ 时包含一个冲激函数，而且也便于在分析和计算时直接利用 0_- 初始条件。

单边拉普拉斯变换由于它的唯一性性质，大大简化了系统分析问题，对线性动态系统非常重要。因此，后面讨论的都是单边拉普拉斯变换，单边拉普拉斯变换简称拉普拉斯变换。

4.1.2　拉普拉斯变换的存在性

在拉普拉斯变换中，变量 s 一般为复数，表示为 $s = \sigma + j\omega$ ，按定义

$$F(s) = \int_{0_-}^{\infty} f(t)\,\mathrm{e}^{-st}\mathrm{d}t = \int_{0_-}^{\infty}\left[f(t)\,\mathrm{e}^{-\sigma t}\right]\mathrm{e}^{-\mathrm{j}\omega t}\mathrm{d}t$$

因为 $\left| \mathrm{e}^{-\mathrm{j}\omega t}\right| = 1$，方程右边的积分若满足

$$\int_{0_-}^{\infty}\left| f(t)\,\mathrm{e}^{-\sigma t}\right|\mathrm{d}t < \infty \tag{4.1-3}$$

则积分收敛。所以，如果式（4.1-3）的积分对某个 σ 值是有限的，那么保证这个拉普拉斯变换存在。

对于某个 M 和 σ_0，任何增长慢于指数信号 $M\mathrm{e}^{\sigma_0 t}$ 的信号都满足条件式（4.1-3），因此，若 $f(t)$ 满足以下条件

$$\left| f(t)\right| \leqslant M\,\mathrm{e}^{\sigma_0 t} \tag{4.1-4}$$

就能选取 $\sigma > \sigma_0$ 以满足式（4.1-3）。与此相反，信号 e^{t^2} 的增长速率比 $\mathrm{e}^{\sigma_0 t}$ 快，结果不能进行拉普拉斯变换。

式（4.1-4）中的 $f(t)$ 称为指数阶函数。也可定义如下：对于给定的 $f(t)$，可以找到一个 σ_0，当 $\sigma > \sigma_0$ 时下式成立，则为指数阶函数

$$\lim_{t\to\infty} f(t)\,\mathrm{e}^{-\sigma t} = 0 \quad (\sigma > \sigma_0) \tag{4.1-5}$$

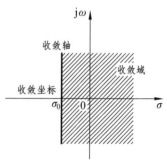

若 $f(t)$ 本身发散，如让它强有力地衰减，则可能收敛。所以，拉普拉斯变换扩大了变换存在范围（如 e^{at}），使更多信号存在变换。

拉普拉斯变换存在的条件可以用收敛域来描述。使 $F(s)$ 存在的 s 区域称为收敛域。式（4.1-5）的收敛域如图 4.1-1 中的阴影部分所示，根据 σ_0 的数值，s 平面分为两个区域，通过 σ_0 的垂直线称为收敛轴，是收敛域的边界。

图 4.1-1　收敛域

4.1.3　基本信号的拉普拉斯变换

下面根据拉普拉斯变换的定义给出几个基本信号的拉普拉斯变换。

1. 单边指数函数 $\mathrm{e}^{-\alpha t}u(t)$

$$\mathscr{L}\left[\mathrm{e}^{-\alpha t}u(t)\right] = \int_{0_-}^{\infty}\mathrm{e}^{-\alpha t}\mathrm{e}^{-st}\mathrm{d}t = \left.\frac{\mathrm{e}^{-(\alpha+s)t}}{-(\alpha+s)}\right|_0^{\infty} = \frac{1}{s+\alpha} \quad (\,\mathrm{Re}(s) = \sigma > -\alpha\,)$$

即

$$\mathrm{e}^{-\alpha t}u(t) \leftrightarrow \frac{1}{s+\alpha}$$

同理可得　　　　　　$\mathrm{e}^{-\mathrm{j}\omega t}u(t) \leftrightarrow \dfrac{1}{s-\mathrm{j}\omega}$　　　　　$\mathrm{e}^{(\sigma+\mathrm{j}\omega)t}u(t) \leftrightarrow \dfrac{1}{s-(\sigma+\mathrm{j}\omega)}$

2. 单位阶跃函数 $u(t)$

$$\mathscr{L}\left[u(t)\right] = \int_{0_-}^{\infty}\mathrm{e}^{-st}\mathrm{d}t = \left.\frac{\mathrm{e}^{-st}}{-s}\right|_0^{\infty} = \frac{1}{s} \quad (\,\mathrm{Re}(s) = \sigma > 0\,)$$

即

$$u(t) \leftrightarrow \frac{1}{s}$$

3. 单位冲激信号 $\delta(t)$

$$\mathscr{L}\left[\delta(t)\right] = \int_{0_-}^{\infty} \delta(t) \mathrm{e}^{-st} \mathrm{d}t = \int_{0_-}^{\infty} \delta(t) \mathrm{d}t = 1 \quad (\ \mathrm{Re}(s) = \sigma > -\infty\ )$$

即 $$\delta(t) \leftrightarrow 1$$

同理 $$\mathscr{L}\left[\delta(t-t_0)\right] = \int_{0_-}^{\infty} \delta(t-t_0)\,\mathrm{e}^{-st}\mathrm{d}t = \mathrm{e}^{-st_0}$$

$$\delta(t-t_0) \leftrightarrow \mathrm{e}^{-st_0}$$

4. 余弦函数 $\cos(\omega_0 t)u(t)$

因为 $$\cos(\omega_0 t)u(t) = \frac{1}{2}(\mathrm{e}^{\mathrm{j}\omega_0 t} + \mathrm{e}^{-\mathrm{j}\omega_0 t})\,u(t)$$

而 $$\mathrm{e}^{\mathrm{j}\omega_0 t}u(t) \leftrightarrow \frac{1}{s-\mathrm{j}\omega_0}\ , \qquad \mathrm{e}^{-\mathrm{j}\omega_0 t}u(t) \leftrightarrow \frac{1}{s+\mathrm{j}\omega_0}$$

所以 $$\mathscr{L}\left[\cos(\omega_0 t)\,u(t)\right] = \mathscr{L}\left[\frac{1}{2}(\mathrm{e}^{\mathrm{j}\omega_0 t} + \mathrm{e}^{-\mathrm{j}\omega_0 t})\,u(t)\right] \leftrightarrow \frac{1}{2}\left(\frac{1}{s-\mathrm{j}\omega_0} + \frac{1}{s+\mathrm{j}\omega_0}\right) = \frac{s}{s^2 + \omega_0^2}$$

即 $$\cos(\omega_0 t)\,u(t) \leftrightarrow \frac{s}{s^2 + \omega_0^2}$$

同理 $$\sin(\omega_0 t)\,u(t) \leftrightarrow \frac{\omega_0}{s^2 + \omega_0^2}$$

5. t 的正幂次信号 $t^n u(t)$（n 为正整数）

$$\mathscr{L}\left[t^n u(t)\right] = \int_{0_-}^{\infty} t^n \mathrm{e}^{-st}\mathrm{d}t = \frac{t^n}{-s}\mathrm{e}^{-st}\bigg|_0^{\infty} + \frac{n}{s}\int_{0_-}^{\infty} t^{n-1}\mathrm{e}^{-st}\mathrm{d}t = \frac{n}{s}\int_{0_-}^{\infty} t^{n-1}\mathrm{e}^{-st}\mathrm{d}t$$

即 $$\mathscr{L}\left[t^n u(t)\right] = \frac{n}{s}\mathscr{L}\left[t^{n-1}u(t)\right]$$

若 $n=1$，则

$$\mathscr{L}\left[t\,u(t)\right] = \int_{0_-}^{\infty} t\mathrm{e}^{-st}\mathrm{d}t = \frac{1}{-s}\int_{0_-}^{\infty} t\mathrm{d}\mathrm{e}^{-st} = \frac{1}{-s}\left[te^{-st}\big|_0^{\infty} - \int_{0_-}^{\infty} \mathrm{e}^{-st}\mathrm{d}t\right]$$

$$= \frac{1}{-s}\left[-\frac{1}{-s}\mathrm{e}^{-st}\bigg|_0^{\infty}\right] = \frac{1}{s^2}$$

若 $n=2$，则 $$\mathscr{L}\left[t^2 u(t)\right] = \frac{2}{s}\mathscr{L}\left[t\,u(t)\right] = \frac{2}{s}\cdot\frac{1}{s^2} = \frac{2}{s^3}$$

若 $n=3$，则 $$\mathscr{L}\left[t^3 u(t)\right] = \frac{3}{s}\mathscr{L}\left[t^2 u(t)\right] = \frac{3}{s}\cdot\frac{2}{s^3} = \frac{6}{s^4}$$

$$\vdots$$

所以 $$\mathscr{L}\left[t^n u(t)\right] = \frac{n!}{s^{n+1}}$$

注意，本章讨论的单边拉普拉斯变换是从 $t=0$ 开始积分的，因此，$t<0$ 区间的函数值与变换结果无关。相应地，在求拉普拉斯逆变换时，只能给出 $t \geqslant 0$ 范围的函数值。

实际常见的许多信号，大多可以用上述基本信号的线性组合表示。现将这些常用信号的拉普拉斯变换列于表 4.1-1 中，以便查阅。

表 4.1-1　基本函数的拉普拉斯变换

序号	$f(t)$ $(t>0)$	$F(s)$	序号	$f(t)$ $(t>0)$	$F(s)$
1	$\delta(t)$	1	9	$e^{-\alpha t}\cos(\omega_0 t)$	$\dfrac{s+\alpha}{(s+\alpha)^2+\omega_0^2}$
2	$\delta(t-t_0)$	e^{-st_0}	10	$e^{-\alpha t}\sin(\omega_0 t)$	$\dfrac{\omega_0}{(s+\alpha)^2+\omega_0^2}$
3	$u(t)$	$\dfrac{1}{s}$	11	$te^{-\alpha t}$	$\dfrac{1}{(s+\alpha)^2}$
4	t	$\dfrac{1}{s^2}$	12	$t^n e^{-\alpha t}$	$\dfrac{n!}{(s+\alpha)^{n+1}}$
5	t^n	$\dfrac{n!}{s^{n+1}}$	13	$t\cos(\omega_0 t)$	$\dfrac{s^2-\omega_0^2}{(s^2+\omega_0^2)^2}$
6	$e^{-\alpha t}u(t)$	$\dfrac{1}{s+\alpha}$	14	$t\sin(\omega_0 t)$	$\dfrac{2\omega_0 s}{(s^2+\omega_0^2)^2}$
7	$\cos(\omega_0 t)$	$\dfrac{s}{s^2+\omega_0^2}$	15	$\displaystyle\sum_{k=0}^{\infty}\delta(t-kT)$	$\dfrac{1}{1-e^{-sT}}$
8	$\sin(\omega_0 t)$	$\dfrac{\omega_0}{s^2+\omega_0^2}$	16	$\displaystyle\sum_{k=0}^{\infty}f_T(t-kT)$	$\dfrac{1}{1-e^{-sT}}F_T(s)$

4.2　拉普拉斯变换的基本性质

拉普拉斯变换的性质不仅在求解函数的拉普拉斯变换中有用，而且在求解线性微分方程时也很有用。

1. 线性性质

若 $f_1(t)\leftrightarrow F_1(s)$，$f_2(t)\leftrightarrow F_2(s)$，则

$$a_1 f_1(t)+a_2 f_2(t)\leftrightarrow a_1 F_1(s)+a_2 F_2(s) \qquad (a_1、a_2 为常数)$$

2. 时移性

若 $f(t)u(t)\leftrightarrow F(s)$，则

$$f(t-t_0)u(t-t_0)\leftrightarrow F(s)e^{-st_0}$$

注意，$f(t-t_0)u(t-t_0)$ 是信号 $f(t)u(t)$ 延时 t_0 秒。时移性质是指将一个信号延时 t_0 秒后的象函数等于将它的象函数乘以 e^{-st_0}。单边拉普拉斯变换时移性质仅对正的 t_0 值成立，因为若 t_0 值为负，信号 $f(t-t_0)u(t-t_0)$ 可能就不是因果信号了。

3. s 域平移

若 $f(t)\leftrightarrow F(s)$，则

$$f(t)e^{-\alpha t}\leftrightarrow F(s+\alpha)$$

例 4.2-1　求 $e^{-\alpha t}\cos(\omega_0 t)u(t)$ 的拉普拉斯变换。

解　已知　$\cos(\omega_0 t)u(t)\leftrightarrow\dfrac{s}{s^2+\omega_0^2}$

利用 s 域平移性质 $f(t)e^{-\alpha t}\leftrightarrow F(s+\alpha)$

所以　　　　$e^{-\alpha t}\cos(\omega_0 t)u(t)\leftrightarrow\dfrac{s+\alpha}{(s+\alpha)^2+\omega_0^2}$

同理　　　　　　$e^{-\alpha t} \sin(\omega_0 t) u(t) \leftrightarrow \dfrac{\omega_0}{(s+\alpha)^2 + \omega_0^2}$

4. 尺度变换

若 $f(t) \leftrightarrow F(s)$，则对于 $a > 0$，有

$$f(at) \leftrightarrow \frac{1}{a} F\left(\frac{s}{a}\right)$$

时移和标度变换都有时，则

$$f(at-b) u(at-b) \leftrightarrow \frac{1}{a} F\left(\frac{s}{a}\right) e^{-s\frac{b}{a}} \quad (a > 0, \ b > 0)$$

5. 时域微分

若 $f(t) \leftrightarrow F(s)$，则

$$\frac{\mathrm{d}f(t)}{\mathrm{d}t} \leftrightarrow sF(s) - f(0_-)$$

推广　　　$\mathscr{L}\left[\dfrac{\mathrm{d}^2 f(t)}{\mathrm{d}t^2}\right] = s\left[sF(s) - f(0_-)\right] - f'(0_-) = s^2 F(s) - sf(0_-) - f'(0_-)$

$$\vdots$$

$$\mathscr{L}\left[\frac{\mathrm{d}^n f(t)}{\mathrm{d}t^n}\right] = s^n F(s) - s^{n-1} f(0_-) - s^{n-2} f'(0_-) - \cdots - f^{(n-1)}(0_-)$$

$$= s^n F(s) - \sum_{r=0}^{n-1} s^{n-r-1} f^{(r)}(0_-)$$

若　　　　　　$f(0_-) = f'(0_-) = \cdots = f^{(n-1)}(0_-) = 0$

则　　　　　　$\mathscr{L}\left[\dfrac{\mathrm{d}^n f(t)}{\mathrm{d}t^n}\right] = s^n F(s)$

6. 时域积分

若 $f(t) \leftrightarrow F(s)$，则

$$f^{(-1)}(t) = \int_{0_-}^{t} f(\tau) \, \mathrm{d}\tau \leftrightarrow \frac{F(s)}{s}$$

$$\vdots$$

$$f^{(-n)}(t) \leftrightarrow \frac{F(s)}{s^n}$$

若 $n = 1$，则　$f^{(-1)}(t) = \displaystyle\int_{-\infty}^{t} f(\tau) \, \mathrm{d}\tau \leftrightarrow \dfrac{F(s)}{s} + \dfrac{f^{(-1)}(0_-)}{s}$

7. 时域卷积与复频域卷积

若 $f_1(t) \leftrightarrow F_1(s)$，$f_2(t) \leftrightarrow F_2(s)$，并且 $f_1(t)$、$f_2(t)$ 为因果信号，则

时域卷积　　　　　　　　　$f_1(t) * f_2(t) \leftrightarrow F_1(s)F_2(s)$

复频域卷积（时域相乘）　　$f_1(t) f_2(t) \leftrightarrow \dfrac{1}{2\pi \mathrm{j}} F_1(s) * F_2(s)$

在某些应用中，希望能根据信号的拉普拉斯变换 $F(s)$ 知道当 $t \to 0$ 和 $t \to \infty$ 时 $f(t)$ 的值，即 $f(t)$ 的初值和终值。下面介绍初值定理和终值定理。

8. 初值定理

若 $f(t)$ 及 $\dfrac{\mathrm{d}f(t)}{\mathrm{d}t}$ 可以进行拉普拉斯变换，且 $f(t) \leftrightarrow F(s)$ ，则

$$\lim_{t \to 0_+} f(t) = f(0_+) = \lim_{s \to \infty} sF(s)$$

注意：通常 $F(s)$ 具有如下的有理分式形式

$$F(s) = \frac{N(s)}{D(s)} = \frac{b_0 s^m + b_1 s^{m-1} + \cdots + b_{m-1} s + b_m}{a_0 s^n + a_1 s^{n-1} + \cdots + a_{n-1} s + a_n}$$

式中，a_i 和 b_j 均为实数 ($i = 0, 1, 2, \cdots, n;\ j = 0, 1, 2, \cdots, m$)，$m$、$n$ 为正整数。当 $m < n$ 时，$F(s)$ 为有理真分式。仅当 $F(s)$ 是严格有理真分式 ($m < n$) 时，初值定理才成立。这是因为，对于 $m \geqslant n$，$\lim\limits_{s \to \infty} sF(s)$ 不存在，这个定理不适用。若 $F(s)$ 不是真分式，可将 $F(s)$ 表示为一个 s 的有理多项式 $K(s)$ 再加上一个有理真分式 $F_1(s)$，即 $F(s) = K(s) + F_1(s)$

s 多项式 $K(s)$ 的逆变换就是 $\delta(t)$ 及其他的各阶导数，$F(s)$ 中有常数项，说明 $f(t)$ 中有 $\delta(t)$ 项，而这些在 $t = 0_+$ 时的值都为零。所以，$f(0_+)$ 是严格有理真分式 $F_1(s)$ 的值，对它初值定理成立，即

$$f(0_+) = \lim_{s \to \infty} s\left[F(s) - K(s)\right] = \lim_{t \to 0_+} f(t)$$

例 4.2-2　已知 $F(s) = \dfrac{1}{s}$，求 $f(0_+) = ?$

解　　　　　$f(0_+) = \lim\limits_{t \to 0_+} f(t) = \lim\limits_{s \to \infty} sF(s) = 1$

即单位阶跃信号的初始值为 1。

例 4.2-3　已知 $F(s) = \dfrac{2s}{s+1}$，求 $f(0_+) = ?$

解　因为　　　$F(s) = \dfrac{2s}{s+1} = 2 - \dfrac{2}{s+1}$

故　　　$f(0_+) = \lim\limits_{s \to \infty} s\left[F(s) - 2\right] = \lim\limits_{s \to \infty} s\left(-\dfrac{2}{s+1}\right) = \lim\limits_{s \to \infty} \dfrac{-2}{1 + \dfrac{1}{s}} = -2$

所以　　　$f(0_+) = -2$

9. 终值定理

若 $f(t)$ 及 $\dfrac{\mathrm{d}f(t)}{\mathrm{d}t}$ 可以进行拉普拉斯变换，且 $f(t) \leftrightarrow F(s)$ ，则

$$\lim_{t \to \infty} f(t) = \lim_{s \to 0} sF(s)$$

10. 复频域微分（s 域微分）

若 $f(t) \leftrightarrow F(s)$，则

$$t^n f(t) \leftrightarrow (-1)^n \frac{\mathrm{d}^n F(s)}{\mathrm{d}s^n} \qquad （n \text{ 为正整数}）$$

常用形式：　　　$tf(t) \leftrightarrow -\dfrac{\mathrm{d}F(s)}{\mathrm{d}s}$

11. 复频域积分（s 域积分）

若 $f(t) \leftrightarrow F(s)$，则

$$\frac{f(t)}{t} \leftrightarrow \int_s^\infty F(\tau) \, \mathrm{d}\tau$$

例 4.2-4　已知 $f(t) = tu(t-1)$，求 $F(s)$。

解
$$F(s) = \mathscr{L}\big[tu(t-1)\big] = \mathscr{L}\big[(t-1)u(t-1) + u(t-1)\big]$$

根据时移性　　$f(t-t_0)u(t-t_0) \leftrightarrow F(s)\mathrm{e}^{-st_0}$

得
$$F(s) = \left(\frac{1}{s^2} + \frac{1}{s}\right)\mathrm{e}^{-s}$$

例 4.2-5　已知 $f(t) = \sqrt{2}\cos\left(t + \dfrac{\pi}{4}\right)u(t)$，求 $F(s)$。

解
$$f(t) = \sqrt{2}\cos t \cos\frac{\pi}{4}u(t) - \sqrt{2}\sin t \sin\frac{\pi}{4}u(t) = \cos t - \sin t$$

得
$$F(s) = \frac{s}{s^2+1} - \frac{1}{s^2+1} = \frac{s-1}{s^2+1}$$

例 4.2-6　证明周期函数的拉普拉斯变换，若以 $f_T(t)$ 表示 $f(t)$ 的第一个周期，且 $f_T(t) \leftrightarrow F_T(s)$，则 $f(t) \leftrightarrow \dfrac{1}{1-\mathrm{e}^{-Ts}}F_T(s)$。

证明　$f_T(t)$ 为 $f(t)$ 的第一个周期，表示为

$$f_T(t) = \begin{cases} f(t) & 0 \leqslant t \leqslant T \\ 0 & \text{其他} \end{cases}$$

则
$$f(t) = f_T(t) + f_T(t-T) + f_T(t-2T) + \cdots = \sum_{k=0}^\infty f_T(t-kT)$$

若　　$f_T(t) \leftrightarrow F_T(s)$

则
$$F(s) = F_T(s) + F_T(s)\mathrm{e}^{-Ts} + F_T(s)\mathrm{e}^{-2Ts} + \cdots = F_T(s)(1 + \mathrm{e}^{-Ts} + \mathrm{e}^{-2Ts} + \cdots)$$
$$= \frac{1}{1-\mathrm{e}^{-Ts}}F_T(s) \qquad \left(\left|\mathrm{e}^{-Ts}\right| < 1\right)$$

所以
$$f(t) = \sum_{k=0}^\infty f_T(t-kT) \leftrightarrow \frac{1}{1-\mathrm{e}^{-Ts}}F_T(s) \qquad \left(\left|\mathrm{e}^{-Ts}\right| < 1\right)$$

下面将单边拉普拉斯变换的性质列于表 4.2-1 中，以便查阅。

表 4.2-1　拉普拉斯变换的性质

序号	性质	信号	拉普拉斯变换
1	线性	$a_1 f_1(t) + a_2 f_2(t)$	$a_1 F_1(s) + a_2 F_2(s)$
2	时移	$f(t-t_0)u(t-t_0) \quad (t_0 > 0)$	$F(s)\mathrm{e}^{-st_0}$
3	s 域平移	$f(t)\mathrm{e}^{-\alpha t}$	$F(s+\alpha)$
4	尺度变换	$f(at) \quad (a>0)$	$\dfrac{1}{a}F\left(\dfrac{s}{a}\right)$
5	时域微分	$\dfrac{\mathrm{d}f(t)}{\mathrm{d}t}$	$sF(s) - f(0_-)$

序号	性质	信号	拉普拉斯变换
5	时域微分	$\dfrac{\mathrm{d}^n f(t)}{\mathrm{d}t^n}$	$s^n F(s) - \displaystyle\sum_{r=0}^{n-1} s^{n-r-1} f^{(r)}(0_-)$
6	时域积分	$\displaystyle\int_{0_-}^t f(\tau)\,\mathrm{d}\tau$	$\dfrac{F(s)}{s}$
		$f^{(-n)}(t)$	$\dfrac{F(s)}{s^n}$
7	时域卷积	$f_1(t) * f_2(t)$	$F_1(s)F_2(s)$
8	复频域卷积	$f_1(t)f_2(t)$	$\dfrac{1}{2\pi\mathrm{j}}F_1(s) * F_2(s)$
9	初值定理	$\displaystyle\lim_{t \to 0_+} f(t) = f(0_+) = \lim_{s \to \infty} sF(s)$	
10	终值定理	$\displaystyle\lim_{t \to \infty} f(t) = \lim_{s \to 0} sF(s)$	
11	s 域微分	$tf(t)$	$-\dfrac{\mathrm{d}F(s)}{\mathrm{d}s}$
		$t^n f(t)$	$(-1)^n \dfrac{\mathrm{d}^n F(s)}{\mathrm{d}s^n}$
12	s 域积分	$\dfrac{f(t)}{t}$	$\displaystyle\int_s^\infty F(\tau)\,\mathrm{d}\tau$

4.3　拉普拉斯逆变换

利用拉普拉斯逆变换的定义式（4.1-2）求拉普拉斯逆变换比较复杂，要求在复平面内积分。对一些常用信号，可以直接查拉普拉斯变换表来求拉普拉斯逆变换，从而避免了围线积分。由于大多数实际关注的象函数都是有理函数，即 s 的多项式之比，这样的函数能通过部分分式展开法将它们表示为简单函数之和，然后利用变换表和拉普拉斯变换的性质计算拉普拉斯逆变换。另外也可以利用计算机的数值计算方法来求解。

下面讨论部分分式展开法求解拉普拉斯逆变换的方法。

通常 $F(s)$ 具有如下的有理分式形式

$$F(s) = \frac{N(s)}{D(s)} = \frac{b_0 s^m + b_1 s^{m-1} + \cdots + b_{m-1} s + b_m}{a_0 s^n + a_1 s^{n-1} + \cdots + a_{n-1} s + a_n}$$

式中，a_i 和 b_j 均为实数（$i = 0, 1, 2, \cdots, n$; $j = 0, 1, 2, \cdots, m$），m、n 为正整数。当 $m < n$ 时，$F(s)$ 为有理真分式，可分解为

$$F(s) = \frac{N(s)}{D(s)} = \frac{b_0 (s - z_1)(s - z_2) \cdots (s - z_m)}{a_0 (s - p_1)(s - p_2) \cdots (s - p_n)}$$

对于 $F(s) = 0$ 的 s 值，称为 $F(s)$ 的零点；对于 $F(s) = \infty$ 的 s 值，称为 $F(s)$ 的极点。当 $F(s)$ 是具有 $\dfrac{N(s)}{D(s)}$ 形式的有理分式时，则 $N(s) = 0$ 的根 z_1、z_2、z_3、$\ldots$、z_m 就是 $F(s)$ 的零点，因为 $N(s) = 0$ 可以推导出 $F(s) = 0$；$D(s) = 0$ 的根 p_1、p_2、p_3、$\ldots$、p_n 就是 $F(s)$ 的极点，因为 $D(s) = 0$ 可以推出 $F(s) = \infty$。

部分分式展开法求解拉普拉斯逆变换的求解过程为：首先找出 $F(s)$ 的极点，然后将 $F(s)$

展开成部分分式，最后使用变换表和性质求得 $f(t)$。

先讨论当 $F(s)$ 为有理真分式 $(m < n)$ 时，根据极点的不同分为三种情况。

1. 第一种情况：单实数极点

$$F(s) = \frac{N(s)}{(s - p_1)(s - p_2) \cdots (s - p_n)}$$

p_1、p_2、p_3、$\cdots$、p_n 为不同的实数根，即

$$F(s) = \frac{N(s)}{D(s)} = \frac{k_1}{s - p_1} + \frac{k_2}{s - p_2} + \cdots + \frac{k_n}{s - p_n}$$

求出 k_1、k_2、k_3、$\cdots$、k_n，即可将 $F(s)$ 展开成部分分式。其中

$$k_i = (s - p_i)F(s)\big|_{s = p_i} \quad \text{或} \quad k_i = \frac{N(s)}{D'(s)}\bigg|_{s = p_i}$$

例 4.3-1　求 $F(s) = \dfrac{2s^2 + 3s + 3}{s^3 + 6s^2 + 11s + 6}$ 的拉普拉斯逆变换。

解　极点为 $p_1 = -1$，$p_2 = -2$，$p_3 = -3$，则

$$F(s) = \frac{2s^2 + 3s + 3}{(s + 1)(s + 2)(s + 3)}$$

展开成部分分式　　$F(s) = \dfrac{k_1}{s + 1} + \dfrac{k_2}{s + 2} + \dfrac{k_3}{s + 3}$

$$k_1 = (s + 1)F(s)\big|_{s = -1} = (s + 1)\frac{2s^2 + 3s + 3}{(s + 1)(s + 2)(s + 3)}\bigg|_{s = -1} = \frac{2s^2 + 3s + 3}{(s + 2)(s + 3)}\bigg|_{s = -1} = 1$$

同理　　$k_2 = (s + 2)F(s)\big|_{s = -2} = -5$，　　$k_3 = (s + 3)F(s)\big|_{s = -3} = 6$

所以　　$F(s) = \dfrac{1}{s + 1} + \dfrac{-5}{s + 2} + \dfrac{6}{s + 3}$

求逆变换得　　$f(t) = \mathrm{e}^{-t} - 5\mathrm{e}^{-2t} + 6\mathrm{e}^{-3t} \quad (t \geqslant 0)$

2. 第二种情况：极点为共轭复数

$$F(s) = \frac{N(s)}{D'(s)\left[(s + \alpha)^2 + \beta^2\right]} = \frac{F_1(s)}{(s + \alpha - \mathrm{j}\beta)(s + \alpha + \mathrm{j}\beta)}$$

共轭极点出现在 $-\alpha \pm \mathrm{j}\beta$ 处，即

$$F(s) = \frac{K_1}{s + \alpha - \mathrm{j}\beta} + \frac{K_2}{s + \alpha + \mathrm{j}\beta} + \cdots$$

$$K_1 = (s + \alpha - \mathrm{j}\beta)F(s)\big|_{s = -\alpha + \mathrm{j}\beta} = \frac{F_1(-\alpha + \mathrm{j}\beta)}{2\mathrm{j}\beta}$$

$$K_2 = (s + \alpha + \mathrm{j}\beta)F(s)\big|_{s = -\alpha - \mathrm{j}\beta} = \frac{F_1(-\alpha - \mathrm{j}\beta)}{-2\mathrm{j}\beta}$$

由数学知识可知，共轭项的系数也一定是共轭的。假定 $K_1 = A + \mathrm{j}B$，则 $K_2 = A - \mathrm{j}B$。如果将上式中共轭复数极点有关部分的逆变换用 $f_\mathrm{c}(t)$ 表示，则

$$f_\mathrm{c}(t) = \mathscr{L}^{-1}\left[\frac{K_1}{s + \alpha - \mathrm{j}\beta} + \frac{K_2}{s + \alpha + \mathrm{j}\beta}\right] = K_1\mathrm{e}^{(-\alpha + \mathrm{j}\beta)t} + K_1^*\mathrm{e}^{(-\alpha - \mathrm{j}\beta)t}$$

$$= e^{-\alpha t}(K_1 e^{j\beta t} + K_1^* e^{-j\beta t}) = e^{-\alpha t}\left[(A+jB)e^{j\beta t} + (A-jB)e^{-j\beta t}\right]$$

$$= 2e^{-\alpha t}\left[A\cos(\beta t) - B\sin(\beta t)\right]$$

$$\frac{A+jB}{s+\alpha-j\beta} + \frac{A-jB}{s+\alpha+j\beta} \leftrightarrow 2e^{-\alpha t}\left[A\cos(\beta t) - B\sin(\beta t)\right]$$

例 4.3-2　求 $F(s) = \dfrac{s^2+3}{(s+2)(s^2+2s+5)}$ 的逆变换 $f(t)$。

解　
$$F(s) = \frac{s^2+3}{(s+2)(s+1+j2)(s+1-j2)} = \frac{K_1}{s+2} + \frac{K_2}{s+1-j2} + \frac{K_3}{s+1+j2}$$

$$K_1 = (s+2)F(s)\Big|_{s=-2} = \frac{7}{5}$$

$$K_2 = (s+1-j2)F(s)\Big|_{s=-1+j2} = \frac{s^2+3}{(s+2)(s+1+j2)}\Big|_{s=-1+j2} = \frac{-1+j2}{5}$$

$$K_3 = K_2^* = \frac{-1-j2}{5}, \qquad A = -\frac{1}{5}, \qquad B = \frac{2}{5}$$

根据　
$$\frac{A+jB}{s+\alpha-j\beta} + \frac{A-jB}{s+\alpha+j\beta} \leftrightarrow 2e^{-\alpha t}\left[A\cos(\beta t) - B\sin(\beta t)\right]$$

所以　
$$f(t) = \frac{7}{5}e^{-2t} + 2e^{-t}\left[-\frac{1}{5}\cos(2t) - \frac{2}{5}\sin(2t)\right] \qquad (t \geqslant 0)$$

当极点有一对共轭复数 $(-\alpha \pm j\beta)$ 时，实际常用的求解拉普拉斯逆变换的另外一种方法是：将这对共轭复数合并为一项 $(s+\alpha)^2 + \omega^2$，再利用例 4.3-3 的方法进行拉普拉斯逆变换。这种方法也称为配方法。

例 4.3-3　求函数 $F(s) = \dfrac{s+\beta}{(s+\alpha)^2+\omega^2}$ 的逆变换。

解　$F(s)$ 具有共轭极点，不必用部分分式展开法，而利用

$$e^{-\alpha t}\cos(\omega t)u(t) \leftrightarrow \frac{s+\alpha}{(s+\alpha)^2+\omega^2}$$

$$e^{-\alpha t}\sin(\omega t)u(t) \leftrightarrow \frac{\omega}{(s+\alpha)^2+\omega^2}$$

将 $F(s)$ 表示为　
$$F(s) = \frac{s+\alpha}{(s+\alpha)^2+\omega^2} - \frac{\dfrac{\alpha-\beta}{\omega}\omega}{(s+\alpha)^2+\omega^2}$$

求得　
$$f(t) = e^{-\alpha t}\cos(\omega t)u(t) - \frac{\alpha-\beta}{\omega}e^{-\alpha t}\sin(\omega t)u(t)$$

3. 第三种情况：有重根存在

$$F(s) = \frac{N(s)}{(s-\lambda_1)^m(s-\lambda_{m+1})\cdots(s-\lambda_n)}$$

$$= \frac{k_{11}}{(s-\lambda_1)^m} + \frac{k_{12}}{(s-\lambda_1)^{m-1}} + \cdots + \frac{k_{1m}}{s-\lambda_1} + \frac{k_{m+1}}{s-\lambda_{m+1}} + \cdots + \frac{k_n}{s-\lambda_n}$$

其中　
$$k_{11} = (s-\lambda_1)^m F(s)\Big|_{s=\lambda_1}$$

$$k_{12} = \frac{\mathrm{d}}{\mathrm{d}s}\Big[(s-\lambda_1)^m F(s)\Big]\Big|_{s=\lambda_1}$$

$$k_{13} = \frac{1}{2}\times\frac{\mathrm{d}^2}{\mathrm{d}s^2}\Big[(s-\lambda_1)^m F(s)\Big]\Big|_{s=\lambda_1}$$

$$\vdots$$

$$k_{1m} = \frac{1}{(m-1)!}\cdot\frac{\mathrm{d}^{m-1}}{\mathrm{d}s^{m-1}}\Big[(s-\lambda_1)^m F(s)\Big]\Big|_{s=\lambda_1}$$

例 4.3-4　求函数 $F(s) = \dfrac{s^2}{(s+2)(s+1)^2}$ 的逆变换。

解

$$F(s) = \frac{s^2}{(s+2)(s+1)^2} = \frac{k_{11}}{(s+1)^2} + \frac{k_{12}}{s+1} + \frac{k_2}{s+2}$$

$$k_2 = (s+2)F(s)\Big|_{s=-2} = \frac{s^2}{(s+1)^2}\Big|_{s=-2} = 4$$

$$k_{11} = (s+1)^2 F(s)\Big|_{s=-1} = \frac{s^2}{s+2}\Big|_{s=-1} = 1$$

$$k_{12} = \frac{\mathrm{d}}{\mathrm{d}s}\Big[(s+1)^2 F(s)\Big]\Big|_{s=-1} = \frac{\mathrm{d}}{\mathrm{d}s}\left(\frac{s^2}{s+2}\right)\Big|_{s=-1} = -3$$

$$F(s) = \frac{1}{(s+1)^2} + \frac{-3}{s+1} + \frac{4}{s+2}$$

所以　　　　　　　$f(t) = 4\mathrm{e}^{-2t} - 3\mathrm{e}^{-t} + t\mathrm{e}^{-t}$　　　　　$(t \geqslant 0)$

用部分分式展开法求解拉普拉斯逆变换时 $F(s)$ 存在一些的特殊情况，前面讨论了当 $F(s)$ 为有理真分式（$m < n$）的情况，若 $F(s)$ 为非有理真分式（$m \geqslant n$），则先将非有理真分式化为有理真分式与多项式的和；另外，当 $F(s)$ 是含 e^{-s} 项的非有理式，可以利用拉普拉斯变换的时移性质来求解。下面通过例子来说明其求解方法。

例 4.3-5　求函数 $F(s) = \dfrac{s^3 + 7s^2 + 17s + 13}{s^2 + 5s + 6}$ 的逆变换。

解　将 $F(s)$ 分解为真分式与多项式的和。

方法一：由长除法得

$$F(s) = \frac{s^3 + 7s^2 + 17s + 13}{s^2 + 5s + 6} = s + 2 + \frac{s+1}{s^2 + 5s + 6}$$

再将真分式 $\dfrac{s+1}{s^2 + 5s + 6}$ 按部分分式展开法分解得

$$\frac{s+1}{s^2 + 5s + 6} = \frac{-1}{s+2} + \frac{2}{s+3}$$

所以　　　　　　　$F(s) = s + 2 + \dfrac{-1}{s+2} + \dfrac{2}{s+3}$

方法二：　　　$F(s) = s + 2 + \dfrac{k_1}{s+2} + \dfrac{k_2}{s+3}$

$$k_1 = (s+2)F(s)\Big|_{s=-2} = \frac{s^3 + 7s^2 + 17s + 13}{s+3}\Big|_{s=-2} = -1$$

$$k_2 = (s+3)F(s)\big|_{s=-3} = \frac{s^3 + 7s^2 + 17s + 13}{s+2}\bigg|_{s=-3} = 2$$

所以　　　　　　$$F(s) = s + 2 + \frac{-1}{s+2} + \frac{2}{s+3}$$

因此　　　　　　$$f(t) = \delta'(t) + 2\delta(t) - e^{-2t}u(t) + 2e^{-3t}u(t) \quad (\delta'(t)\text{是冲激函数}\delta(t)\text{的导数})$$

例 4.3-6　求函数 $F(s) = \dfrac{s+3+e^{-2s}}{s^2+3s+2}$ 的逆变换。

解　$F(s)$ 分子含有指数项 e^{-2s}，表明存在延时因子，在这种情况下，应该将 $F(s)$ 中有延时因子和没有延时因子的项分开。e^{-2s} 不参加部分分式运算，求解时利用时移性质。

$$F(s) = \frac{s+3+e^{-2s}}{s^2+3s+2} = \frac{s+3}{s^2+3s+2} + \frac{e^{-2s}}{s^2+3s+2}$$

其中　　$$F_1(s) = \frac{s+3}{s^2+3s+2} = \frac{2}{s+1} + \frac{-1}{s+2}, \qquad F_2(s) = \frac{1}{s^2+3s+2} = \frac{1}{s+1} + \frac{-1}{s+2}$$

因此　　　　$$f_1(t) = (2e^{-t} - e^{-2t})u(t), \qquad f_2(t) = (e^{-t} - e^{-2t})u(t)$$

同时由于　　　　$$F(s) = F_1(s) + F_2(s)e^{-2s}$$

由时移性质得　$$F_2(s)e^{-2s} \leftrightarrow f_2(t-2)$$

所以　　　　$$f(t) = f_1(t) + f_2(t-2) = (2e^{-t} - e^{-2t})u(t) + \left[e^{-(t-2)} - e^{-2(t-2)}\right]u(t-2)$$

4.4　系统的复频域分析

4.4.1　系统的复频域分析过程

在第 2 章已指出，线性时不变系统对一个指数信号 $e^{st}(-\infty < t < \infty)$ 的零状态响应是 $H(s)e^{st}$，即

$$f(t) = e^{st} \leftrightarrow y_f(t) = H(s)e^{st}$$

如果能够把一般信号 $f(t)$ 表示成形式为 e^{st} 的指数信号的线性组合，就可以很容易求得系统对任意输入的响应。根据拉普拉斯变换，几乎所有实际有用的信号都可表示成在连续频率上的指数信号之和，即

$$f(t) = \frac{1}{2\pi j} \int_{\sigma-j\infty}^{\sigma+j\infty} F(s)e^{st}ds \tag{4.4-1}$$

根据拉普拉斯变换的线性时不变性质，就能求得系统对于式（4.4-1）表示的输入 $f(t)$ 的零状态响应 $y_f(t)$ 为

$$y_f(t) = \frac{1}{2\pi j} \int_{\sigma-j\infty}^{\sigma+j\infty} \left[F(s)H(s)\right]e^{st}ds = \frac{1}{2\pi j} \int_{\sigma-j\infty}^{\sigma+j\infty} Y(s)e^{st}ds$$

其中，$Y(s) = H(s)F(s)$，$Y(s)$ 是 $y_f(t)$ 的拉普拉斯变换。

系统传递函数的定义为

$$H(s) = \frac{Y(s)}{F(s)}$$

另外由于 $y_f(t) = h(t) * f(t)$，根据时域卷积性质，则 $y_f(t)$ 的拉普拉斯变换 $Y(s)$ 为

$$Y(s) = H(s)F(s)$$

$$y_f(t) = \mathscr{L}^{-1}[Y(s)] = \mathscr{L}^{-1}[F(s)H(s)]$$

系统复频域分析过程如图 4.4-1 所示。

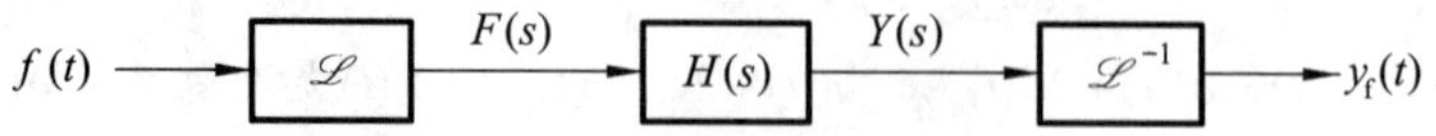

$$f(t) \longrightarrow \boxed{\mathscr{L}} \xrightarrow{F(s)} \boxed{H(s)} \xrightarrow{Y(s)} \boxed{\mathscr{L}^{-1}} \longrightarrow y_f(t)$$

图 4.4-1 系统复频域分析过程

注意，图 4.4-1 所示方法求得的系统响应是零状态响应，而零输入响应要按时域方法求出。

比较两个方程 $y(t) = H(p)f(t)$ 和 $Y(s) = H(s)F(s)$ 之间的关系：

① $y(t) = H(p)f(t)$ 表示 $f(t)$ 与 $y(t)$ 间的时域关系，是一个微分方程，$y(t)$ 包括零输入响应和零状态响应。

② $Y(s) = H(s)F(s)$ 表示 $f(t)$ 与 $y(t)$ 间的复频域关系，是一个代数方程，$Y(s)$ 为零状态响应。

系统的全响应为

$$y(t) = \sum_{j=1}^{n} c_j e^{\lambda_j t} + \frac{1}{2\pi j} \int_{\sigma-j\infty}^{\sigma+j\infty} [F(s)H(s)] e^{st} ds = \sum_{j=1}^{n} c_j e^{\lambda_j t} + \mathscr{L}^{-1}[F(s)H(s)]$$

例 4.4-1 已知输入 $f(t) = 10u(t)$，系统传递函数为 $H(s) = \dfrac{2s+3}{s^2+2s+5}$，初始条件为零，求系统响应。

解 因初始条件为零，系统只有零状态响应，即

$$F(s) = \mathscr{L}[f(t)] = \mathscr{L}[10u(t)] = \frac{10}{s}$$

$$Y(s) = H(s)F(s) = \frac{10(2s+3)}{s(s^2+2s+5)} = \frac{20s+30}{s[(s+1)^2+2^2]} = \frac{6}{s} + \frac{-6s+8}{(s+1)^2+2^2}$$

$$= \frac{6}{s} + \frac{-6(s+1)}{(s+1)^2+2^2} + \frac{14}{(s+1)^2+2^2}$$

所以

$$y_f(t) = (6 - 6e^{-t}\cos 2t + 7e^{-t}\sin 2t)u(t)$$

例 4.4-2 已知输入 $f(t) = e^{-t}u(t)$，系统传递函数为 $H(s) = \dfrac{s+5}{s^2+5s+6}$，初始条件为 $y(0_-) = 2$，$y'(0_-) = 1$，求系统全响应。

解

① 求零输入响应：$H(s)$ 的极点为 $\lambda_1 = -2$，$\lambda_2 = -3$，则零输入响应

$$y_x(t) = c_1 e^{-2t} + c_2 e^{-3t}$$

代入初始条件 $y_x(0_-) = y(0_-) = c_1 + c_2 = 2$， $y_x'(0_-) = y'(0_-) = -2c_1 - 3c_2 = 1$

求得 $c_1 = 7$， $c_2 = -5$

所以 $y_x(t) = 7e^{-2t} - 5e^{-3t}$ $(t \geqslant 0)$

② 求零状态响应：

$$F(s) = \mathscr{L}[f(t)] = \mathscr{L}[e^{-t}u(t)] = \frac{1}{s+1}$$

$$Y(s) = H(s)F(s) = \frac{s+5}{(s+1)(s+2)(s+3)} = \frac{2}{s+1} + \frac{-3}{s+2} + \frac{1}{s+3}$$

所以 $\qquad y_{\mathrm{f}}(t) = (2\mathrm{e}^{-t} - 3\mathrm{e}^{-2t} + \mathrm{e}^{-3t})u(t)$

③ 系统的全响应为：

$$y(t) = y_{\mathrm{f}}(t) + y_{\mathrm{x}}(t) = (2\mathrm{e}^{-t} - 3\mathrm{e}^{-2t} + \mathrm{e}^{-3t}) + (7\mathrm{e}^{-2t} - 5\mathrm{e}^{-3t}) = 2\mathrm{e}^{-t} + 4\mathrm{e}^{-2t} - 4\mathrm{e}^{-3t} \quad (t \geqslant 0)$$

4.4.2 系统微分方程的复频域求解

若系统描述用微分方程形式给出，或可由 $H(p)$ 或 $H(s)$ 还原为微分方程形式，则对微分方程两边取拉普拉斯变换，代入初始条件，求得 $Y(s)$，但此时的 $Y(s)$ 是全响应的拉普拉斯变换，对 $Y(s)$ 求拉普拉斯逆变换可得系统的全响应。

下面重新求例 4.4-2：

解 $\qquad H(p) = H(s)\big|_{s=p} = \dfrac{p+5}{p^2+5p+6}, \qquad y(t) = \dfrac{p+5}{p^2+5p+6}f(t)$

微分方程为 $\qquad y''(t) + 5y'(t) + 6y(t) = f'(t) + 5f(t)$

两边取拉普拉斯变换

$$\left[s^2Y(s) - sy(0_-) - y'(0_-) \right] + 5\left[sY(s) - y(0_-) \right] + 6Y(s) = sF(s) + 5F(s)$$

整理得 $\qquad (s^2 + 5s + 6)Y(s) - \left[(s+5)y(0_-) + y'(0_-) \right] = (s+5)F(s)$

$$Y(s) = \frac{(s+5)y(0_-) + y'(0_-)}{s^2 + 5s + 6} + \frac{(s+5)F(s)}{s^2 + 5s + 6}$$

式中，第一项仅与系统的初始状态有关，而与激励信号无关，因此对应系统的零输入响应，即

$$Y_{\mathrm{x}}(s) = \frac{(s+5)y(0_-) + y'(0_-)}{s^2 + 5s + 6}$$

式中，第二项仅与系统的激励信号有关，而与初始状态无关，因此对应系统的零状态响应，即

$$Y_{\mathrm{f}}(s) = \frac{(s+5)F(s)}{s^2 + 5s + 6} = H(s)F(s)$$

代入已知条件 $F(s) = \mathscr{L}\left[f(t) \right] = \mathscr{L}\left[\mathrm{e}^{-t}u(t) \right] = \dfrac{1}{s+1}$，$y(0_-) = 2$，$y'(0_-) = 1$，得

$$Y_{\mathrm{x}}(s) = \frac{(s+5)y(0_-) + y'(0_-)}{s^2 + 5s + 6} = \frac{2s+11}{s^2 + 5s + 6} = \frac{7}{s+2} + \frac{-5}{s+3}$$

所以 $\qquad y_{\mathrm{x}}(t) = 7\mathrm{e}^{-2t} - 5\mathrm{e}^{-3t} \qquad (t \geqslant 0)$

$$Y_{\mathrm{f}}(s) = \frac{s+5}{(s+1)(s+2)(s+3)} = \frac{2}{s+1} + \frac{-3}{s+2} + \frac{1}{s+3}$$

因此 $\qquad y_{\mathrm{f}}(t) = (2\mathrm{e}^{-t} - 3\mathrm{e}^{-2t} + \mathrm{e}^{-3t})u(t)$

系统的全响应为 $\qquad y(t) = y_{\mathrm{f}}(t) + y_{\mathrm{x}}(t) = (2\mathrm{e}^{-t} - 3\mathrm{e}^{-2t} + \mathrm{e}^{-3t}) + (7\mathrm{e}^{-2t} - 5\mathrm{e}^{-3t})$

$$= 2\mathrm{e}^{-t} + 4\mathrm{e}^{-2t} - 4\mathrm{e}^{-3t} \qquad (t \geqslant 0)$$

如果例 4.4-2 中只需求全响应，不需求零输入响应和零状态响应，将已知代入

$$(s^2 + 5s + 6)Y(s) - \left[(s+5)y(0_-) + y'(0_-) \right] = (s+5)F(s)$$

则全响应的拉普拉斯变换为

$$Y(s) = \frac{2s^2 + 14s + 16}{(s+1)(s^2 + 5s + 6)} = \frac{2}{s+1} + \frac{4}{s+2} + \frac{-4}{s+3}$$

系统的全响应为 $\qquad y(t) = 2\mathrm{e}^{-t} + 4\mathrm{e}^{-2t} - 4\mathrm{e}^{-3t} \qquad (t \geqslant 0)$

对于 n 阶线性时不变连续系统，其微分方程为

$$a_n y^{(n)}(t) + a_{n-1} y^{(n-1)}(t) + \cdots + a_1 y'(t) + a_0 y(t)$$
$$= b_m f^{(m)}(t) + b_{m-1} f^{(m-1)}(t) + \cdots + b_1 f'(t) + b_0 f(t) \tag{4.4-2}$$

设 $y(0_-)$、$y'(0_-)$、$\cdots$、$y^{(n-1)}(0_-)$ 为系统的 n 个初始状态。式（4.4-2）可表示为

$$\sum_{i=0}^{n} a_i y^{(i)}(t) = \sum_{j=0}^{m} b_j f^{(j)}(t) \tag{4.4-3}$$

根据时域微分特性，有

$$\mathscr{L}\left[y^{(i)}(t) \right] = s^i Y(s) - s^{i-1} y(0_-) - s^{i-2} y'(0_-) - \cdots - y^{(i-1)}(0_-)$$
$$\mathscr{L}\left[f^{(j)}(t) \right] = s^j F(s)$$

则式（4.4-3）的拉普拉斯变换为

$$\sum_{i=1}^{n} a_i \left[s^{i-1} Y(s) - s^{i-1} y(0_-) - s^{i-2} y'(0_-) - \cdots - y^{(i-1)}(0_-) \right] + a_0 Y(s) = \sum_{j=0}^{m} b_j s^j F(s)$$

整理得

$$\sum_{i=0}^{n} a_i s^i Y(s) = \sum_{i=1}^{n} a_i \left[s^{i-1} y(0_-) + s^{i-2} y'(0_-) + \cdots + y^{(i-1)}(0_-) \right] + \sum_{j=0}^{m} b_j s^j F(s)$$

解得 $Y(s)$ 为

$$Y(s) = \frac{\sum_{i=1}^{n} a_i \left[s^{i-1} y(0_-) + s^{i-2} y'(0_-) + \cdots + y^{(i-1)}(0_-) \right]}{\sum_{i=0}^{n} a_i s^i} + \frac{\sum_{j=0}^{m} b_j s^j}{\sum_{i=0}^{n} a_i s^i} F(s)$$

其中零输入响应的复频域表达式为

$$Y_{\mathrm{x}}(s) = \frac{\sum_{i=1}^{n} a_i \left[s^{i-1} y(0_-) + s^{i-2} y'(0_-) + \cdots + y^{(i-1)}(0_-) \right]}{\sum_{i=0}^{n} a_i s^i}$$

零状态响应的复频域表达式为

$$Y_{\mathrm{f}}(s) = \frac{\sum_{j=0}^{m} b_j s^j}{\sum_{i=0}^{n} a_i s^i} F(s)$$

对 $Y_{\mathrm{x}}(s)$ 和 $Y_{\mathrm{f}}(s)$ 求拉普拉斯逆变换，可得零输入响应和零状态响应的时域表达式为

$$y_{\mathrm{x}}(t) = \mathscr{L}^{-1}\left[Y_{\mathrm{x}}(s) \right], \qquad y_{\mathrm{f}}(t) = \mathscr{L}^{-1}\left[Y_{\mathrm{f}}(s) \right]$$

4.4.3　电路的复频域分析

电路分析是最常遇到的系统分析之一。电路分析可以在时域进行，但更多在复频域进行。因为在复频域用代数方程来表示电路比在时域用微分方程来表示更加有效。电路是由电阻、电感、电容和电源等构成，在一定程度上这些元件可以用线性复频域关系来描述，从而将电路的时域模型转换为复频域模型。将电路由时域变换到复频域后，可用时域电路的一切方法和定理建立代数方程，经过简单的运算，便可得到输出的拉普拉斯变换，再通过拉普拉斯逆变换就可求得输出的时域解。拉普拉斯变换是求解高阶动态电路的重要方法。

1. KCL、KVL 定理的复频域描述

KCL、KVL 的时域描述为 $\sum i = 0$、$\sum u = 0$，对两式取拉普拉斯变换，得 KCL、KVL 的复频域描述为

$$\sum I(s) = 0, \qquad \sum U(s) = 0$$

2. 元件的复频域模型

（1）电阻元件

电阻的时域形式为 $u_R(t) = Ri_R(t)$，两边同时取拉普拉斯变换，得电阻的复频域形式为

$$U_R(s) = RI_R(s) \qquad (4.4-4)$$

其复频域模型如图 4.4-2（a）所示。

（2）电感元件

电感的时域形式为 $u_L(t) = L\dfrac{\mathrm{d}i_L(t)}{\mathrm{d}t}$，两边同时取拉普拉斯变换，得电感的复频域形式为

$$U_L(s) = sLI_L(s) - Li_L(0_-) \qquad (4.4-5)$$

其复频域模型如图 4.4-2（b）所示。

（3）电容元件

电容的时域形式为 $u_C(t) = \dfrac{1}{C}\displaystyle\int_{-\infty}^{t} i_C(\tau)\,\mathrm{d}\tau$，两边同时取拉普拉斯变换，得电容的复频域形式为

$$U_C(s) = \frac{1}{sC}I_C(s) + \frac{1}{s}u_C(0_-) \qquad (4.4-6)$$

其复频域模型如图 4.4-2（c）所示。

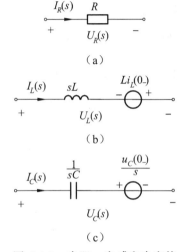

图 4.4-2 电阻、电感和电容的复频域模型

根据式(4.4-4)～式(4.4-6)可画出电阻、电感和电容的复频域模型（见图 4.4-2），图中，由初始状态 $i_L(0_-)$ 和 $u_C(0_-)$ 引起的附加项用电压源表示，$Li_L(0_-)$ 表示电感附加电压源的电压，$\dfrac{u_C(0_-)}{s}$ 表示电容附加电压源的电压。

例 4.4-3　如图 4.4-3(a)所示电路，$t < 0$ 时电路处于稳态，$t = 0$ 时开关 K 闭合，求 $t \geqslant 0$ 的 $i(t)$。

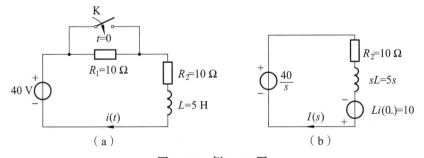

图 4.4-3　例 4.4-3 图

解　电感电流的初始值为

$$i(0_-) = \frac{40}{10+10} = 2 \ （A）$$

画出图 4.4-3（a）所示电路的复频域模型如图 4.4-3（b）所示，则

$$I(s) = \frac{\frac{40}{s} + 10}{5s + 10} = \frac{2s + 8}{s(s+2)} = \frac{k_1}{s} + \frac{k_2}{s+2}$$

$$k_1 = \frac{2s+8}{s+2}\bigg|_{s=0} = 4 , \qquad k_2 = \frac{2s+8}{s}\bigg|_{s=-2} = -2$$

求得象函数为 $\qquad I(s) = \frac{4}{s} + \frac{-2}{s+2}$

时域解为 $\qquad i(t) = \mathscr{L}[I(s)] = 4 - 2\mathrm{e}^{-2t}$ （A） $\qquad (t \geqslant 0)$

4.4.4 系统传递函数与零、极点

系统传递函数的定义为

$$H(s) = \frac{Y(s)}{F(s)}$$

对于 n 阶线性时不变连续系统，其微分方程为

$$y^{(n)}(t) + a_{n-1}y^{(n-1)}(t) + \cdots + a_1 y'(t) + a_0 y(t)$$
$$= b_m f^{(m)}(t) + b_{m-1} f^{(m-1)}(t) + \cdots + b_1 f'(t) + b_0 f(t) \qquad （4.4-7）$$

设系统的初始状态为零，对上式两边取拉普拉斯变换得

$$(s^n + a_{n-1}s^{n-1} + \cdots + a_1 s + a_0)Y(s)$$
$$= (b_m s^m + b_{m-1}s^{m-1} + \cdots + b_1 s + b_0)F(s) \qquad （4.4-8）$$

系统传递函数为 $\qquad H(s) = \frac{Y(s)}{F(s)} = \frac{b_m s^m + b_{m-1}s^{m-1} + \cdots + b_1 s + b_0}{s^n + a_{n-1}s^{n-1} + \cdots + a_1 s + a_0} = \frac{N(s)}{D(s)} \qquad （4.4-9）$

1. 系统传递函数与单位冲激响应的关系

当输入 $f(t) = \delta(t)$ 时，系统单位冲激响应为

$$y(t) = h(t)$$

因为 $F(s) = \mathscr{L}[\delta(t)] = 1$，系统的零状态响应为

$$Y(s) = H(s)F(s) = H(s)$$

求拉普拉斯逆变换得 $\qquad y(t) = \mathscr{L}^{-1}[H(s)F(s)] = \mathscr{L}^{-1}[H(s)] = h(t)$

可见 $\qquad h(t) = \mathscr{L}^{-1}[H(s)]$

所以，单位冲激响应 $h(t)$ 与传递函数 $H(s)$ 是一对拉普拉斯变换对。

2. 系统传递函数的零、极点

$$H(s) = \frac{Y(s)}{F(s)} = \frac{b_m s^m + b_{m-1}s^{m-1} + \cdots + b_1 s + b_0}{s^n + a_{n-1}s^{n-1} + \cdots + a_1 s + a_0} = \frac{N(s)}{D(s)}$$

设分子 $N(s) = 0$ 的根为 z_i（ $i = 1, 2, \cdots, m$），设分母 $D(s) = 0$ 的根为 p_j（ $j = 1, 2, \cdots, n$），则

$$H(s) = \frac{N(s)}{D(s)} = b_m \frac{\prod_{i=1}^{m}(s - z_i)}{\prod_{j=1}^{n}(s - p_j)} \qquad （4.4-10）$$

因为 $H(s)\big|_{s=z_i}=0$ ，故 z_i（$i=1,\ 2,\ \cdots,\ m$）称为 $H(s)$ 的零点。

因为 $H(s)\big|_{s=p_j}=\infty$ ，故 p_j（$j=1,\ 2,\ \cdots,\ n$）称为 $H(s)$ 的极点。

以 s 的实部为横轴、虚部 $j\omega$ 为纵轴的坐标平面称为复平面，又称 s 平面。将 $H(s)$ 的所有零点用"○"，所有极点用"×"标在 s 平面上，这种图称为 $H(s)$ 的零、极点图。系统的零、极点可能是重阶的，在画零、极点图时，若有 n 重零点或极点，则在相应的零、极点旁边标注 (n)。

例 4.4-4　绘出 $H(s)=\dfrac{s^2-6s+8}{(s+1)^2(s^2+3s+3)}$ 的零、极点图。

解　由 $N(s)=s^2-6s+8=(s-2)(s-4)$ 得零点为

$$z_1=2\ ,\qquad z_2=4$$

由 $D(s)=(s+1)^2(s^2+3s+3)$ 得极点为

$$p_1=p_2=-1\ ,\qquad p_3=-\frac{3}{2}+j\frac{\sqrt{3}}{2}$$

$$p_4=-\frac{3}{2}-j\frac{\sqrt{3}}{2}$$

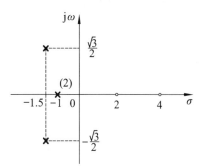

绘出该系统的零、极点图如图 4.4-4 所示。

图 4.4-4　例 4.4-4 图

3. 零、极点与冲激响应

由于单位冲激响应 $h(t)$ 与系统传递函数 $H(s)$ 是一对拉普拉斯变换对，将 $H(s)$ 展开成部分分式（以单实数极点为例），得

$$H(s)=\frac{N(s)}{D(s)}=\frac{b_m s^m+b_{m-1}s^{m-1}+\cdots+b_1 s+b_0}{s^n+a_{n-1}s^{n-1}+\cdots+a_1 s+a_0}=\sum_{j=1}^{n}\frac{k_j}{s-p_j}\qquad(4.4\text{-}11)$$

对上式两边取拉普拉斯逆变换得

$$h(t)=\mathscr{L}^{-1}\big[H(s)\big]=\mathscr{L}^{-1}\left[\sum_{j=1}^{n}\frac{k_j}{s-p_j}\right]=\sum_{j=1}^{n}k_j e^{p_j t}\qquad(4.4\text{-}12)$$

则 $H(s)$ 的每一个极点 p_j（$j=1,\ 2,\ \cdots,\ n$）对应冲激响应 $h(t)$ 中的一项 $e^{p_j t}$。所以，系统传递函数 $H(s)$ 的极点决定了冲激响应 $h(t)$ 的变化规律、波形及系统稳定性。

下面讨论 $H(s)$ 的极点与冲激响应 $h(t)$ 和系统稳定性的关系：

① 当 $H(s)$ 的极点为单极点 p_j 时，若极点位于 s 平面的原点，$\dfrac{1}{s}\leftrightarrow u(t)$，对应的冲激响应为阶跃函数；若极点位于 s 平面的负实轴上，$\dfrac{1}{s-p_j}\leftrightarrow e^{p_j t}u(t)$，即 p_j 为负实根时，对应的冲激响应 $e^{p_j t}$ 为衰减的指数函数。如果所有的极点均在负实轴上，则该系统稳定；若极点位于 s 平面的正实轴上，即 p_j 为正实数时，则对应的响应 $e^{p_j t}$ 项为增长的指数函数。只要有一个极点为正实数，那么该系统不稳定。

② 当 $H(s)$ 有一对共轭极点时，例如 p_j 与 p_j^* 为一对共轭极点 $\sigma\pm j\omega$，则

$$\frac{s-\sigma}{(s-\sigma)^2+\omega^2}\leftrightarrow e^{\sigma t}\cos(\omega t)u(t)$$

对应的冲激响应为 $e^{\sigma t}\cos(\omega t)u(t)$。若 $\mathrm{Re}(p_j)=\sigma<0$，那么冲激响应 $e^{\sigma t}\cos(\omega t)u(t)$ 为衰减的正弦函数，则系统稳定；若 $\mathrm{Re}(p_j)=\sigma>0$，那么冲激响应 $e^{\sigma t}\cos(\omega t)u(t)$ 为增长的正弦函数，

则系统不稳定；若 $\mathrm{Re}(p_j) = \sigma = 0$，共轭极点位于 s 平面的虚轴上，则冲激响应 $\cos(\omega t)u(t)$ 为等幅振荡的正弦函数，系统为临界稳定系统。

③ 当 $H(s)$ 有重极点时，若重极点位于 s 平面的原点，$\dfrac{1}{s^2} \leftrightarrow tu(t)$，$\cdots$，$\dfrac{1}{s^{n+1}} \leftrightarrow \dfrac{1}{n!}t^n u(t)$，对应的冲激响应为增长函数，系统不稳定；若重极点位于 s 平面的实轴上，例如 $\dfrac{1}{(s-p_j)^2} \leftrightarrow te^{p_j t}u(t)$，$p_j$ 为负实根时，对应的冲激响应 $te^{p_j t}u(t)$ 为衰减函数，系统稳定。p_j 为正实根时，对应的冲激响应 $te^{p_j t}u(t)$ 为增长函数，系统不稳定；若重极点是位于 s 平面的虚轴上的共轭极点，例如 $\dfrac{2\omega s}{(s^2+\omega^2)^2} \leftrightarrow t\sin(\omega t)u(t)$，对应的冲激响应为幅值按线性增长的正弦振荡函数，则系统不稳定。

总之，如果所有极点满足 $\mathrm{Re}(p_j) = \sigma < 0$，即 $H(s)$ 的极点均位于 s 平面的左半平面，则 $h(t)$ 为衰减函数，系统稳定。

若 $\mathrm{Re}(p_j) = \sigma > 0$（只要有一个极点），即 $H(s)$ 只要有一个极点位于 s 平面的右半平面，则 $h(t)$ 为增长函数，系统不稳定；或若 $\mathrm{Re}(p_j) = \sigma = 0$，且在虚轴上有二阶（或以上）极点，系统不稳定。

若 $\mathrm{Re}(p_j) = \sigma = 0$（但不能有重极点），即 $H(s)$ 极点位于 s 平面虚轴上，且只有一阶，则 $h(t)$ 为非零数值或等幅振荡，系统临界稳定。

极点与冲激响应的关系如图 4.4-5 所示。

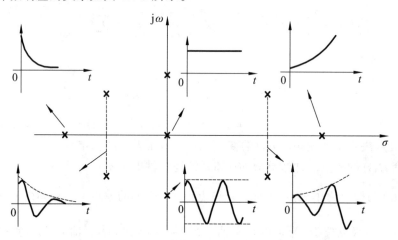

图 4.4-5　系统极点与冲激响应的关系

以上分析了 $H(s)$ 的极点与冲激响应 $h(t)$ 的对应关系，零点与冲激响应的关系由 $h(t) = \mathscr{L}^{-1}\big[H(s)\big] = \mathscr{L}^{-1}\left[\displaystyle\sum_{j=1}^{n}\dfrac{k_j}{s-p_j}\right] = \displaystyle\sum_{j=1}^{n}k_j e^{p_j t}$ 可知，零点只影响 k_j 的大小，而不影响 $h(t)$ 的变化规律。冲激响应的幅值是由零点和极点共同决定。

由前面分析可知，系统全响应等于自由分量和强迫分量之和，其中强迫分量的变化规律由外加输入信号决定，自由分量的变化规律与 $h(t)$ 的变化规律一致。所以，系统响应的变化规律可通过 $H(s)$ 的极点和输入信号预见。

4.5　系　统　框　图

4.5.1　系统的框图表示

一个线性系统可由它的传递函数 $H(s)$ 描述。图 4.5-1 所示为由传递函数 $H(s)$ 以及输入 $F(s)$、输出 $Y(s)$ 表示的系统方框图。

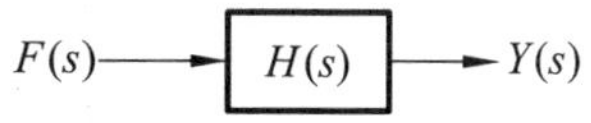

系统可能由很多部件或元件构成。将系统表示成恰当的子系统组合就很方便，其中每个子系统都很容易分析，都可以用各自的输入、输出关系表示。子系统的基本连接方式有级联、并联和反馈三种。

$$F(s) \longrightarrow \boxed{H(s)} \longrightarrow Y(s)$$

图 4.5-1　系统方框图

1. 级联方式

图 4.5-2 表示由两个子系统级联组成的系统，$H_1(s)$ 和 $H_2(s)$ 分别是第一个子系统和第二个子系统的传递函数。由图 4.5-2 可见，第一个子系统的输出 $W(s)$ 又是第二个子系统的输入。设系统的传递函数为 $H(s)$，则

$$Y(s) = H(s)F(s) = H_2(s)W(s) = H_2(s)\big[H_1(s)F(s)\big]$$

所以　　　　　　　　$$H(s) = H_1(s)H_2(s)$$

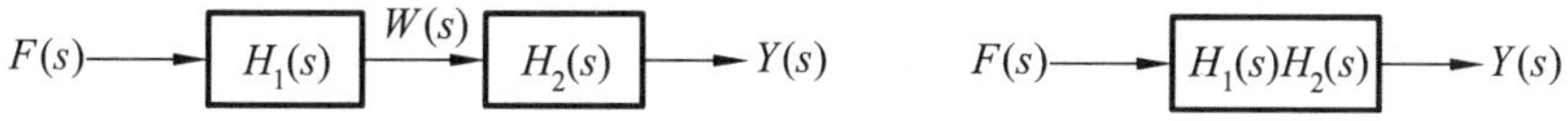

$$F(s) \longrightarrow \boxed{H_1(s)} \xrightarrow{W(s)} \boxed{H_2(s)} \longrightarrow Y(s) \qquad F(s) \longrightarrow \boxed{H_1(s)H_2(s)} \longrightarrow Y(s)$$

图 4.5-2　系统的级联

推广到一般情况，由许多子系统级联组成的复杂系统，总传递函数等于各子系统传递函数的乘积。

2. 并联方式

图 4.5-3 表示由两个子系统 $H_1(s)$ 和 $H_2(s)$ 并联组成的系统。图中，符号"⊕"表示加法器，其输出等于各输入信号相加。由图可见，系统的输入 $F(s)$ 同时又是各子系统的输入，系统的输出等于各子系统的输出之和，则系统的传递函数为 $H(s)$ 为

$$H(s) = H_1(s) + H_2(s)$$

证明　　　　　　　$$Y_1(s) = H_1(s)F(s)，\qquad Y_2(s) = H_2(s)F(s)$$

于是　　　　　　　$$Y(s) = Y_1(s) + Y_2(s) = \big[H_1(s) + H_2(s)\big]F(s)$$

由系统传递函数的定义得　　　$$H(s) = H_1(s) + H_2(s)$$

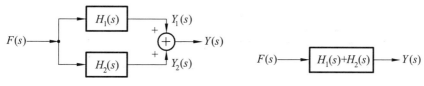

图 4.5-3　系统的并联

推广到一般情况，由许多子系统并联组成的复杂系统，总传递函数等于各子系统传递函数的和。

3. 反　馈

图 4.5-4 表示由两个子系统组成的反馈系统，其中输出量的一部分返回到输入端与输入端进行比较，形成反馈。图 4.5-4 中，$G(s)$ 称为前向通路的传递函数，$D(s)$ 称为反馈通路的传递函数。规定：加法器的输入信号标"–"号，表示负反馈；不标符号或标"+"号，

为正反馈。则系统的传递函数为 $H(s)$ 为

$$H(s) = \frac{Y(s)}{F(s)} = \frac{G(s)}{1+G(s)D(s)}$$

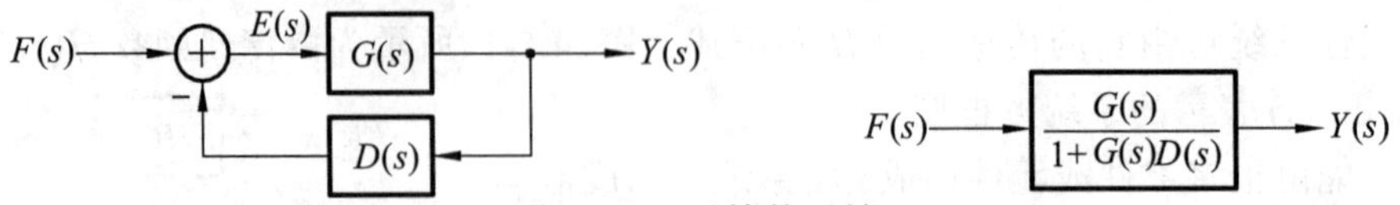

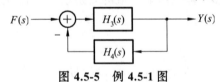

图 4.5-4　系统的反馈

证明　由图 4.5-4 可见，当输出被反馈到输入时，加法器的输入是 $F(s)$ 和 $-D(s)Y(s)$，因此加法器的输出 $E(s)$ 为

$$E(s) = F(s) - D(s)Y(s)$$

而

$$Y(s) = E(s)G(s)$$

因此

$$Y(s) = \left[F(s) - D(s)Y(s)\right]G(s)$$

$$= F(s)G(s) - D(s)G(s)Y(s) \left[1+G(s)D(s)\right]Y(s)$$

$$= F(s)G(s)$$

所以

$$H(s) = \frac{Y(s)}{F(s)} = \frac{G(s)}{1+G(s)D(s)}$$

例 4.5-1　求图 4.5-5 所示框图的系统传递函数 $H(s) = \dfrac{Y(s)}{F(s)}$。

$$F(s) \longrightarrow \bigoplus \xrightarrow{} \boxed{H_3(s)} \longrightarrow Y(s)$$

图 4.5-5　例 4.5-1 图

解　根据框图的级联、并联和反馈连接的规则求解，其步骤如图 4.5-6 所示。

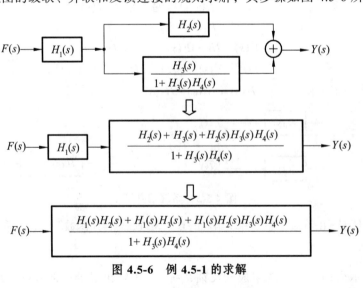

图 4.5-6　例 4.5-1 的求解

求得

$$H(s) = \frac{Y(s)}{F(s)} = \frac{H_1(s)H_2(s) + H_1(s)H_3(s) + H_1(s)H_2(s)H_3(s)H_4(s)}{1+H_3(s)H_4(s)}$$

4.5.2　系统框图的简化

系统框图有时很大也很复杂，有着很多元件和各种交叉连接。要通过方框图得到激励与响应之间的数学关系，一种方法是写出所有相关的元件激励与响应的方程，然后求解这些方程以得到整个系统激励与响应的比值；还有另外两种方法，即方框图简化和梅森（Mason）公式，这两种方法在某些情况下十分有用，而且有助于深入了解系统的操作。

方框图的简化有三种方法，即移动引出点、移动加法器和组合加法器。图 4.5-7 说明了如何移动引出点而不改变信号，图 4.5-8 说明了如何移动加法器而不改变信号，图 4.5-9 说明了如何合并两个加法器。

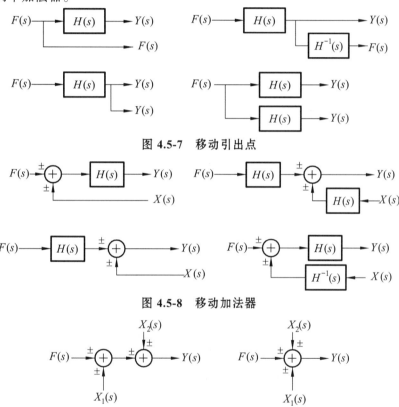

图 4.5-7　移动引出点

图 4.5-8　移动加法器

图 4.5-9　合并加法器

例 4.5-2　求图 4.5-10 所示框图的系统传递函数 $H(s) = \dfrac{Y(s)}{F(s)}$。

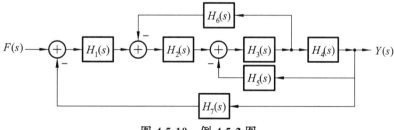

图 4.5-10　例 4.5-2 图

解　移动最右边的引出点到 $H_3(s)$ 的右边。再按照图 4.5-11 所示的步骤求解。

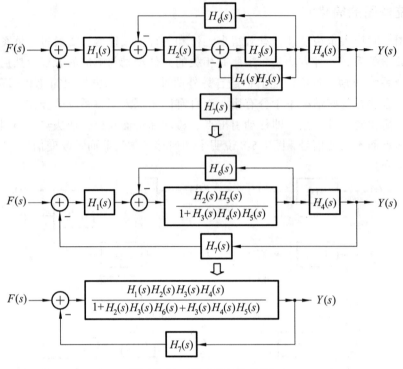

图 4.5-11　例 4.5-2 的求解

求得 $\qquad$ $H(s) = \dfrac{Y(s)}{F(s)} = \dfrac{H_1(s)H_2(s)H_3(s)H_4(s)}{1 + H_2(s)H_3(s)H_6(s) + H_3(s)H_4(s)H_5(s) + H_1(s)H_2(s)H_3(s)H_4(s)H_7(s)}$

4.6　信号流图

在 4.5 节中，我们讨论了线性连续系统的方框图表示，用方框图表示一个系统比数学表达式更为直观与方便。本节介绍系统的信号流图表示方法及梅森公式。应当指出，作为线性时不变系统表示与分析的一种工具，信号流图的应用范围十分广泛。

4.6.1　信号流图概述

信号流图简化了方框图的表示方法，将方框图用有向线段代替，并省去了加法器，用一些圆点和线段来表示系统。例如，图 4.6-1（a）所示的方框图可用图 4.6-1（b）所示的流图来代替。在信号流图中，用称为结点的小圆点来表示信号变量，如 $F(s)$ 和 $Y(s)$。各信号变量间的传输关系则用称为支路的有向线段来表示，支路的箭头方向表示信号流动的方向，同时在支路箭头旁边标注信号的传输值，传输值为 1 时可不标注。传输值实际上就是变量间的传递函数。

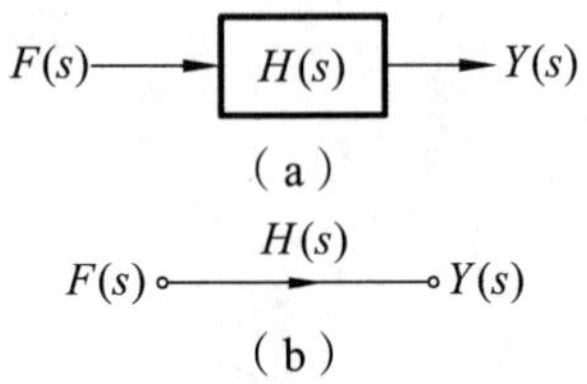

信号流图是由结点和有向线段连接而成的有向线图，用来表示系统的输入输出关系，是系统框图表示的一种简化形式，而且可以直接应用梅森公式求得系统函数。

信号流图的常用术语如下：

$F(s) \longrightarrow \boxed{H(s)} \longrightarrow Y(s)$

（a）

$F(s) \circ\!\!\xrightarrow{\quad H(s) \quad}\!\!\circ Y(s)$

（b）

图 4.6-1　系统的信号流图

结点 —— 表示系统信号（或变量），每个结点代表一个信号（一个变量）。

支路 —— 连接两个结点的有向线段。

支路增益 —— 写在支路旁边的函数称为支路增益或传递函数。

源结点 —— 激励结点。只有输出支路的结点。

汇结点 —— 响应结点。只有输入支路的结点。

通路（路径）—— 具有同一方向的相连的支路序列。

开路 —— 与经过的任一结点只相遇一次的一条通路。

环路（回路）—— 路径的起点和终点为同一结点，并且与经过的其余结点只相遇一次的一条通路。环路中各支路传输值的乘积称为环路增益。

自环 —— 仅有一条支路的回路。

前向通路 —— 从输入结点到输出结点的通路，通过任一结点不多于一次。前向通路中各支路传输值的乘积称为前向通路增益。

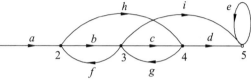

图 4.6-2 系统的信号流图示例

例如图 4.6-2 中，结点 1 是源结点，结点 5 是汇结点，bf、cg 和 e 是回路，e 是一个自环，$abcd$、abi、ahd 为前向通路。

4.6.2 信号流图的性质

在应用信号流图时，应该遵守流图的如下基本性质：

① 结点信号等于所有进入结点的信号的代数和。例如图 4.6-2 中，结点 2 的信号 $x_2 = ax_1 + fx_3$，结点 4 的信号 $x_4 = hx_2 + cx_3$。

② 结点信号沿所有离开这个结点的支路传输，即将其值传送给所有与该结点相连的输出支路。例如图 4.6-2 中，结点 3 信号沿支路 c 传输，也以同样数值沿支路 f、支路 i 传输。

③ 支路表示了一个信号对另一信号的函数关系，它是有权的（有正有负），信号只能沿支路的箭头方向流动。支路的输出是其输入变量与支路传输值的乘积。

④ 对于一定的线性系统，其信号流图不是唯一的。

由系统框图作出信号流图的步骤为：首先选择结点，方框图中系统的输入、输出以及子系统的输入、输出和加法器的输出用结点表示；然后画出支路。

例 4.6-1 画出图 4.6-3 所示系统框图的信号流图。

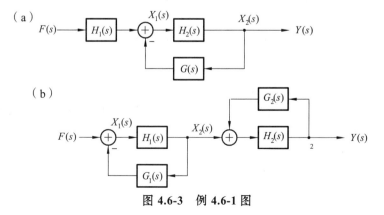

图 4.6-3 例 4.6-1 图

解　图 4.6-3（a）的信号流图如图 4.6-4（a）所示，图 4.6-3（b）的信号流图如图 4.6-4（b）所示。

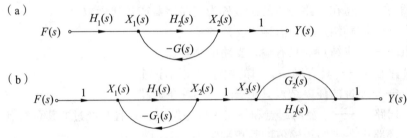

图 **4.6-4**　例 **4.6-1** 的信号流图

4.6.3　信号流图的简化

信号流图和系统框图一样，可以按一定规则进行简化。在简化过程中应使信号流图所代表的系统的传递函数保持不变，通过等效化简可得到系统的传递函数。

① 级联支路的总传递函数等于各支路传递函数的乘积，如图 4.6-5（a）所示，有
$$Y(s) = H_1(s)H_2(s)F(s)$$

② 并联支路的总传递函数等于各支路传递函数的和，如图 4.6-5（b）所示，有
$$Y(s) = \left[H_1(s) + H_2(s)\right]F(s)$$

③ 回环可以根据反馈连接的规则化为等效支路，如图 4.6-5（c）所示，有
$$H(s) = \frac{H_1(s)H_2(s)}{1 - H_2(s)H_3(s)}$$

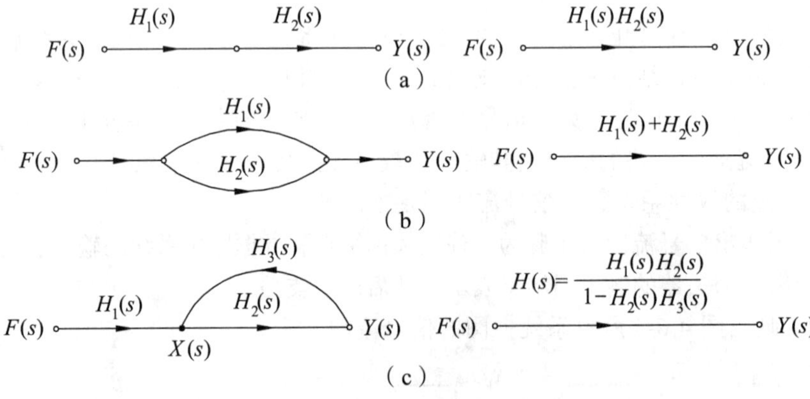

（a）

（b）

（c）

图 **4.6-5**　信号流图的等效

4.6.4　梅森公式

用信号流图不仅可以直观简明地表示系统的输入输出关系，而且可以利用梅森公式方便地求出系统传递函数 $H(s)$。梅森公式将使用系统输入到系统输出所有通路的传递函数以及系统所有反馈环的环传递函数。梅森公式表示为

$$\frac{Y(s)}{F(s)} = H(s) = \frac{\sum_{k=1}^{n} P_k \Delta_k}{\Delta}$$

式中：$Y(s)$ 为输出信号的拉普拉斯变换；$F(s)$ 为输入信号的拉普拉斯变换；Δ 为信号流图的特征行列式，且

$$\Delta = 1 - \sum_i L_i + \sum_{ij} L_i L_j - \sum_{ijm} L_i L_j L_m + \cdots$$

其中：$\sum_i L_i$ 为所有不同环路的传递函数之和；$\sum_{ij} L_i L_j$ 为每两个互不接触的环路的传递函数乘积之和；$\sum_{ijm} L_i L_j L_m$ 为每三个互不接触的环路的传递函数乘积之和（不接触的环路是指环路之间没有任何公共结点的两个环路）；n 为从输入结点（源结点）$F(s)$ 到输出结点（汇结点）$Y(s)$ 之间开路的总数；P_k 为从输入结点 $F(s)$ 到输出结点 $Y(s)$ 之间第 k 条开路的传递函数（P_k 等于第 k 条开路上所有支路传递函数的乘积）；Δ_k 为与第 k 条开路不接触的环路所计算得的 Δ 值。

例 4.6-2　求图 4.6-6 所示的信号流图的系统函数 $H(s) = \dfrac{Y(s)}{F(s)}$。

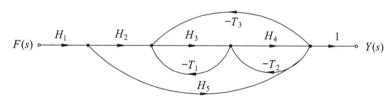

图 4.6-6　例 4.6-2 图

解　图 4.6-6 所示的信号流图共有三个环路：

$$L_1 = -T_1 H_3, \qquad L_2 = -T_2 H_4, \qquad L_3 = -T_3 H_3 H_4$$

则　　$\Delta = 1 - (L_1 + L_2 + L_3) + 0 = 1 - (-T_1 H_3 - T_2 H_4 - T_3 H_3 H_4) = 1 + T_1 H_3 + T_2 H_4 + T_3 H_3 H_4$

从 $F(s)$ 到 $Y(s)$ 有两条开路，即

$$P_1 = H_1 H_2 H_3 H_4 \times 1, \qquad \Delta_1 = 1 + 0 = 1$$
$$P_2 = H_1 H_5 \times 1, \qquad \Delta_2 = 1 - (-T_1 H_3) = 1 + T_1 H_3$$

所以　　$\dfrac{Y(s)}{F(s)} = H(s) = \dfrac{P_1 \Delta_1 + P_2 \Delta_2}{\Delta} = \dfrac{H_1 H_2 H_3 H_4 + H_1 H_5 + T_1 H_1 H_3 H_5}{1 + T_1 H_3 + T_2 H_4 + T_3 H_3 H_4}$

例 4.6-3　求图 4.6-7 所示的信号流图的系统函数 $H(s) = \dfrac{Y(s)}{F(s)}$。

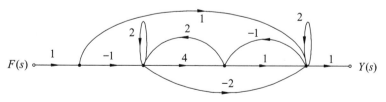

图 4.6-7　例 4.6-3 图

解　图 4.6-7 所示的信号流图共有五个环路

$$L_1 = 2, \quad L_2 = 4 \times 2 = 8, \quad L_3 = 1 \times (-1) = -1,$$
$$L_4 = 2, \quad L_5 = (-1) \times 2 \times (-2) = 4$$

则
$$\Delta = 1 - (L_1 + L_2 + L_3 + L_4 + L_5) + (L_1 L_3 + L_1 L_4 + L_2 L_4) - 0$$
$$= 1 - (2 + 8 - 1 + 2 + 4) + [2 \times (-1) + 2 \times 2 + 8 \times 2] - 0 = 4$$

从 $F(s)$ 到 $Y(s)$ 有三条开路，即

$$P_1 = 1 \times (-1) \times 4 \times 1 \times 1 = -4 , \qquad \Delta_1 = 1 - 0 = 1$$

$$P_2 = 1 \times 1 \times 1 = 1 , \qquad \Delta_2 = 1 - (L_1 + L_2) = 1 - (2 + 8) = -9$$

$$P_3 = 1 \times (-1) \times (-2) \times 1 = 2 , \qquad \Delta_3 = 1$$

所以
$$H(s) = \frac{Y(s)}{F(s)} = \frac{P_1 \Delta_1 + P_2 \Delta_2 + P_3 \Delta_3}{\Delta} = \frac{(-4) \times 1 + 1 \times (-9) + 2 \times 1}{4} = -\frac{11}{4}$$

4.7　系统模拟

系统模拟是指在已知系统数学模型的情况下，用一些基本单元（基本运算器）组成该系统，称为系统的模拟。系统模拟是指严格数学意义下的模拟。模拟的不是实际的系统，而是系统的数学模型即微分方程或系统函数 $H(s)$。任何实际系统只要它们的数学模型相同，则它们的模拟系统也相同。

基本运算器有加法器、乘法器、数乘器、积分器、微分器等，如图 4.7-1 所示：

① 加法器［见图 4.7-1（a）］

$$y(t) = f_1(t) + f_2(t)$$

② 乘法器［见图 4.7-1（b）］

$$y(t) = f_1(t) \cdot f_2(t)$$

③ 数乘器［见图 4.7-1（c）］

$$y(t) = af(t)$$

④ 积分器［见图 4.7-1（d）］

$$y(t) = \int_{-\infty}^{t} f(\tau) \, d\tau$$

⑤ 微分器［见图 4.7-1（e）］

$$y(t) = \frac{df(t)}{dt}$$

⑥ 延时器［见图 4.7-1（f）］

$$y(t) = f(t - T)$$

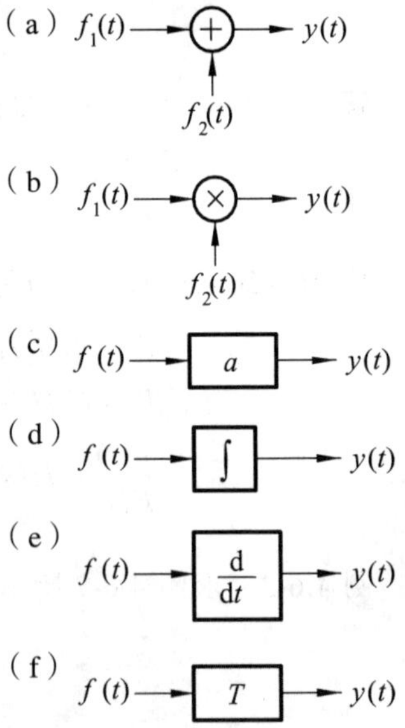

图 4.7-1　基本运算器

系统模拟多采用加法器、数乘器和积分器。因为微分器代表一个不稳定系统，例如阶跃输入 $u(t)$ 这样的有界输入，通过它会产生无界输出冲激 $\delta(t)$；另外，微分器会使系统噪声干扰增强，也难以实现，所以一般避免使用微分器。而积分器不仅可以抑制高频噪声，也易于实现，故在实际实现时被普遍采用。由加法器、数乘器和积分器连接而成的图，称为系统模拟图。系统模拟可以直接通过微分方程模拟，也可以通过系统传递函数模拟。常用的模拟图有三种实现形式：直接形式实现、并联形式实现和级联形式实现。

4.7.1 直接形式实现

1. 从微分方程实现系统模拟

设系统微分方程是一阶方程

$$y'(t) + ay(t) = f(t)$$

将上式改写为

$$y'(t) = f(t) - ay(t)$$

时域表示的模拟方框图如图 4.7-2（a）所示。

s 域表示为

$$sY(s) = F(s) - aY(s)$$

s 域的模拟方框图如图 4.7-2（b）所示。信号流图表示如图 4.7-2（c）所示。

实现一阶系统的步骤总结如下：

① 首先将 $y'(t)$ 表示为各项的和，并以相加的各项作为加法器的输入，输出就是 $y'(t)$。

② 将 $y'(t)$ 输入积分器，输出就是 $y(t)$。

③ 把 $y(t)$ 经系数乘器相乘，反馈到积分器的输入端，与输入 $f(t)$ 相加得到 $y'(t)$。

如果 $y'(t) = f(t) - ay(t)$ 的初始条件不为零，即 $y(0_-) \neq 0$，则

$$sY(s) - y(0_-) = F(s) - aY(s)$$

$$sY(s) = F(s) - aY(s) + y(0_-)$$

所以

$$Y(s) = \frac{F(s) - aY(s)}{s} + \frac{y(0_-)}{s}$$

其 s 域的模拟方框图和信号流图如图 4.7-3 所示。

当系统微分方程是二阶方程

$$y''(t) + a_1 y'(t) + a_2 y(t) = f(t)$$

$$y''(t) = f(t) - a_1 y'(t) - a_2 y(t)$$

设初始状态为零得到二阶系统的模拟图如图 4.7-4 所示。其中，时域的模拟方框图如图 4.7-4（a）所示，s 域的模拟方框图如图 4.7-4（b）所示，信号流图如图 4.7-4（c）所示。比较图 4.7-4（a）和（b），可以看出，除了变量的表示形式不同，两图的结构完全相同。图（a）中变量是时域变量，图（b）中是 s 域变量，并且完全对应。所以以后只需画出一种图就可以了。

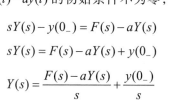

图 4.7-2 一阶系统的方框图和信号流图（一）

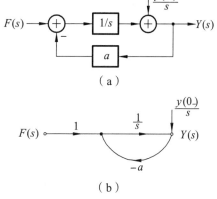

图 4.7-3 一阶系统的方框图和信号流图（二）

（a）

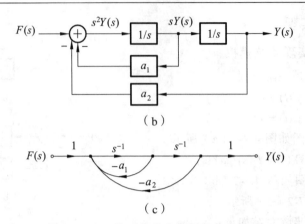

（c）

图 4.7-4　一阶系统的方框图和信号流图

实现二阶系统的步骤如下：

① 首先将 $y''(t)$ 表示为各项的和，并以相加的各项作为加法器的输入，输出就是 $y''(t)$。

② 将 $y''(t)$ 作为第一个积分器的输入，经两个积分器连续积分后，可得到 $y(t)$。

③ 经每个积分器的输出，依次引出信号 $y'(t)$ 和 $y(t)$，经数乘器 a_1、a_2 相乘，负反馈到第一个积分器的输入端，经加法器与 $f(t)$ 相加，输出为 $y''(t)$。

以此类推，可实现高阶系统的模拟。

2. 从传递函数实现系统模拟

例 4.7-1　已知线性时不变连续系统的微分方程为

$$y''(t) + a_1 y'(t) + a_0 y(t) = bf(t)$$

试画出系统的直接形式模拟图。

解　系统函数为

$$H(s) = \frac{b}{s^2 + a_1 s + a_0}$$

$H(s)$ 可以表示为　$H(s) = \dfrac{Y(s)}{F(s)} = \dfrac{b}{s^2 + a_1 s + a_0} = \dfrac{bs^{-2}}{1 + a_1 s^{-1} + a_0 s^{-2}}$

设一中间变量 $X(s)$，使之满足

$$\frac{Y(s)}{F(s)} = \frac{bs^{-2}}{1 + a_1 s^{-1} + a_0 s^{-2}} \cdot \frac{X(s)}{X(s)}$$

则有　　　　　$Y(s) = bs^{-2} X(s)$

$$F(s) = (1 + a_1 s^{-1} + a_0 s^{-2}) X(s) = X(s) + a_1 s^{-1} X(s) + a_0 s^{-2} X(s)$$

得　　　　　$X(s) = F(s) - a_1 s^{-1} X(s) - a_0 s^{-2} X(s)$

系统的模拟图如图 4.7-5 所示。

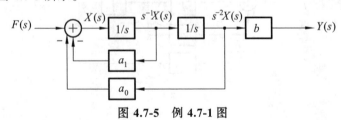

图 4.7-5　例 4.7-1 图

例 4.7-2　已知线性时不变连续系统的微分方程为

$$y''(t) + a_1 y'(t) + a_0 y(t) = b_2 f''(t) + b_1 f'(t) + b_0 f(t)$$

试画出系统的直接形式模拟图。

解　系统的系统函数为

$$H(s) = \frac{b_2 s^2 + b_1 s + b_0}{s^2 + a_1 s + a_0}$$

$H(s)$ 可以表示为　$H(s) = \frac{b_2 + b_1 s^{-1} + b_0 s^{-2}}{1 + a_1 s^{-1} + a_0 s^{-2}}$

设一中间变量 $X(s)$，有

$$H(s) = \frac{Y(s)}{F(s)} = \frac{b_2 + b_1 s^{-1} + b_0 s^{-2}}{1 + a_1 s^{-1} + a_0 s^{-2}} \cdot \frac{X(s)}{X(s)}$$

则有

$$Y(s) = b_2 X(s) + b_1 s^{-1} X(s) + b_0 s^{-2} X(s)$$

$$F(s) = (1 + a_1 s^{-1} + a_0 s^{-2}) X(s) = X(s) + a_1 s^{-1} X(s) + a_0 s^{-2} X(s)$$

得

$$X(s) = F(s) - a_1 s^{-1} X(s) - a_0 s^{-2} X(s)$$

系统的模拟图如图 4.7-6 所示。

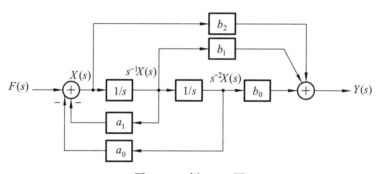

图 4.7-6　例 4.7-2 图

以上方法可以推广到 n 阶微分方程的实现。

3. 利用梅森公式实现系统模拟

直接形式实现还可以利用梅森公式来分析。

以例 4.7-2 的二阶系统为例，系统函数为

$$H(s) = \frac{b_2 s^2 + b_1 s + b_0}{s^2 + a_1 s + a_0}$$

$H(s)$ 可以表示为　$H(s) = \frac{b_2 + b_1 s^{-1} + b_0 s^{-2}}{1 - (-a_1 s^{-1} - a_0 s^{-2})}$　　　　（4.7-1）

式（4.7-1）的分母可看作信号流图的特征行列式 Δ，括号内的两项可看作两个互相接触的环的传递函数之和；式（4.7-1）分子中的三项可看作从输入结点到输出结点的三条开路的传递函数之和。因此，由 $H(s)$ 描述的系统可用包含两个相互接触的环和三条开路的信号流图来模拟。两种形式的信号流图如图 4.7-7（a）和（b）所示。

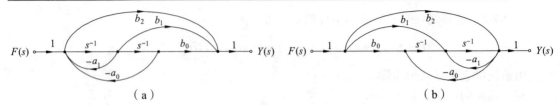

（a） （b）

图 4.7-7 用梅森公式实现模拟

4.7.2 并联形式实现

若将系统函数 $H(s)$ 进行部分分式分解，分解为一阶、二阶子系统的并联形式，如图 4.7-8 所示，系统由 n 个子系统并联组成，则系统函数为

$$H(s) = H_1(s) + H_2(s) + \cdots + H_n(s)$$

可以先把每个子系统用直接形式模拟，然后将 n 个子系统并联，就得到系统并联形式的模拟图。

例 4.7-3 已知线性时不变连续系统的系统函数为

$H(s) = \dfrac{s^2 + 6s + 7}{s^2 + 3s + 2}$，试画出并联形式模拟图。

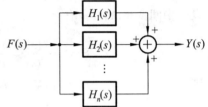

图 4.7-8 系统的并联

解 $H(s)$ 可以表示为

$$H(s) = \frac{s^2 + 6s + 7}{s^2 + 3s + 2} = 1 + \frac{3s + 5}{(s+2)(s+1)} = 1 + \frac{1}{s+2} + \frac{2}{s+1} = H_1(s) + H_2(s) + H_3(s)$$

式中

$$H_1(s) = 1, \quad H_2(s) = \frac{1}{s+2} = \frac{s^{-1}}{1 - (-2s^{-1})}, \quad H_3(s) = \frac{2}{s+1} = \frac{2s^{-1}}{1 - (-s^{-1})}$$

分别对 $H_1(s)$、$H_2(s)$ 和 $H_3(s)$ 用直接形式模拟，然后将三个子系统并联，就得到并联形式模拟图，如图 4.7-9 所示。

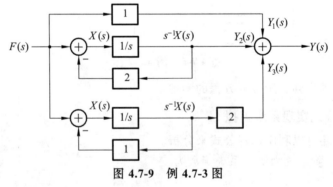

图 4.7-9 例 4.7-3 图

4.7.3 级联形式实现

若将系统函数 $H(s)$ 的分子、分母都分解为一阶、二阶实系数因子形式，然后组合成一阶、二阶子系统的级联，如图 4.7-10 所示，系统由 n 个子系统级联组成，则系统函数为

$$H(s) = H_1(s) \cdot H_2(s) \cdots H_n(s)$$

可以先把每个子系统用直接形式模拟，然后将 n 个子系统级联，就得到系统级联形式的模拟图。

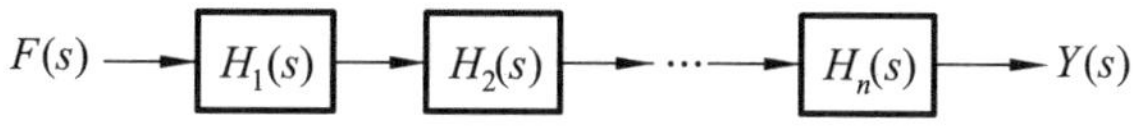

图 4.7-10   系统的级联

例 4.7-4   已知系统函数为 $H(s) = \dfrac{2s+6}{s^2+3s+2}$，试画出级联形式模拟图。

解 $H(s)$ 可以表示为

$$H(s) = \frac{Y(s)}{F(s)} = \frac{2s+6}{s^2+3s+2} = \frac{s+3}{s+2} \cdot \frac{2}{s+1} = H_1(s)H_2(s)$$

式中 $\qquad H_1(s) = \dfrac{s+3}{s+2} = \dfrac{1+3s^{-1}}{1-(-2s^{-1})}$，$\qquad H_2(s) = \dfrac{2}{s+1} = \dfrac{2s^{-1}}{1-(-s^{-1})}$

分别对 $H_1(s)$ 和 $H_2(s)$ 用直接形式模拟，然后将两个子系统级联，就得到级联形式信号流图，如图 4.7-11 所示。

图中 $\qquad Y(s) = H(s)F(s) = \dfrac{2}{s+1} \cdot \dfrac{s+3}{s+2} F(s)$

令 $\qquad Z(s) = \dfrac{s+3}{s+2} F(s)$

则 $\qquad Y(s) = \dfrac{2}{s+1} Z(s)$

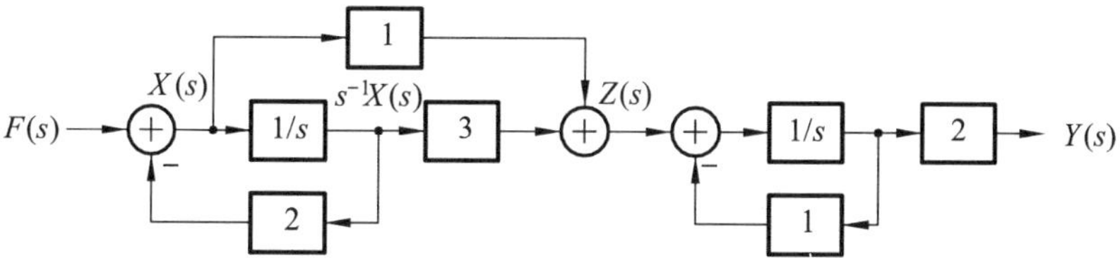

图 4.7-11   例 4.7-4 图

由上述分析可知，一个微分方程或系统函数 $H(s)$ 对应的模拟图有很多种形式，上面只给出了几种常用的形式。在实际模拟时，究竟采用哪一种形式，需要根据具体情况确定。

4.8   线性系统的稳定性

稳定性是系统自身的性质之一，系统是否稳定与输入信号的情况无关。冲激响应 $h(t)$ 和系统函数 $H(s)$ 从两方面表征了同一系统的本性，所以能从时域和频域两个方面确定系统的稳定性。

4.8.1   系统稳定性的定义

设线性时不变系统处于某一平衡状态，若此系统在干扰作用下离开了原来的平衡状态，那么，在干扰作用消失后，系统能否回到原来的平衡状态，这取决于系统的稳定性。

稳定性包括内部的和外部的。由于各种各样的系统特性，在不同文献中对系统内部的稳定性有几种定义。这里考虑一种适合于因果、线性、时不变系统的内部稳定性定义。

如果上述系统在干扰作用消失后（即没有外部输入时），能够恢复到原始的平衡状态，或者说系统的零输入响应具有收敛性质，则系统是稳定的；反之，若系统不能恢复原平衡状态，或系统的零输入响应具有发散性质，则系统是不稳定的。上述系统稳定性的概念涉及零输入响应的性质，因此，系统内部稳定性称为零输入响应的稳定性，也称为渐进稳定或李雅普诺夫意义下的稳定。

与此相对应的是零状态响应的稳定性，可以通过测量外部端口（输入和输出）来确定，所以是一种外部稳定性。如果一个系统对任意的有界输入，其零状态响应也是有界的，则称该系统是有界输入有界输出（BIBO）稳定的系统，即对所有的激励信号 $f(t)$ 满足 $|f(t)| \leq M_f$，其响应 $y(t)$ 满足 $|y(t)| \leq M_y$，则称该系统是 BIBO 稳定的，式中 M_f 和 M_y 为有界正值。

很容易看出，两种稳定性的概念是不同的。但可以证明，如果系统具有可控性和可观测性，两种稳定性概念是等效的。由于不可控和（或）不可观察系统在实际中并不常见，以后在确定系统稳定性时，除非特别提起，都假设系统是可控和可观察的。

稳定系统的充分必要条件是（绝对可积条件）

$$\int_{-\infty}^{\infty} |h(t)| \mathrm{d}t \leq M \qquad （M 为有界正值）$$

4.8.2　系统稳定性的判定

从时域看，时域系统稳定性的判定方法为

$$\int_{-\infty}^{\infty} |h(t)| \mathrm{d}t < \infty$$

从频域看，要求 $H(s)$ 满足：

① 右半平面不能有极点（稳定）。

② 虚轴上极点是单阶的（临界稳定，实际不稳定）。

下面讨论系统稳定性的频域判定方法。

1. 由 $H(s)$ 的极点位置判断系统稳定性

（1）稳定系统

若 $H(s)$ 的全部极点位于 s 平面的左半平面（不包括虚轴），则满足 $\lim_{t \to \infty} h(t) = 0$，系统是稳定的。

（2）不稳定系统

如果 $H(s)$ 的极点位于 s 右半平面，或在虚轴上有二阶（或以上）极点，则 $\lim_{t \to \infty} h(t) \to \infty$，系统不稳定。

（3）临界稳定系统

如果 $H(s)$ 极点位于 s 平面虚轴上，且只有一阶，当 $t \to \infty$ 时，$h(t)$ 为非零数值或等幅振荡，则系统为临界稳定系统。

例 4.8-1　如图 4.8-1 所示反馈系统，子系统的系统函数 $G(s) = \dfrac{1}{(s-1)(s+2)}$，当常数 k 满足什么条件时，系统是稳定的？

解　加法器输出端的信号为

$$X(s) = F(s) - kY(s)$$

输出信号为　　　$Y(s) = G(s)X(s) = G(s)F(s) - kG(s)Y(s)$

则反馈系统的系统函数为

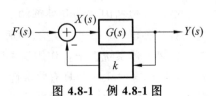

图 4.8-1　例 4.8-1 图

$$H(s) = \frac{Y(s)}{F(s)} = \frac{G(s)}{1 + k\,G(s)} = \frac{1}{s^2 + s - 2 + k}$$

$H(s)$ 的极点为　　　　$p_{1,2} = -\frac{1}{2} \pm \sqrt{\frac{9}{4} - k}$

为使极点均在 s 左半平面，必须

$$\frac{9}{4} - k > 0 \quad 且 \quad -\frac{1}{2} + \sqrt{\frac{9}{4} - k} < 0 \quad 或 \quad \frac{9}{4} - k < 0$$

可得 $k > 2$，即 $k > 2$ 时系统是稳定的。

2. 用罗斯判据判定

用前面判定系统稳定性的条件，需要求出系统传递函数 $H(s) = \dfrac{N(s)}{D(s)}$ 的全部极点，即 $H(s)$ 分母多项式 $D(s) = 0$ 的根，然后才能判断系统稳定与否。但当 $D(s)$ 的幂次较高时，此时要具体求得 $H(s)$ 的极点就很困难。虽然通过使用如 MATLAB 等数学工具至少在数值上任何分母都是可以被分解的，但是能不能有一种方法，不需求解高阶代数方程就能判断系统稳定与否？回答是肯定的，而且为此形成了一系列的稳定性判据，其中最著名的一个判据是 1884 年由 E. J. Routh 提出的判据，称之为罗斯稳定判据。罗斯判据有时也称为罗斯-赫尔维茨判据，因为赫尔维茨利用行列式提出了等价的判断方法。罗斯判据不需要解出特征方程的根，而是基于特征方程的根与系数的关系，通过特征方程的系数来直接判别系统的稳定性，即不要求知道 $H(s)$ 极点的具体数值，而是只需要知道 $H(s)$ 极点的分布区域就可以判定稳定。

设 n 阶线性连续系统的系统传递函数为

$$H(s) = \frac{N(s)}{D(s)} = \frac{b_0 s^m + b_1 s^{m-1} + \cdots + b_{m-1} s + b_m}{a_0 s^n + a_1 s^{n-1} + \cdots + a_{n-1} s + a_n}$$

式中，a_i 和 b_j 为实数（$i = 0, 1, 2, \cdots, n$，$j = 0, 1, 2, \cdots, m$，m、n 为正整数，且 $m \leqslant n$）。

$H(s)$ 的分母多项式为 $D(s) = a_0 s^n + a_1 s^{n-1} + \cdots + a_{n-1} s + a_n$，$H(s)$ 的极点就是 $D(s) = 0$ 的根。

系统稳定的必要条件：如果系统传递函数 $H(s)$ 的分母多项式 $D(s)$ 的全部系数同号且不缺项，则系统稳定；如有异号或缺项，则系统肯定不渐进稳定。

例 4.8-2　已知 $H(s)$ 的分母多项式 $D(s)$ 如下，判断下列各系统是否稳定：

①　$D_1(s) = s^2 - 5s - 3$；　　　　　②　$D_2(s) = s^2 + 9$；

③　$D_3(s) = s^3 + 2s^2 + s + 12$；　　④　$D_4(s) = s^2 + ps + q$（$p > 0$，$q > 0$）。

解

①　$D_1(s) = s^2 - 5s - 3$，因为 s^1 的系数为 -5，s^0 的系数为 -3，全部系数不同号，所以系统不稳定。

②　$D_2(s) = s^2 + 9$，因为 s^1 的系数为 0，即缺 s^1 项，所以系统不稳定。

③　$D_3(s) = s^3 + 2s^2 + s + 12$，$D_3(s)$ 虽然全部系数同号且不缺项，满足系统稳定的必要条件，但 $D_3(s) = (s^2 - s + 4)(s + 3)$ 有实部大于零的根，所以系统不稳定。

④　$D_4(s) = s^2 + ps + q$，$p > 0$，$q > 0$，$D_4(s)$ 全部系数同号且不缺项，且全部极点位于 s 平面的左半平面，系统稳定。

由例 4.8-2 可知，若多项式 $D(s)$ 各项的系数均为正实常数，对于二阶系统肯定是稳定的；但若系统的阶数 $n > 2$ 时，系统是否稳定，还需排出如下的罗斯阵列。

$H(s)$ 的分母多项式 $D(s) = a_0 s^n + a_1 s^{n-1} + \cdots + a_{n-1} s + a_n$，将各系数组成罗斯阵列。罗斯阵列的排列规则如下：

$$
\begin{array}{c|ccccc}
s^n & a_0 & a_2 & a_4 & a_6 & \cdots \\
s^{n-1} & a_1 & a_3 & a_5 & a_7 & \cdots \\
s^{n-2} & b_1 & b_2 & b_3 & b_4 & \cdots \\
s^{n-3} & c_1 & c_2 & c_3 & c_4 & \cdots \\
\vdots & \vdots & \vdots & \vdots & \vdots \\
s^1 & \cdots \\
s^0 & \cdots
\end{array}
$$

阵列中第 1、第 2 行各元素直接由 $D(s)$ 多项式的系数得到，第 3 行及以后各行的元素按以下各式计算：

$$
b_1 = -\frac{1}{a_1}\begin{vmatrix} a_0 & a_2 \\ a_1 & a_3 \end{vmatrix} = \frac{a_1 a_2 - a_0 a_3}{a_1}
$$

$$
b_2 = -\frac{1}{a_1}\begin{vmatrix} a_0 & a_4 \\ a_1 & a_5 \end{vmatrix} = \frac{a_1 a_4 - a_0 a_5}{a_1}
$$

$$
\vdots
$$

$$
b_i = -\frac{1}{a_1}\begin{vmatrix} a_0 & a_{2i} \\ a_1 & a_{2i+1} \end{vmatrix} = \frac{a_1 a_{2i} - a_0 a_{2i+1}}{a_1}
$$

一直计算到这一行元素 b_i 等于零为止。其余行的数据根据前两行的数据按同样过程计算得到。

$$
c_1 = -\frac{1}{b_1}\begin{vmatrix} a_1 & a_3 \\ b_1 & b_2 \end{vmatrix} = \frac{b_1 a_3 - a_1 b_2}{b_1}
$$

$$
c_2 = -\frac{1}{b_1}\begin{vmatrix} a_1 & a_5 \\ b_1 & b_3 \end{vmatrix} = \frac{b_1 a_5 - a_1 b_3}{b_1}
$$

$$
\vdots
$$

一直计算到这一行元素 c_i 等于零为止。按此方法一直排列到最后一行元素等于零为止。

在罗斯阵列中，行由上向下，第一行标以 s^n，n 为特征方程的阶数，最后一行标以 s^0，总共有 $n+1$ 行，且当 n 为偶数时有 $\frac{n}{2}+1$ 列，当 n 为奇数时有 $\frac{n+1}{2}$ 列。以上计算一直进行到 $n+1$ 行为止，即完成了罗斯阵列。在展开的阵列中，为了简化其后的数值计算，可以用一个正整数去除或乘某一整行，并不改变稳定性的结论。

罗斯稳定判据还指出：在系统的特征方程中，其实部为正的特征根的个数，等于罗斯阵列中第一列元素的符号改变的次数。

系统稳定的充分必要条件 ——罗斯判据：系统稳定的充分必要条件是罗斯阵列中第一列元素无变号（全为正值）；第一列元素若有 n 次变号（从正值到负值或从负值到正值的次数），则说明 $H(s)$ 有 n 个极点在 s 平面右侧，系统不稳定。

例 4.8-3 已知 $H(s)$ 的分母多项式 $D(s) = s^5 + s^4 + 3s^3 + 9s^2 + 16s + 10$，检验系统是否稳定。

解 因为 $D(s) = s^5 + s^4 + 3s^3 + 9s^2 + 16s + 10$ 的各项系数均大于零，满足系统稳定的必要条件，所以进一步排出罗斯阵列：

$$
\begin{array}{c|ccc}
s_5 & 1 & 3 & 16 \\
s_4 & 1 & 9 & 10 \\
s_3 & -6 & 6 \\
s_2 & 10 & 10 \\
s_1 & 12 \\
s_0 & 10
\end{array}
$$

第一列元素变号 2 次

由罗斯阵列的第一列可以看出，第一列中元素的符号不全为正号，所以系统不稳定，而且第一列中元素的符号改变了两次，即从 1 到 – 6 和从 – 6 到 10，这说明系统的特征方程有两个正实部的根，即在 s 平面的右半平面有两个极点。

例 4.8-4 已知 $H(s)$ 的分母多项式 $D(s) = s^3 + 14s^2 + 41s - 56$，求在 s 平面右侧的根的数目。

解 因为 $D(s) = s^3 + 14s^2 + 41s - 56$ 的各项系数符号不全为正号，不满足系统稳定的必要条件，系统不稳定。排出罗斯阵列如下：

$$
\begin{array}{c|cc}
s_3 & 1 & 41 \\
s_2 & 14 & -56 \\
s_2 & 45 \\
s_0 & -56
\end{array}
$$

由罗斯阵列可见，第一列元素变号 1 次，有 1 个根在 s 平面右侧。

在排列罗斯阵列时，有时会出现下列两种特殊情况：

① 第一列中出现数字为零的元素。

例 4.8-5 已知 $H(s)$ 的分母多项式 $D(s) = s^4 + 2s^3 + s^2 + 2s + 1$，判断系统是否稳定。

解 因为 $D(s) = s^4 + 2s^3 + s^2 + 2s + 1$ 的各项系数均大于零，满足系统稳定的必要条件，所以进一步排出罗斯阵列：

$$
\begin{array}{c|ccc}
s^4 & 1 & 1 & 1 \\
s^3 & 2 & 2 & 0 \\
s^2 & 0 & 1
\end{array}
$$

可见第三行的第一个元素为 0，阵列无法继续下去。这种情况的处理办法是，用一个无穷小正数 ε 代替第三行的第一个元素 0，然后继续完成阵列，即

$$
\begin{array}{c|ccc}
s^4 & 1 & 1 & 1 \\
s^3 & 2 & 2 & 0 \\
s^2 & \varepsilon & 1 \\
s^1 & 2 - \dfrac{2}{\varepsilon} \\
s^0 & 1
\end{array}
$$

当 $\varepsilon \to 0$ 时，$2 - \dfrac{2}{\varepsilon} \to -\infty$，可见罗斯阵列第一列元素的符号变化两次，即从 ε 到 $2 - \dfrac{2}{\varepsilon}$ 和从 $2 - \dfrac{2}{\varepsilon}$ 到 1，所以 $H(s)$ 有两个极点在 s 平面右侧，系统不稳定。

② 某一行元素全部为零。

例 4.8-6 已知 $H(s)$ 的分母多项式 $D(s) = s^4 + s^3 + 5s^2 + 3s + 6$，检验系统是否稳定。

解 因为 $D(s) = s^4 + s^3 + 5s^2 + 3s + 6$ 的各项系数均大于零，满足系统稳定的必要条件，所以进一步排出罗斯阵列：

$$
\begin{array}{c|ccc}
s^4 & 1 & 5 & 6 \\
s^3 & 1 & 3 & \\
s^2 & 2 & 6 & \\
s^1 & 0 & 0 & \\
s^0 & & &
\end{array}
$$

可见第四行的元素全部为 0，阵列无法继续下去。这种情况的处理办法是，由全零行上一行的各项组成一个方程，此方程称为辅助方程，式中 s 均为偶次，即

$$2s^2 + 6 = 0$$

该方程对 s 求一阶导数，即

$$\frac{\mathrm{d}}{\mathrm{d}s}(2s^2 + 6) = 4s$$

用求导得到的各项系数来代替为零的各项，然后继续完成阵列，即

$$
\begin{array}{c|ccc}
s^4 & 1 & 5 & 6 \\
s^3 & 1 & 3 & \\
s^2 & 2 & 6 & \\
s^1 & 4 & 0 & \\
s^0 & 6 & &
\end{array}
$$

可见罗斯阵列第一列元素不变号，所以 $H(s)$ 在 s 平面的右半平面无极点，但由辅助方程 $2s^2 + 6 = 0$ 解得：$s = \pm\mathrm{j}\sqrt{3}$，即 $H(s)$ 的极点中含有一对共轭虚根，所以系统临界稳定。

例 4.8-7 已知 $H(s)$ 的分母多项式 $D(s) = s^5 + 2s^4 + 4s^3 + 8s^2 + 3s + 6$，检验系统是否稳定。

解 因为 $D(s) = s^5 + 2s^4 + 4s^3 + 8s^2 + 3s + 6$ 的各项系数均大于零，满足系统稳定的必要条件，所以进一步排出罗斯阵列：

$$
\begin{array}{c|ccc}
s^5 & 1 & 4 & 3 \\
s^4 & 2 & 8 & 6 \\
s^3 & 0 & 0 & 0
\end{array}
\qquad \Longrightarrow \qquad 2s^4 + 8s^2 + 6 = 0
$$

可见第四行的元素全部为 0，由辅助方程 $2s^4 + 8s^2 + 6 = 0$，该方程对 s 求一阶导数，即

$$\frac{\mathrm{d}}{\mathrm{d}t}\left(2s^4 + 8s^2 + 6\right) = 8s^3 + 16s$$

继续完成阵列，即

$$
\begin{array}{c|ccc}
s^3 & 8 & 16 & 0 \\
s^2 & 4 & 6 & 0 \\
s^1 & 4 & 0 & 0 \\
s^0 & 6 & 0 & 0
\end{array}
\qquad \Longleftarrow \qquad \frac{\mathrm{d}}{\mathrm{d}t}\left(2s^4 + 8s^2 + 6\right) = 8s^3 + 16s
$$

可见罗斯阵列第一列元素不变号，$H(s)$ 在 s 平面右半平面无极点，但由辅助方程 $2s^4 + 8s^2 + 6 = 0$，即 $2s^4 + 8s^2 + 6 = 2\left(s^2 + 3\right)\left(s^2 + 1\right) = 0$ 解得：$s_{1,2} = \pm\mathrm{j}\sqrt{3}$，$s_{3,4} = \pm\mathrm{j}$，说明 $H(s)$ 有两对共轭虚数的极点，所以系统临界稳定。

例 4.8-8　已知 $H(s)$ 的分母多项式 $D(s) = 2s^5 + s^4 + 4s^3 + 2s^2 + 2s + 1$，检验系统是否稳定。

解　因为 $D(s) = 2s^5 + s^4 + 4s^3 + 2s^2 + 2s + 1$ 的各项系数均大于零，满足系统稳定的必要条件，所以进一步排出罗斯阵列：

$$
\begin{array}{c|ccc}
s^5 & 2 & 4 & 2 \\
s^4 & 1 & 2 & 1 \\
s^3 & 0 & 0 & 0
\end{array}
\quad\Longrightarrow\quad s^4 + 2s^2 + 1 = 0
$$

$$
\begin{array}{c|ccc}
s^3 & 4 & 4 & 0 \\
s^2 & 1 & 1 & 0 \\
s^1 & 0 & 0 & 0
\end{array}
\quad\Longleftarrow\quad \frac{\mathrm{d}}{\mathrm{d}t}\left(s^4 + 2s^2 + 1\right) = 4s^3 + 4s
$$

$$
\begin{array}{c|ccc}
s^1 & 2 & 0 & 0 \\
s^0 & 1 & 0 & 0
\end{array}
\quad\Longleftarrow\quad \frac{\mathrm{d}}{\mathrm{d}t}\left(s^2 + 1\right) = 2s
$$

可见罗斯阵列第一列元素不变号，$H(s)$ 在 s 平面右半平面无极点，但由辅助方程 $s^4 + 2s^2 + 1 = \left(s^2 + 1\right)^2 = 0$ 解得：$s_{1,2} = \mathrm{j}$，$s_{3,4} = -\mathrm{j}$，说明 $H(s)$ 有两对位于虚轴上的重极点，所以系统不稳定。

罗斯判据常用于确定系统渐进稳定时对系统参数的要求。

例 4.8-9　某可调参数系统函数为 $H(s) = \dfrac{s^2 + 4s + 5}{s^4 + 2s^3 + 4s^2 + 2s + k}$，试确定系统渐进稳定时参数 k 的可调范围。

解　排出罗斯阵列：

$$
\begin{array}{c|ccc}
s^4 & 1 & 4 & k \\
s^3 & 2 & 2 & \\
s^2 & 3 & k & \\
s^1 & 2 - \dfrac{2k}{3} & 0 & \\
s^0 & k & &
\end{array}
$$

为保证系统渐进稳定，第一列元素必须全为正，即

$$2 - \frac{2k}{3} > 0 \qquad (k > 0)$$

所以　　　　　　　　$0 < k < 3$

4.9 节内容及本章小结在此，
扫一扫就能得到啦！

扫一扫，本章习题及
参考答案在这里哦！

第 5 章　离散时间信号与系统的时域分析

在前面的几章讨论中，所涉及的系统均属于连续时间系统，这类系统用于传输和处理连续时间信号，此外还有一种用于传输和处理离散信号的系统，这种系统称为离散时间系统，简称离散系统。由于离散系统在精度、可靠性、可集成化方面，比连续系统具有更大的优越性，因而近几十年来获得巨大的发展。

离散时间信号是指定义在离散时间变量 t_k ($k = 0,\ \pm1,\ \pm2,\ \cdots$) 的函数，简称离散信号。当 t_k 按某一的规律变化时，其函数值 $f(t_k)$ 组成一个有序的数值序列，因而可将离散时间信号表示为一个有序的集合，即

$$f_k = \{f(t_k)\} \qquad (k = 0,\ \pm1,\ \pm2,\ \cdots)$$

由上式可知，离散信号实质上是一个有序的数列。它的获取方式通常有两种：一种是来自那些本身就是离散时间的信号，比如计算机的存储记录、对某些事物现象的观测记录、股市的指数等；另一种是来自对连续信号的离散化，即连续信号采样得到一个离散信号。

离散时间信号的定义域中，相邻两点 t_k 和 t_{k-1} 之间的间隔 $T_k = t_k - t_{k-1}$ 可以是常数，也可以是随 k 变化的量。如果 T_k 是常数 T，那么 $t_k = kT$，这样离散时间信号可以表示为 $x(kT)$、$f(kT)$ 等。离散时间信号 $f(kT)$ 是时间的函数，但仅定义在离散时刻 $t = 0,\ \pm T,\ \pm 2T,\ \cdots$，为了书写方便用 $f(k)$ 代替 $f(kT)$。工程上，将定义在等间隔离散时刻的离散信号称为序列，记作 $f(k)$，k 称为序号，对应于 k 时刻的函数值 $f(k)$ 称为样值。

离散时间系统是指系统的输入和输出均是离散信号的系统。数字计算机就是一个典型离散系统的例子，数据控制系统和数据通信系统的核心部件也属于离散系统。离散系统对一个离散信号(输入信号)进行处理，将其转换成另一个离散信号(输出信号)。

本章涉及的离散信号仅限于序列，对于离散系统时域分析，采用与连续系统类似的方法。在分析系统的零输入响应时，连续系统中引入了微分算子 p、传输算子 $H(p)$，且用传输算子 $H(p)$ 求解系统的单位响应。对于离散系统，将引入差分算子 E、传输算子 $H(E)$，将用传输算子 $H(E)$ 求解离散系统的单位响应。在分析系统的零状态响应时，连续系统中利用了输入信号与系统单位响应的卷积求零状态响应；对于离散系统，将利用输入序列与单位响应的卷积和求离散系统的零状态响应。

5.1　基本离散时间信号

本节介绍一些基本的离散时间信号，这些信号在离散信号与系统分析中经常用到。

5.1.1　单位时间脉冲序列 $\delta(k)$

单位时间脉冲序列又称为单位脉冲序列，或是单位序列，其定义如下

$$\delta(k) = \begin{cases} 0 & k \neq 0 \\ 1 & k = 0 \end{cases}$$

单位序列的波形如图 5.1-1 所示。单位序列仅在 $k=0$ 处取值为 1，在 $k\neq0$ 处的值是 0。应该注意单位序列 $\delta(k)$ 与单位冲激信号 $\delta(t)$ 不同。

位移的单位脉冲序列

$$\delta(k-k_0)=\begin{cases}0 & k\neq k_0\\1 & k=k_0\end{cases}\quad(k_0\text{是常整数})$$

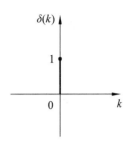

单位序列 $\delta(k)$ 具有与单位冲激函数 $\delta(t)$ 相似的抽样特性，对任意一个在 $k=0$ 和 $k=m$（m 是常整数）处有定义的序列 $f(k)$，有以下关系成立：

$$f(k)\delta(k)=f(0)\delta(k)$$
$$f(k)\delta(k-m)=f(m)\delta(k-m)\quad(m\text{是常整数})$$

图 5.1-1　单位序列波形

5.1.2　单位阶跃序列 $u(k)$

单位阶跃序列是对应于单位阶跃函数 $u(t)$ 的离散时间信号，其定义为

$$u(k)=\begin{cases}0 & k<0\\1 & k\geqslant0\end{cases}$$

单位阶跃序列的波形如图 5.1-2 所示。注意与连续信号中的单位阶跃信号 $u(t)$ 的不同，单位阶跃信号 $u(t)$ 在 $t=0$ 处是断点，没有定义，而序列 $u(k)$ 在 $k=0$ 处值为 1。

位移的单位阶跃序列

$$u(k-k_0)=\begin{cases}0 & k<k_0\\1 & k\geqslant k_0\end{cases}\quad(k_0\text{是常整数})$$

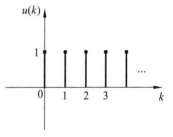

图 5.1-2　单位阶跃序列波形

单位阶跃序列与单位阶跃函数一样，都具有"截除"特点。例如，对一个双边序列，若希望取其 $k\geqslant0$ 的部分，则只需要"截除"$k<0$ 的部分，即将其和位移的单位阶跃序列相乘。

例 5.1-1　请写出图 5.1-3 所示波形信号 $f(k)$ 的表达式。

① 用单位序列及其位移序列表示；② 用阶跃序列及其位移序列表示。

解　由图 5.1-3 可知：

① $f(k)=\delta(k)+\delta(k-1)+\delta(k-2)$

② $f(k)=u(k)-u(k-3)$。

单位阶跃序列 $u(k)$ 可以用单位序列 $\delta(k)$ 及其位移序列表示。将 $u(k)$ 的每一个点的样值用单位序列 $\delta(k)$ 及其位移序列 $\delta(k-m)$（m 是整数）表示，即

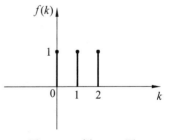

$$u(k)=\delta(k)+\delta(k-1)+\delta(k-2)+\cdots+\delta(k-m)+\cdots$$

图 5.1-3　例 5.1-1 图

整理得到
$$u(k)=\sum_{m=0}^{\infty}\delta(k-m)\qquad\qquad(5.1\text{-}1)$$

与表示单位阶跃序列类似，单位序列可以表示任意序列。将任意序列 $f(k)$ 的每一个点的样值用单位序列 $\delta(k)$ 及其位移序列 $\delta(k-m)$（m 是整数）表示，即

$$f(k)=\cdots+f(-2)\delta(k+2)+f(-1)\delta(k+1)+f(0)\delta(k)+f(1)\delta(k-1)+f(2)\delta(k-2)+\cdots$$

整理得到
$$f(k) = \sum_{m=-\infty}^{\infty} f(m)\,\delta(k-m)$$
（5.1-2）

5.1.3 指数序列 $a^k u(k)$

指数序列 $a^k u(k)$ 是分析离散系统时经常用到的函数，其函数的收敛性随着 a 的取值而变化。当 $|a|<1$ 时，该序列是收敛序列；当 $|a|>1$ 时，该序列是发散序列。当 a 取实数时，指数序列 $a^k u(k)$ 的波形如图 5.1-4 所示。

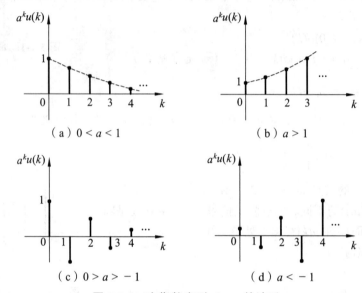

（a）$0<a<1$ （b）$a>1$

（c）$0>a>-1$ （d）$a<-1$

图 5.1-4　实指数序列 $a^k u(k)$ 的波形

5.1.4 正弦序列

正弦序列的定义是

$$f(k) = A\cos(k\Omega_0 + \varphi)$$

式中，A、Ω_0、φ 分别为正弦序列的振幅、数字角频率和初相位。Ω_0 的单位是：弧度 / 样本。

与连续的正弦函数不同，正弦序列不一定都是周期序列。以下讨论正弦序列的周期性问题。

对于正弦序列

$$f(k) = A\cos(k\Omega_0 + \varphi) = A\cos(k\Omega_0 + \varphi + 2m\pi) = A\cos\left[\Omega_0\left(k + \frac{2m\pi}{\Omega_0}\right) + \varphi\right]$$
（5.1-3）

若正弦序列为周期序列，根据周期函数的定义有

$$f(k) = f(k+N) = A\cos\left[\Omega_0(k+N) + \varphi\right]$$
（m、N 为正整数）　（5.1-4）

比较式（5.1-3）与式（5.1-4），只有满足 $N = \dfrac{2m\pi}{\Omega_0}$ 是整数时，或者 $\dfrac{2\pi}{\Omega_0} = \dfrac{N}{m}$ 是有理数时，

正弦序列 $f(k)$ 是周期序列，并且 N 为 $f(k)$ 的周期；当 $\dfrac{2\pi}{\Omega_0}$ 不是有理数时，正弦序列 $f(k)$ 是非

周期序列。

例 5.1-2　连续信号 $f(t) = \cos 3\pi t$，令 $t = kT$（k 为整数），得到离散信号 $f(k) = \cos(3\pi \cdot kT)$，

当 $T = \dfrac{1}{4}$ s、$\dfrac{1}{2}$ s、$\dfrac{1}{2\pi}$ s 时，判断离散信号 $f(k)$ 是否为周期信号。

解　当 $T = \dfrac{1}{4}$ s 时，$f(k) = \cos\left(3\pi \times k \times \dfrac{1}{4}\right) = \cos\left(\dfrac{3\pi}{4}k\right)$。信号的角频率 $\Omega_0 = \dfrac{3\pi}{4}$，而

$\dfrac{2\pi}{\Omega_0} = \dfrac{2\pi}{\dfrac{3\pi}{4}} = \dfrac{8}{3}$，$\dfrac{2\pi}{\Omega_0} = \dfrac{8}{3}$ 是有理数，所以 $\cos\left(\dfrac{3\pi}{4}k\right)$ 是周期信号，周期 $N = 8$。

当 $T = \dfrac{1}{2}$ s 时，$f(k) = \cos\left(3\pi \times k \times \dfrac{1}{2}\right) = \cos\left(\dfrac{3\pi}{2}k\right)$。信号的角频率 $\Omega_0 = \dfrac{3\pi}{2}$，而 $\dfrac{2\pi}{\Omega_0} = \dfrac{2\pi}{\dfrac{3\pi}{2}} = \dfrac{4}{3}$，

$\dfrac{2\pi}{\Omega_0} = \dfrac{4}{3}$ 是有理数，所以 $\cos\left(\dfrac{3\pi}{2}k\right)$ 是周期信号，周期 $N = 4$。

当 $T = \dfrac{1}{2\pi}$ s 时，$f(k) = \cos\left(3\pi \times k \times \dfrac{1}{2\pi}\right) = \cos\left(\dfrac{3}{2}k\right)$。信号的角频率 $\Omega_0 = \dfrac{3}{2}$，而

$\dfrac{2\pi}{\Omega_0} = \dfrac{2\pi}{\dfrac{3}{2}} = \dfrac{4\pi}{3}$，$\dfrac{2\pi}{\Omega_0} = \dfrac{4\pi}{3}$ 是无理数，所以 $\cos\left(\dfrac{3}{2}k\right)$ 是非周期信号。

由例 5.1-2 可知，尽管连续信号是同一个正弦信号（具有周期性），但由于采用不同的时间间隔对信号抽样，使得到的离散信号的角频率不同，从而使有些信号是周期信号，有些信号是非周期信号。

5.1.5　虚指数序列

虚指数序列的定义是 $f(k) = e^{j\Omega_0 k}$，因为 $e^{j\Omega_0 k} = \cos\Omega_0 k + j\sin\Omega_0 k$，所以只有满足 $\dfrac{2\pi}{\Omega_0}$ 是有理数时，虚指数序列才是周期序列，否则是非周期序列。

虚指数序列 $e^{j\Omega_0 k}$ 和连续信号的虚指数函数 $e^{j\omega t}$ 一样，在信号分析中起着重要的作用，由于 $e^{j\Omega_0 k} = e^{j(\Omega_0 + 2\pi)k}$，因而 $e^{j\Omega_0 k}$ 是 Ω_0 以 2π 为周期的正交周期性函数。在对序列进行傅里叶变换时，$e^{j\Omega_0 k}$ 被用作完备正交集函数。

5.2　离散时间系统的描述

在这一节里，首先介绍离散系统的几种分类，然后引入离散的数学模型——差分方程，最后介绍离散系统的差分方程的求解方法——迭代法。

5.2.1　离散系统的分类

离散时间系统是指输入信号 $f(k)$ 和输出信号 $y(k)$ 都是离散信号的系统。根据引起响应的原因，可将离散系统的响应分为零输入响应和零状态响应。与连续时间系统的分类相似，对离散系统也可分为：线性的和非线性的、时变的和非时变的、因果的和非因果的。

1. 离散系统的零输入响应和零状态响应

在离散系统中，引起响应的原因是系统的初始状态 $x(k_0)$（k_0 是离散系统的起始始刻）和

系统的输入信号 $f(k)$ 。当 $k \geqslant k_0$ 时，仅由初始状态 $x(k_0)$ 引起的响应称为系统的零输入响应。当 $k \geqslant k_0$ 时，仅由输入信号 $f(k)$（输入信号 $f(k)$ 在 $k = k_0$ 时作用于系统）引起的响应称为系统的零状态响应。

2. 线性与非线性的离散时间系统

设离散系统的零状态响应是 $y_f(k)$ ，输入信号是 $f(k)$ ，两者之间的关系表示为

$$y_f(k) = T\big[f(k)\big]$$

式中，T 表示一种转换的关系，即将离散输入信号 $f(k)$ 转换为输出信号 $y_f(k)$ 。

在离散系统中，线性性质的定义是：如果系统的输入信号是 $f_1(k)$ 时，系统的零状态响应是 $y_{f1}(k)$ ；输入信号是 $f_2(k)$ 时，系统的零状态响应是 $y_{f2}(k)$ ；那么当系统的输入信号是 $af_1(k) + bf_2(k)$ 时，系统的零状态响应是 $ay_{f1}(k) + by_{f2}(k)$ ，其中 a 、b 是常数。用公式可表示为

已知　　　　　$y_{f1}(k) = T\big[f_1(k)\big]$ ，　　　$y_{f2}(k) = T\big[f_2(k)\big]$

则有　　　　　$ay_{f1}(k) + by_{f2}(k) = T\big[af_1(k) + bf_2(k)\big]$ 　　　（其中 a 、b 是常数）

如果一个离散系统满足线性性质，那么该系统就是离散线性系统；否则，该系统是非线性系统。与连续线性系统一样，一个离散线性系统的响应必然可以分为零输入响应和零状态响应，且零输入响应和零状态响应都满足线性性质。

3. 时变与时不变离散系统

在离散系统中，时不变性质的定义是：

已知　　　　　$y_f(k) = T\big[f(k)\big]$

则有　　　　　$y_f(k - k_d) = T\big[f(k - k_d)\big]$ 　　　（其中：k_d 是正整数）

满足时不变性质的离散系统称为离散时不变系统，否则称为时变系统。

4. 因果与非因果离散系统

对于在 $k \geqslant k_0$ 时刻加入系统的输入信号 $f(k)$ ，所引起的响应 $y_f(k)$ 不会出现在 $k < k_0$ 区间，即响应不会出现在激励之前，这样的系统称为因果系统，否则称为非因果系统。对于一个因果离散系统，激励是引起响应的原因，响应是激励作用的结果。

例 5.2-1 设离散系统的输入是 $f(k)$ ，输出是 $y(k)$ ，在零状态条件下，请判断以下系统是否满足因果性、线性：① $y(k) = k^2 f(k)$ ；② $y(k) = \big|f(k)\big|$ ；③ $y(k) - y(k-1) = 2f(k)$ ；④ $y(k) = \sum\limits_{m=0}^{k} f(m)$ 。

解 （1）判断系统是否满足因果性：

由①、②两个系统的输入输出关系可知，k 时刻的输出 $y(k)$ 仅与 k 时刻的输入 $f(k)$ 有关，因而①、②两个系统满足因果性，是因果系统。

由③系统的输入输出关系可知：k 时刻的输出 $y(k)$ 与 k 时刻的输入 $f(k)$ 和 $k-1$ 时刻的输出 $y(k-1)$ 有关，因而③系统满足因果性，是因果系统。

由④系统的输入输出关系可知：k 时刻的输出 $y(k)$ 与 k 时刻及 k 时刻以前的输入 $f(k)$ 有关，因而④系统满足因果性，是因果系统。

（2）判断系统是否满足线性：

① 设 $y_1(k) = k^2 f_1(k)$ ，$y_2(k) = k^2 f_2(k)$ ，以 $af_1(k) + bf_2(k)$ 作为输入信号，系统的输出是

$$k^2 \left[af_1(k) + bf_2(k) \right] = ak^2 f_1(k) + bk^2 f_2(k) = ay_1(k) + by_2(k)$$

因此，系统 $y(k) = k^2 f(k)$ 满足线性。

② 设 $y_1(k) = |f_1(k)|$，$y_2(k) = |f_2(k)|$，以 $af_1(k) + bf_2(k)$ 作为输入信号，系统的输出是

$$\left| af_1(k) + bf_2(k) \right| \neq a \left| f_1(k) \right| + b \left| f_2(k) \right| = ay_1(k) + by_2(k)$$

因此，系统 $y(k) = |f(k)|$ 不满足线性。

③ 设

$$y_1(k) - y_1(k-1) = 2f_1(k) \tag{5.2-1}$$

$$y_2(k) - y_2(k-1) = 2f_2(k) \tag{5.2-2}$$

式(5.2-1)$\times a$ + 式(5.2-2)$\times b$，得

$$ay_1(k) - ay_2(k-1) + by_1(k) - by_2(k-1) = 2af_1(k) + 2bf_2(k)$$

整理有

$$ay_1(k) + by_2(k) - \left[ay_1(k-1) + by_2(k-1) \right] = 2 \left[af_1(k) + bf_2(k) \right]$$

将上式与系统方程对比可以看出，以 $af_1(k) + bf_2(k)$ 作为输入信号，系统的输出是 $ay_1(k) + by_2(k)$。因此，系统 $y(k) - y(k-1) = 2f(k)$ 满足线性。

④ 设

$$y_1(k) = \sum_{m=0}^{k} f_1(m) \tag{5.2-3}$$

$$y_2(k) = \sum_{m=0}^{k} f_2(m) \tag{5.2-4}$$

式(5.2-3)$\times a$ + 式(5.2-4)$\times b$，得

$$ay_1(k) + by_2(k) = a\sum_{m=0}^{k} f_1(m) + b\sum_{m=0}^{k} f_2(m) = \sum_{m=0}^{k} [af_1(m) + bf_2(m)]$$

将上式与系统方程对比可以看出，以 $af_1(k) + bf_2(k)$ 作为输入信号，系统的输出是 $ay_1(k) + by_2(k)$，因此系统 $y(k) = \sum_{m=0}^{k} f(m)$ 满足线性。

例 5.2-2 设离散系统的输入是 $f(k)$，输出是 $y(k)$，在零状态条件下，请判断以下系统是否满足时不变性：① $y(k) = 3f(k) + f(k-1)$；② $y(k) = kf(k)$。

解

① $y(k) = 3f(k) + f(k-1)$。设 $f_1(k) = f(k-k_d)$，其中：k_d 是正整数。当系统输入是 $f_1(k)$ 时，系统的输出为

$$y_1(k) = 3f_1(k) + f_1(k-1) = 3f(k-k_d) + f(k-k_d-1) = y(k-k_d)$$

因而系统 $y(k) = 3f(k) + f(k-1)$ 满足时不变特性。

② $y(k) = kf(k)$。设 $f_1(k) = f(k-k_d)$，其中：k_d 是正整数。当系统输入是 $f_1(k)$ 时，系统的输出为

$$y_1(k) = kf_1(k) = kf(k-k_d) \neq (k-k_d)f(k-k_d) = y(k-k_d)$$

因而系统 $y(k) = kf(k)$ 不满足时不变特性。

5.2.2　离散时间系统的模型

一个离散系统，其输入信号 $f(k)$ 是一个序列，输出信号 $y(k)$ 也是一个序列，系统的功能是完成从输入序列 $f(k)$ 到输出序列 $y(k)$ 的转换。描述线性时不变连续系统的方程是常系数的微分方程，而描述离散时间系统的方程是什么形式？下面通过对四个离散系统的分析并建立

方程，来说明描述离散时间系统的方程形式。

1. 费班纳西数列（Fibonacci）

13 世纪意大利数学家 Fibonacci 提出一个有趣的数学题目：假定每对兔子每个月可以生育一对小兔，新生的小兔要隔月才具有生育能力，若第一个月只有一对新生小兔，求第 k 个月兔子对的数目是多少？

分析 $y(k)$表示第 k 个月兔子对的数目，且已知 $y(0)=0$、$y(1)=1$。第 k 个月时，应有 $y(k-2)$ 对兔子具有生育能力，因此这部分兔子对数增加为 $2y(k-2)$，此外还有 $\left[y(k-1)-y(k-2)\right]$ 对兔子未能生育，所以

$$y(k) = 2y(k-2) + \left[y(k-1)-y(k-2)\right] = y(k-1) - y(k-2) \tag{5.2-5}$$

将初始值 $y(0)=0$、$y(1)=1$ 代入式（5.2-5），得到各个月兔子的对数，即 $\{0,1,1,2,3,5,8,\cdots\}$，这一数列称为费班纳西数列。

2. 银行存款利息的问题

某人每月月初定期在银行存入一定数量的存款，设第 k 个月时存入款项为 $f(k)$，银行每月以利率 β 支付利息，利息按复利计算，试计算第 k 个月时的本金 $y(k)$（假定第 k 个月存款已存）。

分析 设第 k 个月时本金为 $y(k)$，$y(k)$应包括三部分：

① 第 $k-1$ 个月时的本金 $y(k-1)$；

② 本金 $y(k-1)$ 在一个月内的利息 $\beta y(k-1)$；

③ 第 k 个月存入的存款 $f(k)$。

所以　　　　　　　$y(k) = y(k-1) + \beta y(k-1) + f(k)$

即　　　　　　　　$y(k) - (1+\beta)y(k-1) = f(k) \tag{5.2-6}$

3. 数字微分器

将连续系统中的微分器离散后，可得到数字微分器。在模拟微分器中，以 $f(t)$ 为输入，以 $y(t)$ 为输出，则有

$$y(t) = \frac{\mathrm{d}f(t)}{\mathrm{d}t}$$

对输入信号 $f(t)$ 和输出信号 $y(t)$ 进行采样，令 $t = kT$（T 是采样间隔），得到离散信号 $f(kT)$ 和 $y(kT)$，所以有

$$y(kT) = \frac{\mathrm{d}f(t)}{\mathrm{d}t}\bigg|_{t=kT} = \lim_{T \to 0} \frac{f(kT) - f((k-1)T)}{T} \tag{5.2-7}$$

令 $f(k) = f(kT)$ 和 $y(k) = y(kT)$，且由于采样间隔 T 不能是零，式（5.2-7）变为

$$y(k) = \frac{1}{T}(f(k) - f(k-1)) \tag{5.2-8}$$

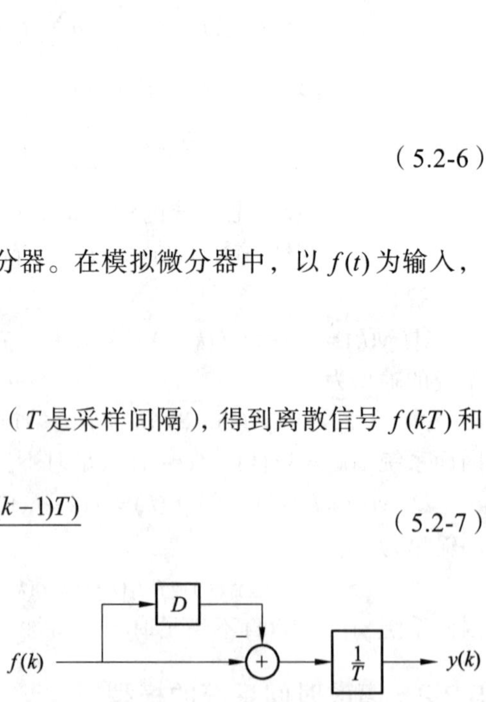

图 5.2-1　数字微分器的模拟框图

上式即是数字微分器。图 5.2-1 是数字微分器的模拟框图，图中 D 是一个单位延时器。

图 5.2-2（a）是数字微分器的输入信号 $f(k) = 2ku(k)$，其输出信号 $y(k)$ 的波形如图 5.2-2（b）所示，由图可以看出其输入信号和输出信号满足微分的关系。

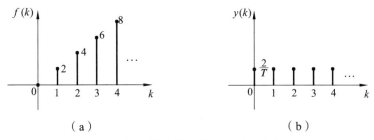

图 5.2-2　数字微分器的输入波形和输出波形

4. 数字积分器

将连续系统中的积分器离散后，可得到数字积分器。在模拟积分器中，以 $f(t)$ 为输入，以 $y(t)$ 为输出，则有

$$y(t) = \int_{-\infty}^{t} f(\tau)\,\mathrm{d}\tau$$

对输入信号 $f(t)$ 和输出信号 $y(t)$ 进行采样，令 $t = kT$（T 是采样间隔），得到离散信号 $f(kT)$ 和 $y(kT)$，所以有

$$y(kT) = \lim_{T \to 0} T \sum_{n=-\infty}^{k} f(nT) \tag{5.2-9}$$

令 $f(k) = f(kT)$ 和 $y(k) = y(kT)$，且由于采样间隔 T 不能是零，式（5.2-9）变为

$$y(k) = T \sum_{n=-\infty}^{k} f(n) \tag{5.2-10}$$

上式即是数字积分器。为了便于计算，将式（5.2-10）中的 k 变为 $k-1$，得到

$$y(k) - y(k-1) = T \sum_{n=-\infty}^{k} f(nT) - T \sum_{n=-\infty}^{k-1} f(nT) = Tf(k)$$

即

$$y(k) = y(k-1) + Tf(k) \tag{5.2-11}$$

式（5.2-11）是数字积分器的另一种表示方法。计算当前值 $y(k)$ 时，式（5.2-11）比式（5.2-10）的计算量要小得多，因而这种表示方法在数字 PID 控制中经常使用。图 5.2-3 是数字积分器的模拟框图，图中 D 是一个单位延时器。

图 5.2-4（a）是数字积分器的输入信号 $f(k) = 2u(k)$ 的波形，输出信号 $y(k)$（假设 $y(0)=0$）的波形如图 5.2-4（b）所示，由输入信号和输出信号波形可以看出它们满足积分的关系。

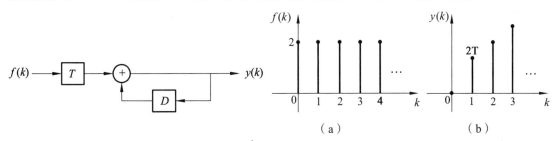

图 5.2-3　数字积分器的模拟框图　　　图 5.2-4　数字积分器的输入波形和输出波形

由以上的四个例子可以看出，描述离散系统输入和输出的方程是差分方程。差分方程的一般形式有以下两种：

① 向后形式的差分方程（右移序列的差分方程）

$$y(k) + a_1 y(k-1) + \cdots + a_N y(k-N) = b_0 f(k) + b_1 f(k-1) + \cdots + b_M f(k-M) \tag{5.2-12}$$

式中，a_i 和 b_j 是常数，$i = 1,2,3,\cdots,N$，$j = 0,1,2,\cdots,M$。

② 向前形式的差分方程（左移序列的差分方程）

$$y(k+N) + a_{N-1} y(k+N-1) + \cdots + a_0 y(k)$$
$$= b_M f(k+M) + b_{M-1} f(k+M-1) + \cdots + b_0 f(k) \tag{5.2-13}$$

式中，a_i 和 b_j 是常数，$i = 0,1,2,3,\cdots,N$，$j = 0,1,2,\cdots,M$。

差分方程的阶数定义为输出序列中自变量的最高序号和最低序号的差数。可以证明式（5.2-12）和式（5.2-13）所描述的系统满足线性、时不变性。与连续系统一样，在这本书里对离散系统的研究，我们仅涉及离散线性时不变因果系统。

5.2.3　离散系统差分方程的迭代解法

对一个离散系统，在已知系统的差分方程、系统初始值和输入序列的条件下，在时域中求系统响应的常用方法有以下三种。

1. 经典法

与连续系统的经典解法类似，分别求出离散系统差分方程的齐次解的形式和特解，然后根据初始值确定全响应中的系数，最后得到离散系统的全响应。

2. 卷积法

与连续系统的卷积解法类似，利用经典法求解齐次差分方程得到离散系统的零输入响应，离散系统的单位响应由系统的传输算子求出，系统的零状态响应用输入序列和单位响应的卷积求得，然后将零输入响应和零状态响应加起来得到系统的完全响应。

3. 迭代法

由系统的差分方程得到系统的递推公式，根据递推公式得到系统输出在每一时刻的样值。对于由式（5.2-12）描述的离散系统的递推公式

$$y(k) = -a_1 y(k-1) - \cdots - a_N y(k-N) + b_0 f(k) + b_1 f(k-1) + \cdots + b_M f(k-M) \tag{5.2-14}$$

令 $k = 0$，将 $f(0)$、$f(-1)$、$f(-2)$、$\cdots$、$f(-M)$ 和系统初始值 $y(-1)$、$y(-2)$、$y(-3)$、$\cdots$、$y(-N)$ 代入式（5.2-14）中，可以得到 $y(0)$ 的值。令 $k = 1$，将 $f(1)$、$f(0)$、$f(-1)$、$\cdots$、$f(1-M)$ 和系统初始值 $y(0)$、$y(-1)$、$y(-2)$、$\cdots$、$y(1-N)$ 代入式（5.2-14）中，可以得到 $y(1)$ 的值。同理，令 $k = 2$ 得到 $y(2)$ 的值。依次递推可以计算出任意时刻的输出。

对于由式（5.2-13）描述的离散系统，其递推公式为

$$y(k+N) = -a_{N-1} y(k+N-1) - \cdots - a_0 y(k) + b_M f(k+M) + b_{M-1} f(k+M-1) + \cdots + b_0 f(k)$$

采用以上分析的方法可以计算出任意时刻系统的输出。

以下通过举例介绍迭代解法。

例 5.2-3 已知一个离散系统的差分方程是 $y(k+1) - 0.2 y(k) = f(k)$，系统的输入信号 $f(k) = \delta(k)$，系统的初始值 $y(-1) = 1$，用迭代法求系统的响应。

解 由系统的差分方程得到递推公式

$$y(k+1) = 0.2 y(k) + f(k) \tag{5.2-15}$$

令 $k = -1$、0、1、$2\ldots$分别代入式（5.2-15）中，有

$$y(0) = 0.2y(-1) + f(-1) = 0.2 \times 1 + 0 = 0.2$$

$$y(1) = 0.2y(0) + f(0) = 0.2 \times 0.2 + 1 = 1.04$$

$$y(2) = 0.2y(1) + f(1) = 0.2 \times 1.04 + 0 = 0.208$$

$$y(3) = 0.2y(2) + f(2) = 0.2 \times 0.208 + 0 = 0.0416$$

$$\vdots$$

离散系统的响应

$$y(k) = \{1, \ 0.2, \ 1.04, \ 0.208, \ 0.0416, \ \cdots\}$$
$$\underset{k=0}{\uparrow}$$

迭代法可以求离散系统的零输入响应、零状态响应、完全响应，方法简单，适合计算机求解，但仅能求出序列离散点的样值，一般不能得到输出解的数学表达式。

5.3　离散时间系统的传输算子和系统的模拟

5.3.1　离散时间系统的传输算子

在连续系统中，对常系数的微分方程引入微分算子研究。描述离散线性时不变系统的差分方程是一个常系数的差分方程，对这类系统也引入算子来研究。这里定义一个超前算子 E，它表示把序列向前推进一个时间间隔的移位运算，即

$$E\big[f(k)\big] = f(k+1)$$

$$E^2\big[f(k)\big] = E\big\{E\big[f(k)\big]\big\} = E\big[f(k+1)\big] = f(k+2)$$

$$\vdots$$

$$E^n\big[f(k)\big] = f(k+n)$$

根据超前算子 E 的定义，可以将常系数的差分方程变为算子形式的方程。对于一个左移序列的差分方程

$$y(k+n) + a_{n-1}y(k+n-1) + \cdots + a_0 y(k) = b_m f(k+m) + b_{m-1}f(k+m-1) + \cdots + b_0 f(k)$$

引入差分算子 E，有

$$E^n y(k) + a_{n-1}E^{n-1}y(k) + \cdots + a_0 y(k) = b_m E^m f(k) + b_{m-1}E^{m-1}f(k) + \cdots + b_0 f(k)$$

即　　　$$(E^n + a_{n-1}E^{n-1} + \cdots + a_1 E + a_0)y(k) = (b_m E^m + b_{m-1}E^{m-1} + \cdots + b_1 E + b_0)f(k) \qquad (5.3\text{-}1)$$

令　　　$$D(E) = E^n + a_{n-1}E^{n-1} + \cdots + a_1 E + a_0 \qquad (5.3\text{-}2)$$

$$N(E) = b_m E^m + b_{m-1}E^{m-1} + \cdots + b_1 E + b_0 \qquad (5.3\text{-}3)$$

将式（5.3-2）和式（5.3-3）代入式（5.3-1），有

$$D(E)y(k) = N(E)f(k) \quad 即 \quad y(k) = \frac{N(E)}{D(E)}f(k)$$

令　　　$$H(E) = \frac{N(E)}{D(E)}$$

所以　　　$$y(k) = H(E)f(k) \qquad (5.3\text{-}4)$$

将 $H(E)$ 定义为以 $f(k)$ 为输入、以 $y(k)$ 为输出的系统的传输算子，由式（5.3-4）可以看出，输入序列 $f(k)$ 经过传输算子 $H(E)$ 作用被转换成输出序列 $y(k)$。由以上的推导过程可以看出，系统的传输算子与系统的差分方程是一一对应的关系，因此传输算子可以代表一个系统。图 5.3-1 所示为用传输算子表示的系统。

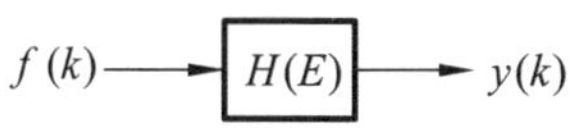

$$f(k) \longrightarrow \boxed{H(E)} \longrightarrow y(k)$$

图 5.3-1　离散系统

例 5.3-1 已知一个离散系统的传输算子 $H(E) = \dfrac{E}{E^2 + 3E + 2}$，请写出该系统的差分方程。

解 设输入序列是 $f(k)$，输出序列是 $y(k)$，根据传输算子的定义有

$$y(k) = H(E)f(k) = \frac{E}{E^2 + 3E + 2}f(k)$$

即 $\qquad (E^2 + 3E + 2)y(k) = Ef(k)$，$\qquad y(k+2) + 3y(k+1) + 2y(k) = f(k+1)$

上式即是该系统所对应的差分方程。

例 5.3-2 已知一个离散系统的传输算子 $H(E) = \dfrac{1}{E}$，请写出该系统的差分方程。

解 设输入序列是 $f(k)$，输出序列是 $y(k)$，根据传输算子的定义有

$$y(k) = H(E)f(k) = \frac{1}{E}f(k)$$

即 $\qquad Ey(k) = f(k)$，$\qquad y(k+1) = f(k)$

用 k 代替 $k+1$，得到 $\qquad y(k) = f(k-1)$

即输出序列 $y(k)$ 滞后输入序列 $f(k)$ 一个时间单位，因而将离散系统 $H(E) = \dfrac{1}{E}$ 称为单位延时器，将 $\dfrac{1}{E} = E^{-1}$ 称为滞后算子，并且

$$E^{-1}f(k) = f(k-1)$$
$$E^{-2}f(k) = f(k-2)$$
$$\vdots$$
$$E^{-m}f(k) = f(k-m)$$

超前算子 E 和滞后算子 E^{-1} 统称为差分算子。利用这两个算子，可将任何一个常系数的差分方程变为算子形式的方程。

因为 $\qquad E\left[E^{-1}f(k)\right] = E\left[f(k-1)\right] = f(k)$，$\qquad E^{-1}\left[Ef(k)\right] = E^{-1}\left[f(k+1)\right] = f(k)$

所以 $\qquad EE^{-1} = 1$，$\qquad E^{-1}E = 1$ $\qquad\qquad$ （5.3-5）

将式（5.3-5）结果推广，有

$$E^2 E^{-2} = 1, \quad E^{-2}E^2 = 1$$
$$E^3 E^{-3} = 1, \quad E^{-3}E^3 = 1,$$
$$\vdots$$
$$E^n E^{-n} = 1, \quad E^{-n}E^n = 1 \qquad\qquad （5.3\text{-}6）$$

例 5.3-3 已知某系统的差分方程是

$$y(k) + 3y(k-1) + 2y(k-2) + 4y(k-3) = 2f(k-1) + f(k-2)$$

求系统的传输算子 $H(E)$。

解 引入滞后算子 E^{-1}，差分方程变为

$$(1 + 3E^{-1} + 2E^{-2} + 4E^{-3})y(k) = (2E^{-1} + E^{-2})f(k)$$

$$H(E) = \frac{2E^{-1} + E^{-2}}{1 + 3E^{-1} + 2E^{-2} + 4E^{-3}} = \frac{2E^2 + E}{E^3 + 3E^2 + 2E + 4}$$

5.3.2　离散系统的模拟

在离散系统中，根据系统的差分方程可以看出，信号之间基本的运算关系是移位（左移或右移）、乘系数和相加减。因而对离散系统模拟时，除了使用加法器和数乘器外，还有一个器件用来完成移位运算，即单位延时器。由例 5.3-3 知道单位延时器的传输算子是 $\dfrac{1}{E}$，它将输入序列 $f(k)$ 右移一个单位，即 $f(k-1)$。（思考：为什么不用传输算子是 E 的系统？）模拟的三种器件，即加法器、数乘器和单位延时器如图 5.3-2 所示。

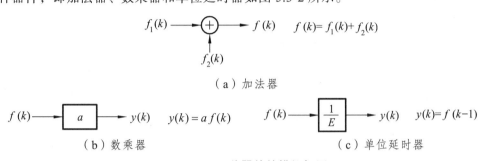

（a）加法器

（b）数乘器　　　　　　　　　　　　（c）单位延时器

图 5.3-2　三种器件的模拟框图

离散系统模拟的方法类似于连续系统的模拟，加法器、数乘器都与连续系统完全相同，不同的器件是单位延时器。

例 5.3-4　设描述某离散时间系统的差分方程是

$$y(k)+4y(k-1)+4y(k-2)=f(k)+3f(k-1)$$

求系统的传输算子 $H(E)$，并画出该系统的模拟框图和信号流图。

解　引入滞后算子 E^{-1}，差分方程变为算子形式的方程，即

$$(1+4E^{-1}+4E^{-2})y(k)=(1+3E^{-1})f(k)$$

传输算子

$$H(E)=\frac{1+3E^{-1}}{1+4E^{-1}+4E^{-2}}=\frac{E^2+3E}{E^2+4E+4}$$

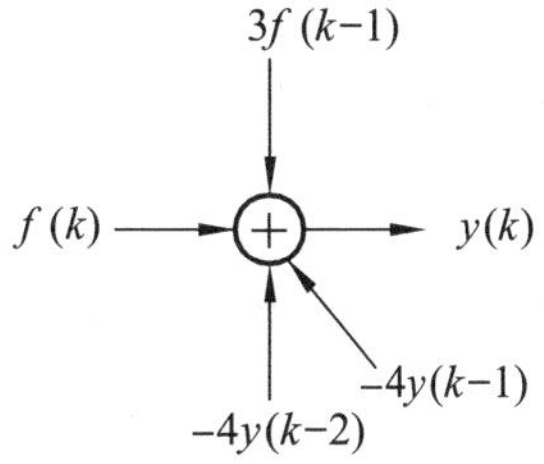

由系统的差分方程得

$$y(k)=-4y(k-1)-4y(k-2)+f(k)+3f(k-1) \qquad （5.3\text{-}7）$$

图 5.3-3　例 5.3-4 图（一）

式（5.3-7）可用加法器实现，如图 5.3-3 所示。接着添加数乘器和单位延时器得到系统的模拟框图和信号流图，如图 5.3-4 所示。

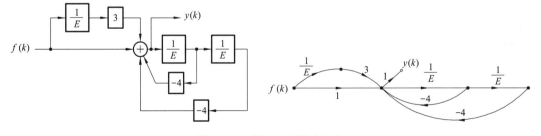

图 5.3-4　例 5.3-4 图（二）

另一种画系统的模拟框图和信号流图的方法是：如果将传输算子

$$H(E)=\frac{1+3E^{-1}}{1+4E^{-1}+4E^{-2}}$$

中的字符 E 看成 s，那么传输算子 $H(E)$ 将变为连续系统的复频域系统函数，采用连续系统的模拟方法（利用梅森公式画模拟框图），得到离散系统的模拟框图和信号流图如图 5.3-5 所示。

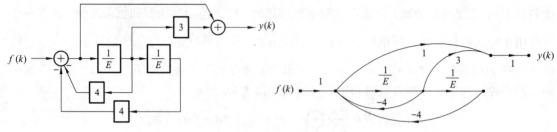

图 5.3-5　例 5.3-4 图（三）

图 5.3-4 用了三个单位延时器、三个数乘器和一个加法器，而图 5.3-5 用了两个单位延时器、三个数乘器和一个加法器，图 5.3-5 是模拟该系统的最简形式之一。对离散系统的模拟可以利用梅森公式，反过来，如果知道离散系统的模拟框图或信号流图，则可以使用梅森公式求离散系统的传输算子。

5.4　离散系统的零输入响应

线性系统的全响应由零输入响应和零状态响应组成。零输入响应是指在没有外加输入的情况下，仅由系统储能引起的响应。采用经典法求解系统的零输入响应，需要用系统的初始条件确定相应的系数。在这节里，首先讨论系统的初始条件，然后再研究系统零输入响应的求解。

5.4.1　零输入响应的初始条件

根据引起响应的原因，离散系统的响应可以分为全响应、零状态响应和零输入响应。令 $y(k)$ 表示系统的全响应，$y_x(k)$ 表示系统的零输入响应，$y_f(k)$ 表示系统的零状态响应。对一个线性系统，它们满足 $y(k) = y_x(k) + y_f(k)$。用经典法求解零输入响应时，需要一些初始值用于确定响应中待定的系数，这些初始值被称为零输入响应的初始条件。对一个系统，往往已知全响应在初始时刻值，这些值有些可以作为零输入响应的初始条件，有些不能。那么哪些值可以作为零输入响应的初始条件呢？能作为零输入响应初始条件的，必须满足在此时刻零输入响应样值与全响应样值相等，即输入信号还没有在输出引起响应，但并不意味着输入信号在此刻没有作用。以下通过几个例子说明当 k 在什么范围时，离散线性系统的零输入响应样值与全响应的样值相等，从而找到系统的零输入响应的初始条件。

例 5.4-1　已知某线性系统的差分方程为 $y(k) + ay(k-1) + by(k-2) = f(k)$
输入 $f(k) = \delta(k)$，试确定初始条件。

解　由差分方程得
$$y(k) = f(k) - ay(k-1) - by(k-2)$$
令 $k = -2$，则　　　$y(-2) = f(-2) - ay(-3) - by(-4) = -ay(-3) - by(-4)$
令 $k = -1$，则　　　$y(-1) = f(-1) - ay(-2) - by(-3) = -ay(-2) - by(-3)$
令 $k = 0$，则　　　$y(0) = f(0) - ay(-1) - by(-2)$
令 $k = 1$，则　　　$y(1) = f(1) - ay(0) - by(-1)$

$\vdots$

由以上的关系式可以看出，当 $k = -2$、-1 时，$f(-2) = f(-1) = 0$，全响应的样值与输入信号无关，即有 $y_x(-2) = y(-2)$，$y_x(-1) = y(-1)$。系统是二阶系统，零输入响应的初始条件有两个值，即 $y(-1)$、$y(-2)$。

例 5.4-2 已知某线性系统的差分方程为 $y(k+3) + a_2 y(k+2) + a_1 y(k+1) + a_0 y(k) = f(k)$

输入 $f(k) = u(k)$，试确定初始条件。

解　由差分方程得　$y(k+3) = -a_2 y(k+2) - a_1 y(k+1) - a_0 y(k) + f(k)$

令 $k = -2$，则　　　　$y(1) = -a_2 y(0) - a_1 y(-1) - a_0 y(-2) + f(-2) = -a_2 y(0) - a_1 y(-1) - a_0 y(-2)$

令 $k = -1$，则　　　　$y(2) = -a_2 y(1) - a_1 y(0) - a_0 y(-1) + f(-1) = -a_2 y(1) - a_1 y(0) - a_0 y(-1)$

令 $k = 0$，则　　　　$y(3) = -a_2 y(2) - a_1 y(1) - a_0 y(0) + f(0)$

令 $k = 1$，则　　　　$y(4) = -a_2 y(3) - a_1 y(2) - a_0 y(1) + f(1)$

$\vdots$

以上的关系式可以看出，当 $k = -2$、-1 时，$f(-3) = f(-2) = f(-1) = 0$，全响应的样值与输入信号无关，即有 $y_x(0) = y(0)$、$y_x(1) = y(1)$、$y_x(2) = y(2)$，系统是三阶系统，零输入响应的初始条件有三个值，即 $y(0)$、$y(1)$、$y(2)$。

由例 5.4-1 和例 5.4-2 的分析过程可知，利用差分方程得到递推公式，令输入信号 $f(k)$ 中序号最大为 0，得到 k 的取值，计算输出信号中序号最大的值 S，则零输入响应初始条件 $y(k)$ 应满足 $k < S$。具体分析，可以得到以下结论：

① 对于仅含输出的右移序列的差分方程，例如

$$y(k) + a_1 y(k-1) + \cdots + a_N y(k-N) = f(k)$$

零输入响应初始条件为：$y(-N), y(-N+1), y(-N+2), \cdots, y(-2), y(-1)$。

② 对于仅含输出的左移序列的差分方程，例如

$$y(k+N) + a_{N-1} y(k+N-1) + \cdots + a_0 y(k) = f(k)$$

零输入响应的初始条件为：$y(0), y(1), \cdots, y(N-1)$。

③ 对于含有输入和输出的左移序列的差分方程，例如

$$y(k+N) + a_{N-1} y(k+N-1) + \cdots + a_0 y(k) = b_M f(k+M) + b_{M-1} f(k+M-1) + \cdots + b_0 f(k)$$

用同样的方法可知，零输入响应的初始条件 $y(k)$ 中的序号应满足：$k < N - M$。

5.4.2　零输入响应的求解

离散线性系统的算子形式的方程是

$$(E^n + a_{n-1} E^{n-1} + \cdots + a_1 E + a_0) y(k) = (b_m E^m + b_{m-1} E^{m-1} + \cdots + b_1 E + b_0) f(k)$$

令 $f(k) = 0$，得到零输入响应所对应的算子方程为

$$(E^n + a_{n-1} E^{n-1} + \cdots + a_1 E + a_0) y_x(k) = 0 \qquad (5.4\text{-}1)$$

下面求离散系统的零输入响应，即求式（5.4-1）的解：

设 $D(E) = E^n + a_{n-1} E^{n-1} + \cdots + a_1 E + a_0$，式（5.4-1）变为

$$D(E) y_x(k) = 0 \qquad (5.4\text{-}2)$$

以下讨论式（5.4-2）的解。

1. 假设 $D(E) = 0$ 的根是 n 个单根

假设 $D(E) = 0$ 的根是 n 个单根，分别是 γ_1、γ_2、$\cdots$、γ_{n-1}、γ_n，则有

$$(E - \gamma_1)(E - \gamma_2) \cdots (E - \gamma_{n-1})(E - \gamma_n) y_x(k) = 0 \qquad (5.4\text{-}3)$$

由式（5.4-3）可得 n 个一阶算子方程，即

$$(E - \gamma_i) y_x(k) = 0 \qquad (i = 1, 2, 3, \cdots, n-1, n) \qquad (5.4\text{-}4)$$

将算子形式的方程写成差分方程的形式

$$y_x(k+1) - \gamma_i y_x(k) = 0$$

即

$$\frac{y_x(k+1)}{y_x(k)} = \gamma_i \qquad (5.4\text{-}5)$$

式（5.4-5）表明，序列 $y_x(k)$ 是一个以 γ 为等比级数的序列，所以

$$y_x(k) = a_i \gamma_i^k \qquad (\text{其中 } a_i \text{ 是待定系数}) \qquad (5.4\text{-}6)$$

式（5.4-6）是方程式（5.4-4）的解，且这 n 个方程的解线性无关。只要满足这 n 个方程的解，也就是式（5.4-3）的解，因而式（5.4-3）的解是这 n 个一阶差分方程解的线性组合，即 n 阶差分方程式（5.4-3）的解是

$$y_x(k) = c_1 \gamma_1^k + c_2 \gamma_2^k + \cdots + c_{n-1} \gamma_{n-1}^k + c_n \gamma_n^k \qquad (5.4\text{-}7)$$

式中，c_1、c_2、$\cdots$、c_{n-1}、c_n 是由 n 个零输入响应的初始条件确定的系数。

例 5.4-3 已知描述某离散时间系统的差分方程为 $y(k) + 3y(k-1) + 2y(k-2) = f(k)$，初始值 $y(-1) = -1$，$y(-2) = 1.5$，试求该系统的零输入响应。

解

① 确定零输入响应的初始条件。令 $k = -1$，代入系统的差分方程有

$$y(-1) + 3y(-2) + 2y(-3) = f(-1)$$

由以上的方程可以看出，$y(-1)$、$y(-2)$、$y(-3)$ 与系统的输入无关（假定输入序列从 $k = 0$ 处开始），因此有 $y_x(-1) = y(-1)$、$y_x(-2) = y(-2)$，即得初始条件 $y_x(-1) = -1$、$y_x(-2) = 1.5$。

② 求解系统的零输入响应。将系统的差分方程写成算子形式的方程为

$$y(k) + 3E^{-1}y(k) + 2E^{-2}y(k) = f(k)$$

两边同乘以 E^2，有 $\qquad E^2 y(k) + 3E y(k) + 2 y(k) = E^2 f(k)$

整理得到 $\qquad (E^2 + 3E + 2) y(k) = E^2 f(k)$

令 $f(k) = 0$，有 $\qquad (E^2 + 3E + 2) y_x(k) = 0$

即 $\qquad (E + 1)(E + 2) y_x(k) = 0$

利用式（5.4-7）的结果，系统的零输入响应的形式是

$$y_x(k) = c_1(-1)^k + c_2(-2)^k$$

将初始条件 $y_x(-1) = -1$、$y_x(-2) = 1.5$ 代入上式，得到有关 c_1、c_2 的两个方程为

$$\begin{cases} c_1(-1)^{-1} + c_2(-2)^{-1} = -1 \\ c_1(-1)^{-2} + c_2(-2)^{-2} = 1.5 \end{cases}$$

整理有 $\qquad \begin{cases} -c_1 - \dfrac{1}{2} c_2 = -1 \\ c_1 + \dfrac{1}{4} c_2 = 1.5 \end{cases} \qquad$ 解得 $\qquad \begin{cases} c_1 = 2 \\ c_2 = -2 \end{cases}$

所以系统的零输入响应为 $\qquad y_x(k) = 2(-1)^k - 2(-2)^k \qquad (k \geqslant 0)$

2. 假设 $D(E) = 0$ 的根中出现重根

假设 $D(E) = 0$ 的根中出现重根，那么零输入响应的形式如何？

我们先从一个简单二阶系统开始研究，假如一个离散二阶系统的算子形式的方程是

$$(E - \gamma_1)^2 y(k) = f(k)$$

令 $f(k) = 0$，有　　$(E - \gamma_1)^2 y_x(k) = 0$　　　　　　　　　　　　（5.4-8）

令 $y_{1x}(k) = (E - \gamma_1) y_x(k)$，式（5.4-8）变为

$$(E - \gamma_1) y_{1x}(k) = 0$$　　　　　　　　　　　　　　　　（5.4-9）

由式（5.4-6）可知 $y_{1x}(k) = a_1 \gamma_1^k$，其中 a_1 是待定的常数，将 $y_{1x}(k) = a_1 \gamma_1^k$ 代入式（5.4-9）中，得到　　　　$(E - \gamma_1) y_x(k) = a_1 \gamma_1^k$

写成差分方程形式　　$y_x(k+1) - \gamma_1 y_x(k) = a_1 \gamma_1^k$

其递推公式是　　　　$y_x(k+1) = \gamma_1 y_x(k) + a_1 \gamma_1^k$

以下用迭代法求系统的零输入响应。令 $k = 0, 1, 2, 3$，代入上式，有

$$y_x(1) = \gamma_1 y_x(0) + a_1 = \gamma_1 \left(y_x(0) + \frac{a_1}{\gamma_1} \right), \qquad y_x(2) = \gamma_1 y_x(1) + a_1 \gamma_1 = \gamma_1^2 \left(y_x(0) + 2\frac{a_1}{\gamma_1} \right)$$

$$y_x(3) = \gamma_1 y_x(2) + a_1 \gamma_1^2 = \gamma_1^3 \left(y_x(0) + 3\frac{a_1}{\gamma_1} \right), \qquad y_x(4) = \gamma_1 y_x(3) + a_1 \gamma_1^3 = \gamma_1^4 \left(y_x(0) + 4\frac{a_1}{\gamma_1} \right)$$

根据以上四个关系式可总结出

$$y_x(k) = \gamma_1^k \left(y_x(0) + \frac{a_1}{\gamma_1} k \right)$$

令　　　　　　　　$c_1 = y_x(0), \qquad c_2 = \frac{a_1}{\gamma_1}$

式中，c_1 和 c_2 是待定的常数，因此可将上式写成

$$y_x(k) = \gamma_1^k (c_1 + c_2 k)$$

由以上的分析可以得到如下结论：一个二阶算子方程 $(E - \gamma_1)^2 y_x(k) = 0$ 的解是 $y_x(k) = \gamma_1^k (c_1 + c_2 k)$。

可以将以上的结论进行推广：对于一个 n 阶算子方程 $D(E) y_x(k) = 0$，假设 $D(E) = 0$ 的根是 n 个重根，即 $(E - \gamma)^n y_x(k) = 0$，则算子方程的解是

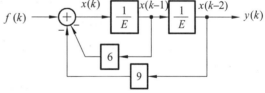

$$y_x(k) = \gamma^k (c_1 + c_2 k + c_3 k^2 + \cdots + c_n k^{n-1})$$

图 5.4-1　例 5.4-4 图

式中，c_1、c_2、$\cdots$、c_{n-1}、c_n 是由 n 个零输入响应的初始条件值确定的系数。

例 5.4-4　已知一个离散系统的框图如图 5.4-1 所示，初始值 $y(1) = -9$、$y(0) = 1$，求：① 写出系统的差分方程；② 该系统的零输入响应。

解

① 求系统的差分方程。设加法器的输出信号是 $x(k)$，则两个单位延时器的输出信号分别是 $x(k-1)$、$x(k-2)$，由加法器有

$$x(k) = f(k) - 6x(k-1) - 9x(k-2)$$　　　　　　　（5.4-10）

又 $x(k-2) = y(k)$，由上式得　　$x(k) = y(k+2)$　　　　　　　（5.4-11）

$$x(k-1) = y(k+1)$$　　　　　　　（5.4-12）

将式（5.4-11）和式（5.4-12）代入式（5.4-10），得到离散系统的差分方程

$$y(k+2)+6y(k+1)+9y(k)=f(k)$$

② 确定初始条件。因 $\qquad y(k+2)+6y(k+1)+9y(k)=f(k)$

令 $k=-1$，有 $\qquad y(1)+6y(0)+9y(-1)=f(-1)$

由上式可见，$y(1)$、$y(0)$ 和 $y(-1)$ 与输入信号无关，因而有 $y_x(1)=y(1)$、$y_x(0)=y(0)$，即得初始条件 $y_x(1)=-9$、$y_x(0)=1$。

③ 求系统零输入响应。将差分方程写成算子形式方程

$$(E^2+6E+9)y(k)=f(k)$$

令 $f(k)=0$，有 $\qquad (E^2+6E+9)y_x(k)=0$

即 $\qquad (E+3)^2 y_x(k)=0$

$$y_x(k)=(-3)^k(c_1+c_2 k)$$

将初始条件 $y_x(1)=-9$、$y_x(0)=1$ 代入上式，得到

$$\begin{cases}(-3)^1(c_1+c_2)=-9\\(-3)^0 c_1=1\end{cases}$$

整理成 $\quad \begin{cases}-3(c_1+c_2)=-9\\c_1=1\end{cases} \qquad$ 解得 $\quad \begin{cases}c_1=1\\c_2=2\end{cases}$

所以，系统的零输入响应是 $\quad y_x(k)=(-3)^k(1+2k) \quad (k\geqslant 0)$

例 5.4-5 已知描述某离散系统的差分方程式为

$$y(k+3)+6y(k+2)+12y(k+1)+8y(k)=\delta(k)$$

初始值为 $y(1)=-1$、$y(2)=-6$、$y(3)=41$，求该系统的零输入响应。

解

① 确定初始条件。已知

$$y(k+3)+6y(k+2)+12y(k+1)+8y(k)=\delta(k)$$

令 $k=-1$，有 $\qquad y(2)+6y(1)+12y(0)+8y(-1)=\delta(-1)$

由上式可见，$y(2)$、$y(1)$、$y(0)$ 和 $y(-1)$ 与输入信号无关，因而有 $y_x(2)=y(2)$、$y_x(1)=y(1)$、$y_x(0)=y(0)$，即得初始条件 $y_x(2)=-6$、$y_x(1)=-1$，令 $k=0$，有

$$y(3)+6y(2)+12y(1)+8y(0)=\delta(0)$$

将 $y(1)=-1$、$y(2)=-6$、$y(3)=41$ 和 $\delta(0)=1$ 代入上式，有

$$41+6\times(-6)+12\times(-1)+8y(0)=1$$

即 $\qquad y(0)=1$

所以 $\qquad y_x(0)=y(0)=1$

② 求零输入响应。将系统的差分方程写成算子形式方程

$$(E^3+6E^2+12E+8)y(k)=f(k)$$

令输入信号 $f(k)=0$，有 $(E^3+6E^2+12E+8)y_x(k)=0$，则

$$(E+2)^3 y_x(k)=0$$

$$y_x(k)=(-2)^k(c_1+c_2 k+c_3 k^2)$$

将初始条件 $y_x(2)=-6$、$y_x(1)=-1$、$y_x(0)=1$ 代入上式，得到

$$\begin{cases} (-2)^2(c_1 + 2c_2 + 4c_3) = -6 \\ (-2)^1(c_1 + c_2 + c_3) = -1 \\ (-2)^0 c_1 = 1 \end{cases}$$

解得　　　　　　　　　　　$c_1 = 1, \quad c_2 = \dfrac{1}{4}, \quad c_3 = -\dfrac{3}{4}$

所以，系统的零输入响应是　$y_x(k) = \left(1 + \dfrac{1}{4}k - \dfrac{3}{4}k^2\right) \times (-2)^k \quad (k \geqslant 0)$

5.4.3　系统的传输算子与零输入响应的关系

由传输算子的定义，有

$$y(k) = H(E)f(k)$$

$H(E)$ 是一个 E 的分式，令 $H(E) = \dfrac{N(E)}{D(E)}$，其中 $N(E)$ 和 $D(E)$ 是 E 的多项式，则

$$y(k) = \frac{N(E)}{D(E)}f(k)$$

即　　　　　　　　　$D(E)y(k) = N(E)f(k)$

令输入信号 $f(k) = 0$，有　$D(E)y_x(k) = 0$　　　　　　　　　　　　　　　　（5.4-13）

式中，$D(E)$ 是传输算子 $H(E)$ 的分母多项式。

由式（5.4-13）可见，系统的零输入响应形式是由系统的传输算子分母的零点（传输算子的极点）决定的。

例 5.4-6　已知某离散系统的传输算子是

$$H(E) = \frac{E(7E - 2)}{(E - 0.5)(E - 0.2)}$$

初始条件 $y_x(0) = 2$、$y_x(1) = 4$，求该系统的零输入响应。

解　系统传输算子的极点是 $E = 0.5$、$E = 0.2$，因此系统的零输入响应形式是

$$y_x(k) = c_1(0.5)^k + c_2(0.2)^k$$

将初始条件 $y_x(0) = 2$、$y_x(1) = 4$ 代入上式，得到

$$\begin{cases} c_1(0.5)^0 + c_2(0.2)^0 = 2 \\ c_1(0.5)^1 + c_2(0.2)^1 = 4 \end{cases}$$

整理成　　$\begin{cases} c_1 + c_2 = 2 \\ 0.5c_1 + 0.2c_2 = 4 \end{cases}$　　　　　解得　$\begin{cases} c_1 = 12 \\ c_2 = -10 \end{cases}$

所以，系统的零输入响应是　$y_x(k) = 12 \times (0.5)^k - 10 \times (0.2)^k \quad (k \geqslant 0)$

5.5　离散系统的单位响应

离散系统的单位响应，又称为单位脉冲响应和单位样值响应，是指输入信号是单位脉冲序列 $\delta(k)$ 时系统的零状态响应，用 $h(k)$ 表示。在连续系统中，单位冲激响应是通过系统的传输算子求得的，对离散系统的单位响应也将利用系统传输算子求得。本节先讨论简单一阶系统、二

阶系统（传输算子的极点有重根）的单位响应，然后总结求离散系统单位响应的一般方法。

例 5.5-1　已知离散系统的传输算子 $H(E) = \dfrac{E}{E-\gamma}$，求该系统的单位响应。

解　设输入序列是 $f(k)$，输出序列是 $y(k)$，根据传输算子的定义有

$$y(k) = H(E)f(k) = \frac{E}{E-\gamma}f(k)$$

$$(E-\gamma)y(k) = Ef(k)$$

$$y(k+1) - \gamma y(k) = f(k+1)$$

令 $f(k) = \delta(k)$，则 $y(k) = h(k)$，代入上式有

$$h(k+1) - \gamma h(k) = \delta(k+1)$$

以下用迭代法求系统的单位响应。

递推公式是

$$h(k+1) = \gamma h(k) + \delta(k+1)$$

由于系统是因果系统，因此当 $k \leqslant -1$ 时，$h(k) = 0$。将 $k = -1,0,1,2$ 代入上式，有

$$h(0) = \gamma h(-1) + \delta(0) = 1，\qquad h(1) = \gamma h(0) + \delta(1) = \gamma$$

$$h(2) = \gamma h(1) + \delta(2) = \gamma^2，\qquad h(3) = \gamma h(2) + \delta(3) = \gamma^3$$

由以上 $h(0)$、$h(1)$、$h(2)$、$h(3)$ 四个样值可以看出，系统的单位响应为

$$h(k) = \gamma^k u(k)$$

例 5.5-2　已知离散系统的传输算子 $H(E) = \dfrac{E}{(E-\gamma)^2}$，求该系统的单位响应。

解　设输入序列是 $f(k)$，输出序列是 $y(k)$，根据传输算子的定义有

$$y(k) = H(E)f(k) = \frac{E}{(E-\gamma)^2}f(k)$$

$$(E-\gamma)^2 y(k) = Ef(k)$$

令 $f(k) = \delta(k)$，则 $y(k) = h(k)$，代入上式有

$$(E-\gamma)^2 h(k) = E\delta(k)$$

令 $h_1(k) = (E-\gamma)h(k)$，上式变为 $(E-\gamma)h_1(k) = E\delta(k)$

差分方程是　　　　$h_1(k+1) - \gamma h_1(k) = \delta(k+1)$

利用例 5.5-1 的结果可知，$h_1(k) = \gamma^k u(k)$，因为 $h_1(k) = (E-\gamma)h(k)$，有

$$(E-\gamma)h(k) = \gamma^k u(k)$$

依旧利用迭代法求解上式，其递推公式为

$$h(k+1) = \gamma h(k) + \gamma^k u(k)$$

由于系统是因果系统，因此当 $k \leqslant -1$ 时，$h(k) = 0$。将 $k = -1,0,1,2$ 代入上式，有

$$h(0) = \gamma h(-1) + \gamma^0 u(-1) = 0，\qquad h(1) = \gamma h(0) + \gamma^0 u(0) = 1$$

$$h(2) = \gamma h(1) + \gamma^1 \varepsilon(1) = 2\gamma，\qquad h(3) = \gamma h(2) + \gamma^2 u(2) = 3\gamma^2$$

由以上 $h(0)$、$h(1)$、$h(2)$、$h(3)$ 四个样值可以看出，系统的单位响应为

$$h(k) = k\gamma^{k-1}u(k)$$

同理：

① 若传输算子是 $H(E) = \dfrac{E}{(E-\gamma)^3}$ ，则单位响应是

$$h(k) = \frac{k(k-1)}{2!} r^{k-2} u(k)$$

② 若传输算子是 $H(E) = \dfrac{E}{(E-r)^n}$ ，则单位响应是

$$h(k) = \frac{k(k-1)\cdots(k-n+2)}{(n-1)!} r^{k-n+1} u(k)$$

由以上的分析可得到系统的传输算子与单位响应的关系，见表 5.5-1。

表 5.5-1　传输算子与单位响应的关系

传输算子	单位响应
$H(E) = A$ （ A 是常数 ）	$h(k) = A\,\delta(k)$
$H(E) = \dfrac{E}{E-\gamma}$	$h(k) = \gamma^k u(k)$
$H(E) = \dfrac{E}{(E-\gamma)^2}$	$h(k) = k\gamma^{k-1} u(k)$
$H(E) = \dfrac{E}{(E-r)^n}$	$h(k) = \dfrac{k(k-1)\cdots(k-n+2)}{(n-1)!} r^{k-n+1} u(k)$

综上所述，已知离散系统的传输算子 $H(E)$ 求其单位响应 $h(k)$ 的具体步骤如下：

① 将传输算子 $H(E)$ 除以 E 得到 $\dfrac{H(E)}{E}$ 。

② 将 $\dfrac{H(E)}{E}$ 展开成部分分式之和的形式，即如下形式

$$\frac{H(E)}{E} = \sum_i \frac{A_i}{E-\gamma_i} + \sum_j \frac{B_j}{(E-\lambda_j)^n} \tag{5.5-1}$$

式中：γ_i 表示 $\dfrac{H(E)}{E}$ 的单极点；λ_j 表示 $\dfrac{H(E)}{E}$ 的 n_j 重极点；A_i 和 B_j 是相应的部分分式的系数。

③ 将式（5.5-1）两边都乘以 E ，得到 $H(E)$ 的表达式如下

$$H(E) = \sum_i \frac{A_i E}{E-\gamma_i} + \sum_j \frac{B_j E}{(E-\lambda_j)^{n_j}} \tag{5.5-2}$$

④ 根据表 5.5-1 写出系统的单位响应 $h(k)$ 。

例 5.5-3　已知离散系统的差分方程是 $y(k) - 3y(k-1) + 2y(k-2) = f(k) + f(k-1)$ ，求系统的单位响应。

解　将差分方程写成算子形式的方程

$$(1 - 3E^{-1} + 2E^{-2})y(k) = (1 + E^{-1})f(k)$$

系统的传输算子　$H(E) = \dfrac{1 + E^{-1}}{1 - 3E^{-1} + 2E^{-2}} = \dfrac{E^2 + E}{E^2 - 3E + 2}$

即
$$\frac{H(E)}{E} = \frac{E+1}{(E-1)(E-2)} = \frac{-2}{E-1} + \frac{3}{E-2}$$

$$H(E) = \frac{-2E}{E-1} + \frac{3E}{E-2}$$

所以，系统的单位响应为 $\qquad h(k) = (-2 + 3 \times 2^k) u(k)$

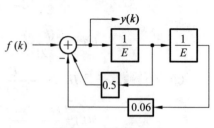

图 5.5-1 例 5.5-4 图

例 5.5-4 系统如图 5.5-1 所示，求：① 离散系统的差分方程；② 离散系统的单位响应。

解 由加法器可得

$$y(k) = f(k) + 0.5y(k-1) - 0.06y(k-2)$$

整理得
$$y(k) - 0.5y(k-1) + 0.06y(k-2) = f(k)$$

将差分方程写成算子形式的方程为

$$(1 - 0.5E^{-1} + 0.06E^{-2})y(k) = f(k)$$

系统的传输算子 $\qquad H(E) = \dfrac{1}{1 - 0.5E^{-1} + 0.06E^{-2}} = \dfrac{E^2}{E^2 - 0.5E + 0.06}$

即
$$\frac{H(E)}{E} = \frac{E}{(E-0.2)(E-0.3)} = \frac{-2}{E-0.2} + \frac{3}{E-0.3}$$

$$H(E) = \frac{-2E}{E-0.2} + \frac{3E}{E-0.3}$$

所以，系统的单位响应为 $h(k) = (-2 \times 0.2^k + 3 \times 0.3^k) u(k)$

例 5.5-5 图 5.5-2 所示系统由三个子系统组成，子系统 A、B、C 的传输算子分别是

$$H_A(E) = \frac{E}{E-0.4}, \qquad H_B(E) = \frac{E}{E-0.2}, \qquad H_C(E) = \frac{1}{E-0.4}$$

求：① 子系统 C 的单位响应；② 离散系统的传输算子及单位响应。

解

① 使用两种方法求子系统 C 的单位响应：

方法一 $\qquad H_C(E) = \dfrac{1}{E-0.4} = \dfrac{1}{E} \cdot \dfrac{E}{E-0.4}$

由传输算子的定义知 $\qquad h_C(k) = H_C(E)\delta(k)$

所以
$$h_C(k) = \frac{1}{E} \cdot \frac{E}{E-0.4} \cdot \delta(k)$$

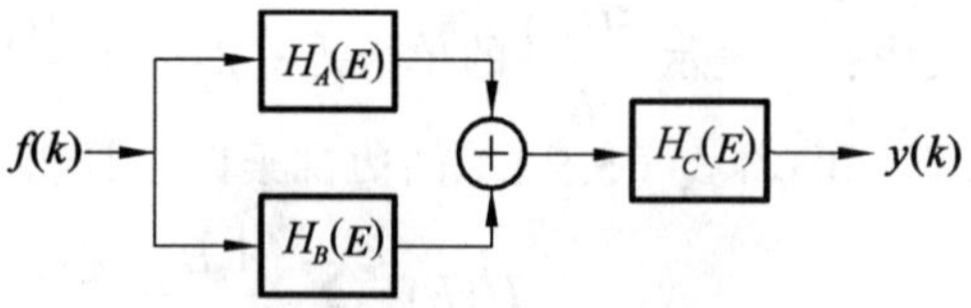

又因为
$$\frac{E}{E-0.4} \leftrightarrow 0.4^k u(k)$$

所以
$$h_C(k) = \frac{1}{E} \times 0.4^k u(k)$$

滞后算子 $\dfrac{1}{E}$ 将序列右移一个时间单位，所以有

$$h_C(k) = 0.4^{(k-1)} u(k-1)$$

方法二 $\qquad H_C(E) = \dfrac{1}{E-0.4}$

则
$$\frac{H_C(E)}{E} = \frac{1}{E-0.4} \cdot \frac{1}{E} = \frac{2.5}{E-0.4} - \frac{2.5}{E}$$

图 5.5-2 例 5.5-5 图

即 $\qquad H_C(E) = \dfrac{2.5E}{E-0.4} - 2.5$

所以 $\qquad h_C(k) = 2.5 \times (0.4)^k u(k) - 2.5\delta(k)$

　　尽管上述两种方法求得的结果表达式不相同，但表示的是同一个序列。对方法二的结果进行整理有

$$h_C(k) = \begin{cases} 0 & k < 0 \\ 0 & k = 0 \\ 2.5 \times (0.4)^k & k > 0 \end{cases} \quad \text{即} \quad h_C(k) = \begin{cases} 0 & k < 0 \\ 0 & k = 0 \\ (0.4)^{k-1} & k > 0 \end{cases}$$

则 $\qquad h_C(k) = 0.4^{(k-1)}u(k-1)$

　　② 系统的输出 $y(k) = H_C(E)f_C(k)$，即

$$f_C(k) = y_A(k) + y_B(k)$$

所以 $\qquad y(k) = H_C(E)\big[y_A(k) + y_B(k) \big]$

又因为 $\qquad y_A(k) = H_A(E)f(k)$，$\qquad y_B(k) = H_B(E)f(k)$

所以 $\qquad y(k) = H_C(E)\big[H_A(E)f(k) + H_B(E)f(k) \big] = H_C(E)\big[H_A(E) + H_B(E) \big]f(k)$

系统的传输算子 $\qquad H(E) = H_C(E)\big[H_A(E) + H_B(E) \big] = \dfrac{1}{E-0.4}\left[\dfrac{E}{E-0.4} + \dfrac{E}{E-0.2} \right]$

即 $\qquad \dfrac{H(E)}{E} = \dfrac{1}{(E-0.4)^2} + \dfrac{1}{(E-0.4)(E-0.2)} = \dfrac{1}{(E-0.4)^2} - \dfrac{5}{E-0.2} + \dfrac{5}{E-0.4}$

$$H(E) = \dfrac{E}{(E-0.4)^2} - \dfrac{5E}{E-0.2} + \dfrac{5E}{E-0.4}$$

系统的单位响应是 $\qquad h(k) = \big[k(0.4)^{k-1} - 5 \times (0.2)^k + 5 \times (0.4)^k \big]u(k)$

5.6　离散信号的卷积和

　　类似于连续信号的卷积运算，离散信号有卷积和运算。对于两个离散序列 $f_1(k)$ 和 $f_2(k)$，离散信号的卷积和运算定义是

$$y(k) = \sum_{m=-\infty}^{\infty} f_1(m)f_2(k-m)$$

卷积和运算简称卷积，是一种求和运算。为方便起见，记为

$$y(k) = f_1(k) * f_2(k)$$

即 $\qquad y(k) = f_1(k) * f_2(k) = \sum_{m=-\infty}^{\infty} f_1(m)f_2(k-m)$ 　　　　　　（5.6-1）

　　由式（5.6-1）可以看出，两个序列经过卷积和运算以后形成一个新的序列。

　　例 5.6-1　设两个离散序列 $f_1(k) = a^k u(k)$（a 是常数，且 $a \neq 1$）和 $f_2(k) = u(k)$，求 $f_1(k) * f_2(k)$。

　　解　根据式（5.6-1）卷积的定义，有

$$f_1(k) * f_2(k) = \sum_{m=-\infty}^{\infty} f_1(m)f_2(k-m) = \sum_{m=-\infty}^{\infty} a^m u(m)u(k-m)$$

当 $0 \leqslant m \leqslant k$ 时　　$u(m)u(k-m) = 1$ 　　　　　　　　　　　　　　（5.6-2）

当 $m < 0$ 或 $m > k$ 时　$u(m)u(k-m) = 0$

所以
$$f_1(k) * f_2(k) = \left(\sum_{m=0}^{k} a^m\right) u(k) \qquad (5.6\text{-}3)$$

为满足式（5.6-2）中的 $k \geqslant 0$ 条件，等式（5.6-3）的右边加了 $u(k)$。这是一个等比数列求和的运算，首项是 1，公比是 a，总共 $k+1$ 项，所以

$$f_1(k) * f_2(k) = \left(\sum_{m=0}^{k} a^m\right) u(k) = \frac{(1-a^{(k+1)})}{1-a} u(k)$$

与连续信号的卷积运算一样，离散序列的卷积和运算也可以采用图解的方法，需要对信号进行翻转、平移、相乘、求和四个步骤，以下通过举例说明。

例 5.6-2　设两个离散序列 $f_1(k) = k u(k)$ 和 $f_2(k) = 0.5 u(k)$，用图解的方法求出 $f_2(k) * f_1(k)$。

解

① 将自变量 k 变为 m，画出序列 $f_1(m)$ 和 $f_2(m)$ 的波形，见图 5.6-1。

② 选择 $f_1(m)$ 波形［也可以选择 $f_2(m)$ 的波形，翻转后得到 $f_1(-m)$ 的波形，见图 5.6-2。

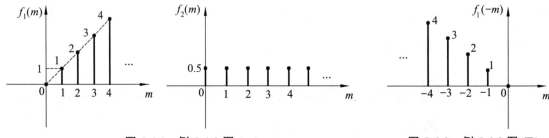

图 5.6-1　例 5.6-2 图（一）　　　　　　图 5.6-2　例 5.6-2 图（二）

③ 将 $f_1(-m)$ 的波形右移的 k 个单位得到 $f_1(k-m)$ 的波形（$k < 0$ 时，相当于左移）。$k \geqslant 0$ 时波形如图 5.6-3（a）所示，$k < 0$ 时波形如图 5.6-3（b）所示。

④ 将 $f_1(k-m)$ 的波形和 $f_2(m)$ 的波形相乘后，令 m 从 $-\infty \sim +\infty$ 取值，然后一一相加。

由图 5.6-1 中 $f_2(m)$ 的波形和图 5.6-3（b）中 $f_1(k-m)$ 的波形可知，两个波形不存在同时不为零的区间，即 $f_2(m) \times f_1(k-m) = 0$，因此

$$f_2(k) * f_1(k) = \sum_{m=-\infty}^{\infty} f_2(m) f_1(k-m) = 0 \qquad (k < 0) \qquad (5.6\text{-}4)$$

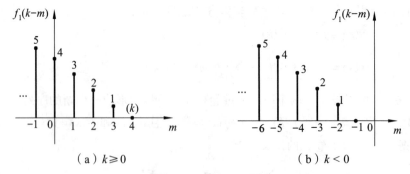

（a）$k \geqslant 0$　　　　　　　　　（b）$k < 0$

图 5.6-3　例 5.6-2 图（三）

由图 5.6-1 中 $f_2(m)$ 的波形和图 5.6-3（a）中 $f_1(k-m)$ 的波形可知，两个波形同时不为零的区间是 $[0, k]$，因此有

$$f_2(k) * f_1(k) = \sum_{m=-\infty}^{\infty} f_2(m)f_1(k-m) = \sum_{m=0}^{k} 0.5(k-m) = \frac{k(k+1)}{4} \qquad (k \geqslant 0) \qquad （5.6\text{-}5）$$

根据式（5.6-4）和式（5.6-5），有

$$f_2(k) * f_1(k) = \frac{k(k+1)}{4} u(k)$$

卷积和的性质如下：

性质 1：离散信号的卷积和满足交换律、结合律和分配律，即

$$f_1(k) * f_2(k) = f_2(k) * f_1(k)$$

$$\left[f_1(k) * f_2(k) \right] * f_3(k) = f_1(k) * \left[f_2(k) * f_3(k) \right]$$

$$f_1(k) * \left[f_2(k) + f_3(k) \right] = f_1(k) * f_2(k) + f_1(k) * f_3(k)$$

以下仅证明交换率，结合律和分配律证明方法类同。

证明　根据卷积定义有

$$f_1(k) * f_2(k) = \sum_{m=-\infty}^{\infty} f_1(m)f_2(k-m)$$

令 $k-m=n$，则 $m=k-n$，代入上式得到

$$f_1(k) * f_2(k) = \sum_{n=-\infty}^{\infty} f_1(k-n)f_2(n) = \sum_{n=-\infty}^{\infty} f_2(n)f_1(k-n)$$

又因为　　　　　　　　$$f_2(k) * f_1(k) = \sum_{m=-\infty}^{\infty} f_2(m)f_1(k-m)$$

所以　　　　　　　　　$$f_1(k) * f_2(k) = f_2(k) * f_1(k)$$

性质 2：任意序列 $f(k)$ 与单位序列 $\delta(k)$ 的卷积和等于该序列 $f(k)$。

证明　由卷积交换率和定义，有

$$f(k) * \delta(k) = \delta(k) * f(k) = \sum_{m=-\infty}^{\infty} \delta(m)f(k-m)$$

根据单位序列的"筛选"性质

$$\delta(m)f(k-m) = \delta(m)f(k) \qquad （k \text{ 是常数}）$$

所以　　　　　　$$f(k) * \delta(k) = \sum_{m=-\infty}^{\infty} \delta(m)f(k) = f(k) \sum_{m=-\infty}^{\infty} \delta(m) = f(k)$$

推广：　　　　　$$f(k) * \delta(k-k_{\mathrm{d}}) = f(k-k_{\mathrm{d}}) \qquad （k_{\mathrm{d}} \text{ 是一个常数}）$$

例 5.6-3　设序列 $f_1(k) = 0.3^k u(k)$ 和序列 $f_2(k) = u(k) - u(k-3)$，求 $f_1(k) * f_2(k)$。

解　序列 $f_2(k)$ 可以表示为

$$f_2(k) = u(k) - u(k-3) = \delta(k) + \delta(k-1) + \delta(k-2)$$

所以　　　　$$f_1(k) * f_2(k) = \left[0.3^k u(k) \right] * \left[\delta(k) + \delta(k-1) + \delta(k-2) \right]$$

利用卷积的结合律，有

$$f_1(k) * f_2(k) = \left[0.3^k u(k) \right] * \delta(k) + \left[0.3^k u(k) \right] * \delta(k-1) + \left[0.3^k u(k) \right] * \delta(k-2)$$

利用性质 2 及其推广，有

$$f_1(k) * f_2(k) = 0.3^k u(k) + 0.3^{k-1} u(k-1) + 0.3^{k-2} u(k-2)$$

5.7 离散系统的零状态响应

系统的零状态响应是指在初始状态为零的情况下，仅由输入引起的响应，记为 $y_f(k)$。连续系统的零状态响应等于输入信号与系统的单位冲激响应卷积；同样地，离散系统的零状态响应与输入信号也有类似的关系。

任意一个输入序列 $f(k)$ 都可以分解为许多脉冲移位序列的线性组合，即

$$f(k) = \cdots + f(-2)\delta(k+2) + f(-1)\delta(k+1) + f(0)\delta(k) + f(1)\delta(k-1) + f(2)\delta(k-2) + \cdots$$

$$= \sum_{m=-\infty}^{\infty} f(m)\delta(k-m) \tag{5.7-1}$$

当输入是单位序列 $\delta(k)$ 时，系统的零状态响应是 $h(k)$（系统的单位响应），利用系统的时不变的特点，当输入是序列 $\delta(k-m)$（m 是常数）时，系统的零状态响应是 $h(k-m)$；利用系统的齐次特性，当输入是序列 $f(m)\delta(k-m)$ 时，系统的零状态响应是 $f(m)h(k-m)$；利用系统的叠加特性，当输入是序列 $\sum_{m=-\infty}^{\infty} f(m)\delta(k-m)$ 时，系统的零状态响应是

$$y_f(k) = \sum_{m=-\infty}^{\infty} f(m)h(k-m)$$

而

$$f(k) = \sum_{m=-\infty}^{\infty} f(m)\delta(k-m)$$

$$y_f(k) = \sum_{m=-\infty}^{\infty} f(m)h(k-m) = f(k) * h(k)$$

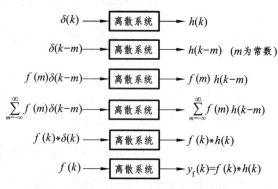

所以，当系统的输入是 $f(k)$ 时，零状态响应 $y_f(k) = f(k) * h(k)$，由此得到求解离散系统零状态响应的卷积和方法。以上的过程如图 5.7-1 所示。

图 5.7-1 离散系统零状态响应的卷积和方法

例 5.7-1 已知离散系统的差分方程是 $y(k+2) - 5y(k+1) + 6y(k) = f(k)$，输入序列 $f(k) = 4^k u(k)$，求系统的零状态响应。

解

① 求系统的传输算子：

$$y(k+2) - 5y(k+1) + 6y(k) = f(k)$$

$$(E^2 - 5E + 6)y(k) = f(k)$$

传输算子

$$H(E) = \frac{1}{E^2 - 5E + 6}$$

② 求系统的单位响应：

$$H(E) = \frac{1}{E^2 - 5E + 6}$$

两边除以 E

$$\frac{H(E)}{E} = \frac{1}{E(E-2)(E-3)}$$

对等号右边进行部分式法，有 $\dfrac{H(E)}{E} = \dfrac{1}{6} \times \dfrac{1}{E} - \dfrac{1}{2} \times \dfrac{1}{E-2} + \dfrac{1}{3} \times \dfrac{1}{E-3}$

两边乘以 E $H(E) = \dfrac{1}{6} - \dfrac{1}{2} \times \dfrac{E}{E-2} + \dfrac{1}{3} \times \dfrac{E}{E-3}$

所以 $h(k) = \dfrac{1}{6}\delta(k) - \dfrac{1}{2} \times 2^k u(k) + \dfrac{1}{3} \times 3^k u(k)$

若采用例 5.5-5 中方法一，可以得到单位响应的另一种表达式，即

$$h(k) = 3^{k-1}u(k-1) - 2^{k-1}u(k-1)$$

③ 求系统的零状态响应：

$$y_{\mathrm{f}}(k) = f(k) * h(k) = \sum_{m=-\infty}^{\infty} f(m)h(k-m) = \sum_{m=-\infty}^{\infty} 4^m u(m)\left[3^{(k-m-1)} - 2^{(k-m-1)}\right]u(k-m-1)$$

$$= \sum_{m=0}^{k-1} 4^m \left[3^{(k-m-1)} - 2^{(k-m-1)}\right]u(k-1) = \left\{\dfrac{1}{2} \times 2^k - 3^k + \dfrac{1}{2} \times 4^k\right\}u(k-1)$$

例 5.7-2   已知离散系统的差分方程是 $y(k+1) - 0.5y(k) = f(k+1)$，输入序列 $f(k) = \cos\left(\dfrac{\pi}{2}k\right)u(k)$，求系统的零状态响应。

解

① 求系统的传输算子：

$$y(k+1) - 0.5y(k) = f(k+1)$$
$$(E - 0.5)y(k) = Ef(k)$$

传输算子 $H(E) = \dfrac{E}{E-0.5}$

② 求系统的单位响应：

因为 $H(E) = \dfrac{E}{E-0.5}$

所以 $h(k) = (0.5)^k u(k)$

③ 求系统的零状态响应：

$$y_{\mathrm{f}}(k) = f(k) * h(k) = \sum_{m=-\infty}^{\infty} f(m)h(k-m) = \sum_{m=-\infty}^{\infty} \cos\left(\dfrac{\pi}{2}m\right)u(m)(0.5)^{k-m}u(k-m)$$

将 $\cos\left(\dfrac{\pi}{2}m\right) = 0.5\left(\mathrm{e}^{\mathrm{j}\frac{\pi}{2}m} + \mathrm{e}^{-\mathrm{j}\frac{\pi}{2}m}\right)$ 代入上式，有

$$y_{\mathrm{f}}(k) = \sum_{m=0}^{k} 0.5 \times \left(\mathrm{e}^{\mathrm{j}\frac{\pi}{2}m} + \mathrm{e}^{-\mathrm{j}\frac{\pi}{2}m}\right) \times (0.5)^{k-m}u(k) = 0.5 \times (0.5)^k \sum_{m=0}^{k} \left(\mathrm{e}^{\mathrm{j}\frac{\pi}{2}m} + \mathrm{e}^{-\mathrm{j}\frac{\pi}{2}m}\right) \times (0.5)^{-m}u(k)$$

$$= 0.5 \times (0.5)^k \sum_{m=0}^{k} \left[\mathrm{e}^{\mathrm{j}\frac{\pi}{2}m} \times (0.5)^{-m} + \mathrm{e}^{-\mathrm{j}\frac{\pi}{2}m} \times (0.5)^{-m}\right]u(k)$$

$$= 0.5 \times (0.5)^k \sum_{m=0}^{k} \left[\left(2\mathrm{e}^{\mathrm{j}\frac{\pi}{2}}\right)^m + \left(2\mathrm{e}^{-\mathrm{j}\frac{\pi}{2}}\right)^m\right]u(k)$$

$$= \left[0.2 \times (0.5)^k + 0.8 \cos \left(\frac{\pi}{2} k \right) + 0.4 \sin \left(\frac{\pi}{2} k \right) \right] u(k)$$

例 5.7-3　已知离散系统的差分方程是 $y(k) - 7y(k-1) + 12y(k-2) = f(k) - 5f(k-1)$ ，求：① 系统的单位阶跃响应；② 若输入序列 $f(k) = u(k) - u(k-5)$ ，求系统的零状态响应。

解

① 求系统的传输算子：

$$y(k) - 7y(k-1) + 12y(k-2) = f(k) - 5f(k-1)$$
$$(1 - 7E^{-1} + 12E^{-2})y(k) = (1 - 5E^{-1})f(k)$$

传输算子
$$H(E) = \frac{1 - 5E^{-1}}{1 - 7E^{-1} + 12E^{-2}} = \frac{E(E-5)}{E^2 - 7E + 12}$$

② 求系统的单位响应：

$$\frac{H(E)}{E} = \frac{E-5}{(E-3)(E-4)} = \frac{2}{E-3} + \frac{-1}{E-4}$$

$$H(E) = \frac{2E}{E-3} - \frac{E}{E-4}$$

所以
$$h(k) = [2(3)^k - 4^k]u(k)$$

③ 求系统的单位阶跃响应 $g(k)$ ：

此时输入的序列是单位阶跃序列，即 $f(k) = u(k)$ ，则

$$g(k) = h(k) * u(k) = \sum_{m=-\infty}^{\infty} h(m)u(k-m) = \sum_{m=-\infty}^{\infty} \left[2(3)^m - 4^m \right] u(m)u(k-m)$$

$$= \sum_{m=0}^{k} \left[2(3)^m - 4^m \right] u(k) = \left[\frac{2}{3} + 3(3)^k - \frac{4}{3}(4)^k \right] u(k)$$

④ 求系统的零状态响应：

当输入序列是 $u(k)$ ，系统的零状态响应是 $g(k)$ ；当输入序列是 $u(k-5)$ ，由系统的时不变特性可知，系统的零状态响应是 $g(k-5)$ 。所以，当输入序列 $f(k) = u(k) - u(k-5)$ 时，系统的零状态响应为

$$y_{\mathrm{f}}(k) = g(k) - g(k-5) = \left[\frac{2}{3} + 3(3)^k - \frac{4}{3}(4)^k \right] u(k) - \left[\frac{2}{3} + 3(3)^{k-5} - \frac{4}{3}(4)^{k-5} \right] u(k-5)$$

例 5.7-4　已知离散系统如图 5.7-2 所示，输入信号 $f(k) = 3(0.5)^k u(k)$ ，系统的初始值 $y(-1) = 0$ 、 $y(-2) = -3$ 。求系统的完全响应。

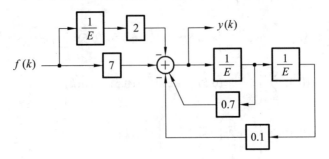

图 5.7-2　例 5.7-4 图

解

① 求系统的差分方程:

根据图示加法器可得到

$$y(k) = 0.7y(k-1) - 0.1y(k-2) + 7f(k) - 2f(k-1)$$

即

$$y(k) - 0.7y(k-1) + 0.1y(k-2) = 7f(k) - 2f(k-1) \quad (5.7\text{-}2)$$

② 求系统的单位响应 $h(k)$:

$$y(k) - 0.7y(k-1) + 0.1y(k-2) = 7f(k) - 2f(k-1)$$

即

$$(1 - 0.7E^{-1} + 0.1E^{-2})y(k) = (7 - 2E^{-1})f(k)$$

系统的传输算子

$$H(E) = \frac{7 - 2E^{-1}}{1 - 0.7E^{-1} + 0.1E^{-2}} = \frac{E(7E - 2)}{E^2 - 0.7E + 0.1}$$

即

$$\frac{H(E)}{E} = \frac{7E - 2}{E^2 - 0.7E + 0.1} = \frac{2}{E - 0.2} + \frac{5}{E - 0.5}$$

则

$$H(E) = \frac{2E}{E - 0.2} + \frac{5E}{E - 0.5}$$

系统的单位响应

$$h(k) = \left[2 \times (0.2)^k + 5 \times (0.5)^k \right] u(k)$$

③ 求系统的完全响应。

第一步,求系统的零输入响应 $y_x(k)$:

令 $f(k) = 0$,代入式(5.7-2)有

$$y(k) - 0.7y(k-1) + 0.1y(k-2) = 0$$

即

$$(1 - 0.7E^{-1} + 0.1E^{-2})y_x(k) = 0$$

$$(E^2 - 0.7E + 0.1)y_x(k) = 0$$

$$(E - 0.2)(E - 0.5)y_x(k) = 0$$

$$y_x(k) = c_1(0.2)^k + c_2(0.5)^k \quad (5.7\text{-}3)$$

因为 $f(k) = (0.2)^k u(k)$ 是在 $k = 0$ 时作用于系统,令 $k = -1$,代入式(5.7-2)有

$$y(-1) - 0.7y(-2) + 0.1y(-3) = 7f(-1) - 2f(-2) \quad (5.7\text{-}4)$$

由式(5.7-4)可知,零输入响应 $y_x(-1) = y(-1)$、$y_x(-2) = y(-2)$,所以系统零输入响应的初始条件是 $y_x(-1) = 0$、$y_x(-2) = -3$。

将初始条件 $y_x(-1) = 0$、$y_x(-2) = -3$ 代入式(5.7-3),有

$$\begin{cases} c_1(0.2)^{-1} + c_2(0.5)^{-1} = 0 \\ c_1(0.2)^{-2} + c_2(0.5)^{-2} = -3 \end{cases}$$

解得

$$c_1 = -0.2, \qquad c_2 = 0.5$$

所以系统的零输入响应为

$$y_x(k) = -0.2 \times (0.2)^k + 0.5 \times (0.5)^k \qquad (k \geqslant 0)$$

第二步,求系统的零状态响应 $y_f(k)$:

$$y_f(k) = f(k) * h(k) = \sum_{m=-\infty}^{\infty} f(m)h(k-m)$$

$$= \sum_{m=-\infty}^{\infty} 3(0.5)^m u(m) \left[2 \times (0.2)^{k-m} + 5 \times (0.5)^{k-m} \right] u(k-m)$$

$$= \sum_{m=0}^{k} 3(0.5)^m \left[2 \times (0.2)^{k-m} + 5 \times (0.5)^{k-m} \right] u(k)$$

$$= \left[-4 \times (0.2)^k + 10 + 15 \times (0.5)^k (k+1) \right] u(k)$$

第三步，求系统的完全响应 $y(k)$：

$$y(k) = y_x(k) + y_f(k)$$
$$= \left[-0.2 \times (0.2)^k + 0.5 \times (0.5)^k \right] + \left[-4 \times (0.2)^k + 10 + 15 \times (0.5)^k (k+1) \right] u(k)$$
$$= 10u(k) - 4.2 \times (0.2)^k + 15.5 \times (0.5)^k + 15k(0.5)^k \qquad (k \geq 0)$$

例 5.7-5　在例 5.7-4 中，如果系统的初始值 $y(0) = 6$、$y(1) = 5$，输入信号 $f(k) = (0.5)^k u(k)$，求系统的完全响应。

解　系统的差分方程为

$$y(k) - 0.7y(k-1) + 0.1y(k-2) = 7f(k) - 2f(k-1) \tag{5.7-5}$$

因为 $y_x(0) \neq y(0)$、$y_x(1) \neq y(1)$，而 $y_x(-1) = y(-1)$、$y_x(-2) = y(-2)$，因此，利用系统初始值求零输入响应的初始条件。令 $k=1$，代入式（5.7-5）中，有

$$y(1) - 0.7y(0) + 0.1y(-1) = 7f(1) - 2f(0)$$

将 $y(0) = 6$、$y(1) = 5$、$f(0) = 1$、$f(1) = 0.5$ 代入上式有

$$5 - 0.7 \times 6 + 0.1y(-1) = 7 \times 0.5 - 2 \times 1$$
$$y(-1) = 7$$

令 $k=0$，代入式（5.7-5）中，有

$$y(0) - 0.7y(-1) + 0.1y(-2) = 7f(0) - 2f(-1)$$

将 $y(0) = 6$、$y(-1) = 7$、$f(0) = 1$、$f(-1) = 0$ 代入上式有

$$6 - 0.7 \times 7 + 0.1y(-2) = 7 \times 1 - 2 \times 0$$
$$y(-2) = 59$$

零输入响应的初始条件为

$$y_x(-1) = y(-1) = 7, \qquad y_x(-2) = y(-2) = 59$$

用 $y_x(-1) = 7$ 和 $y_x(-2) = 59$ 确定式（5.7-3）中的系数 c_1 和 c_2，方法同例 5.7-4，可得

$$c_1 = 3, \qquad c_2 = -4$$

系统的零输入响应是　　$y_x(k) = 3 \times (0.2)^k - 4 \times (0.5)^k \qquad (k \geq 0)$

系统的零状态响应同例 5.7-4，即

$$y_f(k) = \left[-4 \times (0.2)^k + 10 + 15 \times (0.5)^k (k+1) \right] u(k)$$

系统的全响应为

$$y(k) = y_x(k) + y_f(k)$$
$$= 3 \times (0.2)^k - 4 \times (0.5)^k - 4 \times (0.2)^k + 10u(k) + 15 \times (0.5)^k (k+1)$$
$$= 10u(k) - (0.2)^k + 11(0.5)^k + 15k(0.5)^k \qquad (k \geq 0)$$

5.8 节内容及本章小结在此，
扫一扫就能得到啦！

扫一扫，本章习题及
参考答案在这里哦！

第 6 章　离散时间信号与系统的 Z 域分析

与连续信号和系统的复频域（s 域）分析相似，对离散信号和系统的研究有 z 域分析。在连续时间系统中，拉普拉斯变换将系统的微分方程变为代数方程简化了运算，而在离散时间系统中，z 变换将差分方程变为代数方程，从而方便了求解系统的响应。本章讨论离散系统的 z 域分析，研究的方法与连续系统的 s 域分析类似，首先介绍离散信号的 z 变换和 z 反变换的定义，接着研究基本信号的 z 变换、z 变换的性质及 z 反变换，然后讨论利用 z 变换求离散系统的响应，最后介绍离散系统的稳定性和频域特性。

6.1　离散信号的 z 变换

6.1.1　z 变换的定义

对于离散序列 $f(k)$，其双边 z 变换定义为

$$F(z) = \sum_{k=-\infty}^{\infty} f(k)z^{-k} \tag{6.1-1}$$

式中，z 是一个复变量，$F(z)$ 称为序列 $f(k)$ 的象函数，$f(k)$ 称为 $F(z)$ 的原函数。

由原函数 $f(k)$ 求其象函数 $F(z)$ 的过程，称为 z 正变换；由象函数 $F(z)$ 求其原函数 $f(k)$ 的过程，称为 z 反变换；z 反变换公式是

$$f(k) = \frac{1}{2\pi j} \oint F(z)z^{k-1}\mathrm{d}z \tag{6.1-2}$$

将 z 正变换和 z 反变换分别记作

$$F(z) = \mathscr{Z}\big[f(k)\big], \qquad f(k) = \mathscr{Z}^{-1}\big[F(z)\big]$$

式（6.1-1）中 k 的取值为 $-\infty \sim +\infty$，因而称该式是双边 z 变换。对一个双边序列，如果仅考虑 $k \geqslant 0$ 时序列的值，那么可将式（6.1-1）中 k 的下限变为 0，即

$$F(z) = \sum_{k=0}^{\infty} f(k)z^{-k} \tag{6.1-3}$$

式（6.1-3）称为单边 z 变换。

6.1.2　收敛域

式（6.1-1）和式（6.1-3）所定义的 z 正变换中，函数 $F(z)$ 是一个无穷级数，$F(z)$ 存在与否取决于级数是否收敛。

对于离散序列 $f(k)$，能使级数 $\sum\limits_{k=-\infty}^{\infty} f(k)z^{-k}$ 收敛的所有 z 值的集合称为函数 $F(z)$ 的收敛域（Range of Convergence，即 ROC）。根据级数理论，$F(z)$ 存在的充分必要条件是

$$\sum_{k=-\infty}^{\infty} \big|f(k)z^{-k}\big| < \infty$$

由此可见，象函数 $F(z)$ 不仅与序列 $f(k)$ 有关，而且还与 z 值的范围有关。

例 6.1-1 求下列离散序列的双边 z 变换。

① 因果序列（右边序列）$f_1(k) = a^k u(k)$。

② 反因果序列（左边序列）$f_2(k) = -a^k u(-k-1)$。

③ 双边序列 $f_3(k) = \begin{cases} a^k & k \geq 0 \\ b^k & k < 0 \end{cases}$，且 $|b| > |a|$。

④ 有限序列 $f_4(k) = \begin{cases} 2 & k = 2, 3 \\ 0 & k < 2, k > 3 \end{cases}$。

解

① 对一个因果序列，用双边 z 变换和用单边 z 变换求其象函数结果是一样的。这里用单边 z 变换求其象函数，即

$$F_1(z) = \sum_{k=0}^{\infty} f_1(k) z^{-k} = \sum_{k=0}^{\infty} a^k z^{-k} = \sum_{k=0}^{\infty} \left(\frac{a}{z} \right)^k$$
$$= 1 + \frac{a}{z} + \left(\frac{a}{z} \right)^2 + \left(\frac{a}{z} \right)^3 + \cdots$$

当 $\left| \dfrac{a}{z} \right| < 1$ 即 $|z| > |a|$ 时，上式右边的级数收敛，于是有

$$F_1(z) = \frac{1}{1 - \dfrac{a}{z}} = \frac{z}{z - a} \qquad (|z| > |a|)$$

$|z| > |a|$ 称为 $F_1(z) = \dfrac{z}{z-a}$ 的收敛域，将收敛域表示在 z 平面（以 $\text{Re}[z]$ 为实轴、以 $\text{Im}[z]$ 为虚轴构成的平面）上，如图 6.1-1（a）所示，图中 $F_1(z)$ 的收敛域是一个以 $|a|$ 为半径的圆外区域，因而将 $|a|$ 称为 $F_1(z)$ 的收敛半径。

② 由双边 z 变换的定义，有

$$F_2(z) = \sum_{k=-\infty}^{\infty} f_2(k) z^{-k} = -\sum_{k=-\infty}^{\infty} a^k u(-k-1) z^{-k} = -\sum_{k=-\infty}^{-1} a^k z^{-k} = -\sum_{k=1}^{\infty} \left(\frac{z}{a} \right)^k$$
$$F_2(z) = -\left(\frac{z}{a} \right) - \left(\frac{z}{a} \right)^2 - \left(\frac{z}{a} \right)^3 - \left(\frac{z}{a} \right)^4 - \cdots$$

当 $\left| \dfrac{z}{a} \right| < 1$ 即 $|z| < |a|$ 时，上式右边级数收敛，于是有

$$F_2(z) = -\frac{\dfrac{z}{a}}{1 - \left(\dfrac{z}{a} \right)} = \frac{z}{z - a} \qquad (|z| < |a|)$$

$|z| < |a|$ 称为 $F_1(z) = \dfrac{z}{z-a}$ 的收敛域，将收敛域表示在 z 平面上，如图 6.1-1（b）所示，图中 $F_2(z)$ 的收敛域是一个以 $|a|$ 为半径的圆内区域。

③ 由双边 z 变换的定义，有

$$F_3(z) = \sum_{k=-\infty}^{\infty} f_3(k)z^{-k} = \sum_{k=-\infty}^{-1} b^k z^{-k} + \sum_{k=0}^{\infty} a^k z^{-k}$$

利用前面两个序列 z 变换的结论，有

$$F_3(z) = -\frac{z}{z-b} + \frac{z}{z-a} \qquad (|z| < |b| \text{ 且 } |z| > |a|)$$

$$F_3(z) = -\frac{z}{z-b} + \frac{z}{z-a} \qquad (|b| > |z| > |a|)$$

$|b| > |z| > |a|$ 称为 $F_3(z) = \dfrac{z}{z-b} + \dfrac{z}{z-a}$ 的收敛域，将收敛域表示在 z 平面上，如图 6.1-1（c）所示，图中 $F_3(z)$ 的收敛域是一个以圆点为中心的的圆环。

④ 对一个有限序列 $f_4(k)$，其不为零的样值在 $k = 2,3$，因而可用单边 z 变换求象函数：

$$F_4(z) = \sum_{k=0}^{\infty} f_4(k)z^{-k} = 2z^{-2} + 2z^{-3}$$

其收敛域是除原点外整个 z 平面，如图 6.1-1（d）所示。

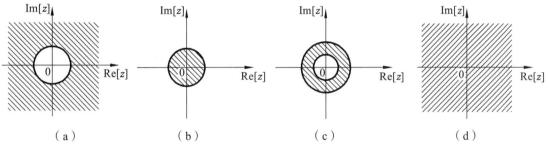

图 6.1-1　例 6.1-1 图

由例 6.1-1 和图 6.1-1 可以得到如下结论：

① 因果序列的象函数的收敛域是一个圆外的区域,反因果序列的象函数的收敛域是一个圆内的区域，双边序列的象函数的收敛域是一个圆环，有限序列的收敛域是 z 平面或是不包含原点的 z 平面。

② 不同的两个序列，其象函数可能是相同的，因而序列与其象函数不满足一一对应的关系，只有序列与象函数及其收敛域满足一一对应的关系。

例 6.1-2 求下列序列的单边 z 变换：① $f_1(k) = a^k$；② $f_2(k) = \mathrm{e}^{\mathrm{j}\beta k}$。

解　① 由单边 z 变换的定义，有

$$F_1(z) = \sum_{k=0}^{\infty} f_1(k)z^{-k} = \sum_{k=0}^{\infty} a^k z^{-k} = \sum_{k=0}^{\infty} \left(\frac{a}{z}\right)^k$$

$$F_1(z) = \frac{1}{1 - \dfrac{a}{z}} = \frac{z}{z-a} \qquad (|z| > |a|)$$

与例 6.1-1①比较可知，序列 a^k 和 $a^k u(k)$ 的单边 z 变换相同。

② 由单边 z 变换的定义，有

$$F_2(z) = \sum_{k=0}^{\infty} f_2(k)z^{-k} = \sum_{k=0}^{\infty} e^{j\beta k}z^{-k} = \sum_{k=0}^{\infty}\left(\frac{e^{j\beta}}{z}\right)^k$$

当 $\left|\dfrac{e^{j\beta}}{z}\right| < 1$ 即 $|z| > 1$ 时，上式右边的级数收敛，于是有

$$F_1(z) = \frac{1}{1 - \dfrac{e^{j\beta}}{z}} = \frac{z}{z - e^{j\beta}} \qquad (|z| > 1)$$

由例 6.1-2 可知：

① 序列 $f(k)$ 和 $f(k)u(k)$ 的单边 z 变换及它们的收敛域相同，一般是一个圆外的区域。

② 序列 $f(k)$ 和 $f(k)u(k)$ 在 $k \geqslant 0$ 时相同，因而可认为序列与其单边 z 变换的象函数满足一一对应的关系。

单边 z 变换具有唯一性（原函数与象函数具有一一对应的关系），且收敛域一般是一个圆外的区域。该变换仅能处理因果信号或是序列在 $k \geqslant 0$ 的部分，而实际情况中大多数都是因果信号，因此在本章中重点讨论单边 z 变换，简称为 z 变换。

6.1.3　z 变换与拉普拉斯变换的关系

对于一个连续信号 $f(t)$ 进行理想抽样，T 为时间间隔，其抽样信号为 $f_s(t)$，则有

$$f_s(t) = f(t)\delta_T(t) = f(t)\sum_{k=-\infty}^{\infty}\delta(t - kT) = \sum_{k=-\infty}^{\infty}f(t)\delta(t - kT)$$

$$= \sum_{k=-\infty}^{\infty}f(kT)\delta(t - kT) \tag{6.1-4}$$

对式（6.1-4）两边取拉普拉斯变换，有

$$F_s(s) = \sum_{k=-\infty}^{\infty}f(kT)e^{-kTs} \tag{6.1-5}$$

对序列 $f(kT)$ 进行双边 z 变换，有

$$F(z) = \sum_{k=-\infty}^{\infty}f(kT)z^{-k} \tag{6.1-6}$$

比较式（6.1-5）和式（6.1-6），可知当 $z = e^{sT}$ 时，$F_s(s) = F(z)$，因而复变量 z 与复频率 s 的关系是

$$\begin{cases} z = e^{sT} \\ s = \dfrac{1}{T}\ln z \end{cases} \tag{6.1-7}$$

式中，T 是序列 $f(kT)$ 的时间间隔。

令复变量 $z = re^{j\theta}$，而复频率 $s = \sigma + j\omega$，代入式（6.1-7）则有

$$\begin{cases} r = e^{T\sigma} \\ \theta = T\omega \end{cases} \tag{6.1-8}$$

由式（6.1-8）可得 s 平面与 z 平面的映射关系为：s 平面的虚轴（$s=\mathrm{j}\omega$，即 $\sigma=0$）映射到 z 平面的单位圆（$r=1$）；s 右半开平面（$\sigma>0$）映射到 z 平面的单位圆外（$r>1$）；s 左半开平面（$\sigma<0$）映射到 z 平面的单位圆内（$r<1$）；s 平面的实轴（$\omega=0$）映射到 z 平面的正实轴（$\theta=0$）。s 平面与 z 平面的映射关系如图 6.1-2 所示。

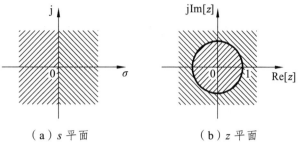

（a）s 平面　　　　　　（b）z 平面

图 6.1-2　s 平面与 z 平面的映射关系

6.1.4　常用序列的 z 变换

1. 单位序列 $\delta(k)$

$$\mathscr{Z}\big[\delta(k)\big]=\sum_{k=0}^{\infty}\delta(k)z^{-k}=\sum_{k=0}^{\infty}\delta(k)z^{-0}=\sum_{k=0}^{\infty}\delta(k)=\delta(0)=1$$

2. 单位阶跃序列 $u(k)$

$$\mathscr{Z}\big[u(k)\big]=\sum_{k=0}^{\infty}u(k)z^{-k}=\sum_{k=0}^{\infty}z^{-k}=1+z^{-1}+z^{-2}+z^{-3}+\cdots=\frac{1}{1-z^{-1}}\qquad\big(\big|z^{-1}\big|<1\big)$$

$$\mathscr{Z}\big[u(k)\big]=\frac{z}{z-1}\qquad\big(|z|>1\big)$$

3. 单边指数序列 $a^{k}u(k)$（a 是常数）

利用例 6.1-2 可得

$$a^{k}u(k)\Leftrightarrow\frac{z}{z-a}\qquad\big(|z|>a\big)$$

指数序列　　　$a^{k}\Leftrightarrow\dfrac{z}{z-a}\qquad\big(|z|>a\big)$

常用的单边 z 变换对见表 6.1-1。

表 6.1-1　常用序列的 z 变换

序号	$f(k)$	$F(z)$	收敛域
1	$\delta(k)$	1	z 平面
2	$\delta(k-m)$（m 是正整数）	z^{-m}	$|z|>0$
3	$u(k)$	$\dfrac{z}{z-1}$	$|z|>1$
4	$k\,u(k)$	$\dfrac{z}{(z-1)^{2}}$	$|z|>1$
5	a^{k}（a 是常数）	$\dfrac{z}{z-a}$	$|z|>|a|$
6	$\mathrm{e}^{\pm\mathrm{j}\beta k}$（$\beta$ 是常数）	$\dfrac{z}{z-\mathrm{e}^{\pm\mathrm{j}\beta}}$	$|z|>1$

续表

序号	$f(k)$	$F(z)$	收敛域
7	ka^{k-1}　（a 是常数）	$\dfrac{z}{(z-a)^2}$	$|z|>|a|$
8	$\dfrac{k(k-1)\cdots(k-m+1)}{m!}a^{k-m}$ （a 是常数，m 是正整数）	$\dfrac{z}{(z-a)^{m+1}}$	$|z|>|a|$
9	$\sin\beta k$	$\dfrac{z\sin\beta}{z^2-2z\cos\beta+1}$	$|z|>1$
10	$\cos\beta k$	$\dfrac{z^2-z\cos\beta}{z^2-2z\cos\beta+1}$	$|z|>1$

本章仅讨论单边 z 变换，单边 z 变换的收敛域是圆外的区域，因而后面几节中省略象函数的收敛域。为书写方便起见，原函数 $f(k)$ 和象函数 $F(z)$ 的关系记为 $f(k)\Leftrightarrow F(z)$。

6.2　z 变换的基本性质

在求解许多复杂离散信号的 z 变换时，利用 z 变换的定义求解比较繁琐，因而有必要了解 z 变换的性质。下面讨论 z 变换（单边 z 变换）的几个性质。

6.2.1　线性性质

已知 $f_1(k)\Leftrightarrow F_1(z)$，$f_2(k)\Leftrightarrow F_2(z)$，则

$$af_1(k)+bf_2(k)\Leftrightarrow aF_1(z)+bF_2(z) \tag{6.2-1}$$

式中，a、b 是任意常数。

利用 z 变换的定义可直接证明式（6.2-1）成立。式（6.2-1）可推广到多个序列线性组合的情况。

例 6.2-1　求正弦序列 $\sin\omega_0 k$ 和余弦序列 $\cos\omega_0 k$ 的 z 变换。

解　利用欧拉公式将正弦序列和余弦序列表示成虚指数序列，有

$$\sin\omega_0 k=\frac{e^{j\omega_0 k}-e^{-j\omega_0 k}}{2j}，\qquad \cos\omega_0 k=\frac{e^{j\omega_0 k}+e^{-j\omega_0 k}}{2}$$

因为序列　　　$e^{j\beta k}\Leftrightarrow \dfrac{z}{z-e^{j\beta}}$

所以有　　　$\sin\omega_0 k\Leftrightarrow \dfrac{1}{2j}\left[\dfrac{z}{z-e^{j\omega_0}}-\dfrac{z}{z-e^{-j\omega_0}}\right]=\dfrac{z\sin\omega_0}{z^2-2z\cos\omega_0+1}$

$$\cos\omega_0 k\Leftrightarrow \dfrac{1}{2}\left[\dfrac{z}{z-e^{j\omega_0}}+\dfrac{z}{z-e^{-j\omega_0}}\right]=\dfrac{z(z-\cos\omega_0)}{z^2-2z\cos\omega_0+1}$$

6.2.2　右移性质

已知 $f(k)u(k)\Leftrightarrow F(z)$，则

$$f(k-1)u(k-1)\Leftrightarrow z^{-1}F(z) \tag{6.2-2}$$

证明： 由 z 变换的定义，有

$$\mathscr{Z}\big[f(k-1)u(k-1)\big] = \sum_{k=0}^{\infty} f(k-1)u(k-1)z^{-k}$$

令 $k-1=n$ ，则有

$$\mathscr{Z}\big[f(k-1)u(k-1)\big] = \sum_{n=-1}^{\infty} f(n)u(n)z^{-(n+1)} = \sum_{n=0}^{\infty} f(n)z^{-(n+1)} = z^{-1}\sum_{n=0}^{\infty} f(n)z^{-n} = z^{-1}F(z)$$

根据右移性质可知，因果序列右移一个时间单位等效于 z 域中象函数乘以一个 z^{-1} 因子。利用右移性质，有

$$f(k-2)u(k-2) \Leftrightarrow z^{-1} \cdot \mathscr{Z}\big[f(k-1)u(k-1)\big] = z^{-2}F(z)$$

同理可得　　　　　$f(k-m)u(k-m) \Leftrightarrow z^{-m}F(z)$ 　　　（ m 是自然数）

例 6.2-2 　求序列 $u(k-1)$ 、 $\delta(k-2)$ 、 $2^k u(k-1)$ 的 z 变换。

解 　因为 $u(k) \Leftrightarrow \dfrac{z}{z-1}$ ，由右移性质有

$$u(k-1) \Leftrightarrow z^{-1}\frac{z}{z-1} = \frac{1}{z-1}$$

因为 $\delta(k) \Leftrightarrow 1$ ，由右移性质有

$$\delta(k-2) \Leftrightarrow z^{-2}$$

因为 $2^k u(k-1) = 2 \times 2^{k-1}u(k-1)$ ，而 $2^k \Leftrightarrow \dfrac{z}{z-2}$ ，由右移性质有

$$2^k u(k-1) \Leftrightarrow 2z^{-1}\frac{z}{z-2} = \frac{2}{z-2}$$

例 6.2-3 　已知 $f(k)$ 的 z 变换 $F(z)$ ，求序列 $f(k-1)u(k)$ 、 $f(k-2)u(k)$ 、 $f(k-3)u(k)$ 的 z 变换。

解 　 $f(k)$ 、 $f(k-1)$ 、 $f(k-2)$ 的波形如图 6.2-1 所示。 $f(k)$ 与 $f(k)u(k)$ 的 z 变换（单边 z 变换）一样，所以有

$$f(k)u(k) \Leftrightarrow F(z)$$

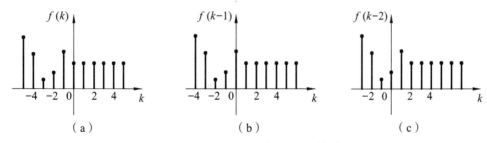

图 6.2-1 　$f(k)$ 、 $f(k-1)$ 与 $f(k-2)$ 的波形

观察图 6.2-1，在 $k \geqslant 0$ 时， $f(k-1)$ 和 $f(k-2)$ 分别可以表示为

$$f(k-1)u(k) = f(k-1)u(k-1) + f(-1)\delta(k)$$
$$f(k-2)u(k) = f(k-2)u(k-2) + f(-1)\delta(k-1) + f(-2)\delta(k)$$

利用右移性质，有　　　$f(k-1)u(k) \Leftrightarrow z^{-1}F(z) + f(-1)$ 　　　　　　　（6.2-3）

$$f(k-2)u(k) \Leftrightarrow z^{-2}F(z) + f(-1)z^{-1} + f(-2) \qquad （6.2-4）$$

同理有 $\qquad f(k-3)u(k) \Leftrightarrow z^{-3}F(z) + f(-1)z^{-2} + f(-2)z^{-1} + f(-3)$ （6.2-5）

将式（6.2-3）～式（6.2-5）推广到一般的情况，有

$$f(k-m)u(k) \Leftrightarrow z^{-m}F(z) + z^{-m}\sum_{k=1}^{m} f(-k)z^k \qquad （m \text{ 是自然数}）\qquad（6.2-6）$$

因为 $f(k-m)$ 与 $f(k-m)u(k)$ 的 z 变换（单边 z 变换）一样，所以由式（6.2-6）得到

$$f(k-m) \Leftrightarrow z^{-m}F(z) + z^{-m}\sum_{k=1}^{m} f(-k)z^k \qquad （m \text{ 是自然数}）\qquad（6.2-7）$$

例 6.2-4 求序列 $(0.5)^{k-1}$、$\cos 2(k-1)$、$(2+\mathrm{j}2)^{(k-2)}$ 的 z 变换。

解 因为 $(0.5)^k \Leftrightarrow \dfrac{z}{z-0.5}$，利用式（6.2-3）有

$$(0.5)^{k-1} \Leftrightarrow z^{-1}\frac{z}{z-0.5} + (0.5)^{-1} = \frac{1}{z-0.5} + 2 = \frac{2z}{z-0.5}$$

因为 $\cos 2k \Leftrightarrow \dfrac{z(z-\cos 2)}{z^2 - 2z\cos 2 + 1}$，利用式（6.2-3）有

$$\cos 2(k-1) \Leftrightarrow z^{-1}\frac{z(z-\cos 2)}{z^2 - 2z\cos 2 + 1} + \cos 2(-1) = \frac{z-\cos 2}{z^2 - 2z\cos 2 + 1} + \cos 2$$

因为 $(2+\mathrm{j}2)^k \Leftrightarrow \dfrac{z}{z-(2+\mathrm{j}2)}$，利用式（6.2-4）有

$$(2+\mathrm{j}2)^{(k-2)} \Leftrightarrow z^{-2}\frac{z}{z-(2+\mathrm{j}2)} + (2+\mathrm{j}2)^{-1}z^{-1} + (2+\mathrm{j}2)^{-2} = \frac{1}{8\mathrm{j}} \cdot \frac{z}{z-(2+\mathrm{j}2)}$$

求 $(2+\mathrm{j}2)^{(k-2)}$ 的 z 变换的另一方法是：

$$(2+\mathrm{j}2)^{(k-2)} = (2+\mathrm{j}2)^{-2}(2+\mathrm{j}2)^k = \frac{1}{8\mathrm{j}}(2+\mathrm{j}2)^k$$

因为 $\qquad (2+\mathrm{j}2)^k \Leftrightarrow \dfrac{z}{z-(2+\mathrm{j}2)}$

所以 $\qquad (2+\mathrm{j}2)^{(k-2)} \Leftrightarrow \dfrac{1}{8\mathrm{j}} \cdot \dfrac{z}{z-(2+\mathrm{j}2)}$

6.2.3　左移性质

已知 $f(k) \Leftrightarrow F(z)$，则

$$f(k+1) \Leftrightarrow zF(z) - zf(0) \qquad\qquad（6.2-8）$$

证明 由 z 变换的定义，有

$$\mathscr{Z}\big[f(k+1)\big] = \mathscr{Z}\big[f(k+1)u(k)\big] = \sum_{k=0}^{\infty} f(k+1)u(k)z^{-k}$$

令 $k+1 = n$，则有

$$\mathscr{Z}\big[f(k+1)u(k)\big] = \sum_{n=1}^{\infty} f(n)u(n-1)z^{-(n-1)} = \sum_{n=1}^{\infty} f(n)z^{-(n-1)} = z\sum_{n=1}^{\infty} f(n)z^{-n}$$

$$= z\left[\sum_{n=0}^{\infty} f(n)z^{-n} - f(0)\right] = zF(z) - zf(0)$$

例 6.2-5　求序列 $\sin 0.5(k+1)$、0.2^{k+1}、$\delta(k+1)$ 的 z 变换。

解　因为 $\sin 0.5k \Leftrightarrow \dfrac{z \sin 0.5}{z^2 - 2z \cos 0.5 + 1}$，由左移性质有

$$\sin 0.5(k+1) \Leftrightarrow z\frac{z \sin 0.5}{z^2 - 2z \cos 0.5 + 1} - z \sin(0.5 \times 0) = \frac{z^2 \sin 0.5}{z^2 - 2z \cos 0.5 + 1}$$

因为 $0.2^k \Leftrightarrow \dfrac{z}{z - 0.2}$，由左移性质有

$$0.2^{k+1} \Leftrightarrow z\frac{z}{z - 0.2} - z \times 0.2^0 = \frac{z^2}{z - 0.2} - z = \frac{0.2z}{z - 0.2}$$

因为 $\delta(k) \Leftrightarrow 1$，由左移性质有

$$\delta(k+1) \Leftrightarrow z \times 1 - z \times 1 = 0$$

另一种求 $\delta(k+1)$ 的 z 变换的方法是：

因为　　　　　　　$\delta(k+1) = \begin{cases} 0 & k \neq -1 \\ 1 & k = -1 \end{cases}$

所以　　　　　　　$\mathscr{Z}\big[\delta(k+1)\big] = \displaystyle\sum_{k=0}^{\infty} \delta(k+1) z^{-k} = 0$

例 6.2-6　已知序列 $f(k)$ 的 z 变换是 $F(z)$，求序列 $f(k+2)$、$f(k+3)$ 的 z 变换。

解　由图 6.2-2 的波形可知，$f(k+2)u(k)$ 的波形可由 $f(k+1)u(k) - f(1)\delta(k)$ 的波形左移一个单位得到。

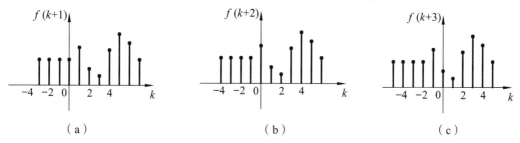

（a）　　　　　　　　　　（b）　　　　　　　　　　（c）

图 6.2-2　$f(k+1)$、$f(k+2)$ 与 $f(k+3)$ 的波形

令　　　　　　　　　$f_1(k) = f(k+1)u(k) - f(1)\delta(k)$

则　　　　　　　　　$f_1(k+1) = f(k+2)u(k)$

　　　　　　　$F_1(z) = \mathscr{Z}\big[f(k+1)u(k) - f(1)\delta(k)\big] = \mathscr{Z}\big[f(k+1)u(k)\big] - f(1)$

　　　　　　　$F_1(z) = zF(z) - zf(0) - f(1)$　　　　　　　　　　　　　　（6.2-9）

由左移性质有　　　$f_1(k+1)u(k) \Leftrightarrow zF_1(z) - zf_1(0)$

将式（6.2-9）代入上式，有

　　　　　　　$f_1(k+1)u(k) \Leftrightarrow z\big[zF(z) - zf(0) - f(1)\big] - zf_1(0)$

又 $f_1(0) = 0$，有　$f_1(k+1)u(k) \Leftrightarrow z^2 F(z) - z^2 f(0) - z f(1)$

所以　　　　　　　$f(k+2)u(k) \Leftrightarrow z^2 F(z) - z^2 f(0) - z f(1)$　　　　　（6.2-10）

同理可得　　　　　$f(k+3)u(k) \Leftrightarrow z^3 F(z) - z^3 f(0) - z^2 f(1) - z f(2)$　　（6.2-11）

将式（6.2-10）、式（6.2-11）推广到一般的情况，有

$$f(k+m)u(k) \Leftrightarrow z^m F(z) - z^m \sum_{k=0}^{m-1} f(k)z^{-k} \qquad （m 是自然数）$$

因为 $f(k+m)$ 与 $f(k+m)u(k)$ 的 z 变换（单边 z 变换）一样，所以有

$$f(k+m) \Leftrightarrow z^m F(z) - z^m \sum_{k=0}^{m-1} f(k)z^{-k} \qquad （m 是自然数） \tag{6.2-12}$$

6.2.4　z 域尺度变换性质

已知 $f(k) \Leftrightarrow F(z)$，则

$$a^k f(k) \Leftrightarrow F\left(\frac{z}{a}\right) \qquad （a 是非零常数）$$

证明　$\mathscr{Z}\left[a^k f(k)\right] = \sum_{k=0}^{\infty} a^k f(k)z^{-k} = \sum_{k=0}^{\infty} f(k)\left(\frac{z}{a}\right)^{-k} = F\left(\frac{z}{a}\right)$

例 6.2-7　求信号 $f_1(k) = 2^k \cos\frac{\pi}{2}k$ 和 $f_2(k) = 0.3^k ku(k)$ 的 z 变换。

解　查表 6.1-1 可知

$$\mathscr{Z}\left[\cos\frac{\pi}{2}k\right] = \frac{z\left(z - \cos\frac{\pi}{2}\right)}{z^2 - 2z\cos\frac{\pi}{2} + 1} = \frac{z^2}{z^2 + 1}$$

利用 z 域尺度变换性质，有

$$\mathscr{Z}\left[2^k \cos\frac{\pi}{2}k\right] = \frac{\left(\frac{z}{2}\right)^2}{\left(\frac{z}{2}\right)^2 + 1} = \frac{z^2}{z^2 + 4}$$

查表 6.1-1 可知　　$\mathscr{Z}\left[ku(k)\right] = \dfrac{z}{(z-1)^2}$

利用 z 域尺度变换性质，有

$$\mathscr{Z}\left[0.3^k ku(k)\right] = \frac{\dfrac{z}{0.3}}{\left(\dfrac{z}{0.3} - 1\right)^2} = \frac{0.3z}{(z - 0.3)^2}$$

6.2.5　折叠性质

已知 $f(k)u(k) \Leftrightarrow F(z)$，$|z| > R$，则

$$f(-k)u(-k) \Leftrightarrow F\left(\frac{1}{z}\right) \qquad \left(|z| < \frac{1}{R}\right)$$

证明　对 $f(-k)u(-k)$ 进行 z 变换，由双边 z 变换的定义可知

$$\mathscr{Z}\left[f(-k)u(-k)\right] = \sum_{k=-\infty}^{\infty} f(-k)u(-k)z^{-k} = \sum_{k=-\infty}^{0} f(-k)z^{-k}$$

令 $n = -k$，代入上式有

$$\mathscr{Z}\big[f(-k)u(-k)\big] = \sum_{n=\infty}^{0} f(n)z^n = \sum_{n=0}^{\infty} f(n)\left(\frac{1}{z}\right)^{-n} = F\left(\frac{1}{z}\right) \quad \left(\left|\frac{1}{z}\right| > R, \text{ 即}|z| < \frac{1}{R}\right)$$

例 6.2-8　求 $f(k) = (0.4)^{-k}u(-k)$ 的 z 变换。

解　因为　　　$(0.4)^k u(k) \Leftrightarrow \dfrac{z}{z-0.4} \qquad \left(|z| > 0.4\right)$

利用折叠性质有　$(0.4)^{-k}u(-k) \Leftrightarrow \dfrac{\dfrac{1}{z}}{\dfrac{1}{z}-0.4} = \dfrac{1}{1-0.4z} \qquad \left(|z| < \dfrac{1}{0.4}\right)$

6.2.6　z 域微分性质

已知 $f(k) \Leftrightarrow F(z)$，则

$$k f(k) \Leftrightarrow -z\frac{\mathrm{d}F(z)}{\mathrm{d}z} \qquad\qquad (6.2\text{-}13)$$

证明　由 z 变换的定义，有

$$F(z) = \sum_{k=0}^{\infty} f(k)z^{-k}$$

上式两边对 z 求导，有

$$\frac{\mathrm{d}F(z)}{\mathrm{d}z} = \sum_{k=0}^{\infty} (-k)f(k)z^{-(k+1)} = -z^{-1}\sum_{k=0}^{\infty} k f(k)z^{-k}$$

$$-z\frac{\mathrm{d}F(z)}{\mathrm{d}z} = \sum_{k=0}^{\infty} k f(k)z^{-k}$$

由 z 变换的定义可知

$$k f(k) \Leftrightarrow -z\frac{\mathrm{d}F(z)}{\mathrm{d}z}$$

例 6.2-9　求序列 $k a^k$ 和 $k(k-1)a^k$ 的 z 变换，其中 a 是常数。

解　因为 $a^k \Leftrightarrow \dfrac{z}{z-a}$，根据 z 域微分可知

$$k a^k \Leftrightarrow -z\frac{\mathrm{d}}{\mathrm{d}z}\left(\frac{z}{z-a}\right) = \frac{az}{(z-a)^2}$$

$$k(k a^k) \Leftrightarrow -z\frac{\mathrm{d}}{\mathrm{d}z}\left(\frac{az}{(z-a)^2}\right) = \frac{az(z+a)}{(z-a)^3}$$

所以　　　$k(k-1)a^k = k k a^k - k a^k \Leftrightarrow \dfrac{az(z+a)}{(z-a)^3} - \dfrac{az}{(z-a)^2} = \dfrac{2a^2 z}{(z-a)^3}$

例 6.2-10　求图 6.2-3 所示序列的 z 变换。

解　由图 6.2-3 可以写出序列的表达式为

$$f(k) = 0.5k\big[u(k) - u(k-5)\big]$$

因为　　　　　　$u(k) \Leftrightarrow \dfrac{z}{z-1} \qquad\qquad (6.2\text{-}14)$

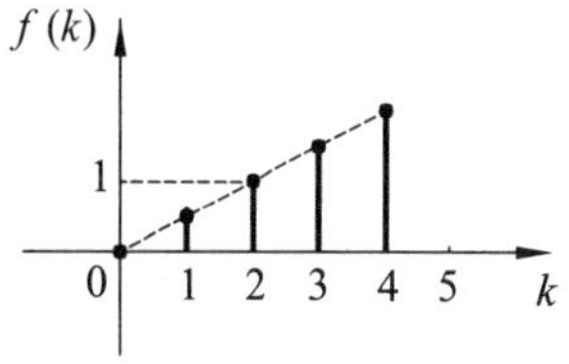

图 6.2-3　例 6.2-10 图

由右移性质得 $\qquad u(k-5) \Leftrightarrow z^{-5}\dfrac{z}{z-1} = \dfrac{z^{-4}}{z-1}$ $\qquad\qquad$ （6.2-15）

对式（6.2-14）和式（6.2-15）采用 z 域微分性质，有

$$ku(k) \Leftrightarrow -z\frac{\mathrm{d}}{\mathrm{d}z}\left(\frac{z}{z-1}\right) = \frac{z}{(z-1)^2}, \qquad ku(k-5) \Leftrightarrow -z\frac{\mathrm{d}}{\mathrm{d}z}\left(\frac{z^{-4}}{z-1}\right) = \frac{z^{-4}(5z-4)}{(z-1)^2}$$

所以 $\qquad f(k) \Leftrightarrow 0.5\left[\dfrac{z}{(z-1)^2} - \dfrac{5z-4}{z^4(z-1)^2}\right] = \dfrac{z^5-5z+4}{2z^4(z-1)^2} = 0.5z^{-1} + z^{-2} + 1.5z^{-3} + 2z^{-4}$

6.2.7　时域卷积定理

已知 $f_1(k) \Leftrightarrow F_1(z)$ ，$f_2(k) \Leftrightarrow F_2(z)$ ，则

$$\left[f_1(k)u(k)\right] * \left[f_2(k)u(k)\right] \Leftrightarrow F_1(z)F_2(z)$$

证明　对 $\left[f_1(k)u(k)\right] * \left[f_2(k)u(k)\right]$ 求 z 变换，根据 z 变换的定义有

$$\mathscr{Z}\left\{\left[f_1(k)u(k)\right] * \left[f_2(k)u(k)\right]\right\} = \sum_{k=0}^{\infty}\left[f_1(k)u(k) * f_2(k)u(k)\right]z^{-k}$$

$$= \sum_{k=0}^{\infty}\left[\sum_{m=-\infty}^{\infty} f_1(m)u(m)f_2(k-m)u(k-m)\right]z^{-k}$$

$$= \sum_{k=0}^{\infty}\left[\sum_{m=-\infty}^{\infty} f_1(m)u(m)f_2(k-m)u(k-m)z^{-k}\right]$$

交换求和次序，即

$$\mathscr{Z}\left\{\left[f_1(k)u(k)\right] * \left[f_2(k)u(k)\right]\right\} = \sum_{m=-\infty}^{\infty}\sum_{k=0}^{\infty} f_1(m)u(m)f_2(k-m)u(k-m)z^{-k}$$

$$= \sum_{m=-\infty}^{\infty} f_1(m)u(m)\sum_{k=0}^{\infty} f_2(k-m)\,u(k-m)z^{-k}$$

由右移性质知 $f_2(k-m)u(k-m) \Leftrightarrow z^{-m}F_2(z)$ ，代入上式有

$$\mathscr{Z}\left\{\left[f_1(k)u(k)\right] * \left[f_2(k)u(k)\right]\right\} = \sum_{m=0}^{\infty} f_1(m)z^{-m}F_2(z)$$

$$= \left(\sum_{m=0}^{\infty} f_1(m)z^{-m}\right)F_2(z) = F_1(z)F_2(z)$$

如果序列 $f_1(k)$ 和 $f_2(k)$ 是因果序列，即 $f_1(k) = f_1(k)u(k)$ 、$f_2(k) = f_2(k)u(k)$ ，则有

$$f_1(k) * f_2(k) \Leftrightarrow F_1(z)F_2(z)$$

例 6.2-11　求序列 $(0.4)^k u(k) * (-0.8)^k u(k)$ 的 z 变换。

解　因为 $(0.4)^k \Leftrightarrow \dfrac{z}{z-0.4}$ ，$(-0.8)^k \Leftrightarrow \dfrac{z}{z+0.8}$ ，根据时域卷积定理有

$$(0.4)^k u(k) * (-0.8)^k u(k) \Leftrightarrow \frac{z}{z-0.4} \cdot \frac{z}{z+0.8} = \frac{z^2}{(z-0.4)(z+0.8)}$$

6.2.8　初值定理

已知 $f(k) \Leftrightarrow F(z)$ ，则

$$f(0) = \lim_{z \to \infty} F(z) \qquad (6.2\text{-}16)$$

证明　由 z 变换的定义有

$$F(z) = \sum_{k=0}^{\infty} f(k)z^{-k} = f(0) + f(1)z^{-1} + f(2)z^{-2} + f(3)z^{-3} + f(4)z^{-4} + \cdots$$

当 $z \to \infty$ 时，上式等号的右边除 $f(0)$ 外都趋近于 0，因而得到

$$f(0) = \lim_{z \to \infty} F(z)$$

初值定理表明，时域序列的初始值等于 z 域中其象函数的终值。对一个未知的序列，如果它的象函数已知，那么可以利用初值定理直接求出该序列的初始值，而无须求其序列。

6.2.9　终值定理

已知 $f(k) \Leftrightarrow F(z)$，则

$$f(\infty) = \lim_{N \to \infty} f(N) = \lim_{z \to 1} \frac{z-1}{z} F(z) \qquad (6.2\text{-}17)$$

证明　因为　$\mathscr{Z}\big[f(k) - f(k-1)u(k-1)\big] = F(z) - z^{-1}F(z) = \frac{z-1}{z}F(z)$

又因为　　　　$\mathscr{Z}\big[f(k) - f(k-1)u(k-1)\big]$

$$= \sum_{k=0}^{\infty}\big[f(k) - f(k-1)u(k-1)\big]z^{-k} = \lim_{N \to \infty}\sum_{k=0}^{N}\big[f(k) - f(k-1)u(k-1)\big]z^{-k}$$

所以有　　　$\frac{z-1}{z}F(z) = \lim_{N \to \infty}\sum_{k=0}^{N}\big[f(k) - f(k-1)u(k-1)\big]z^{-k}$

当 $z \to 1$ 时，有　　$\lim_{z \to 1}\frac{z-1}{z}F(z) = \lim_{N \to \infty}\sum_{k=0}^{N}\big[f(k) - f(k-1)u(k-1)\big]$

$$= \lim_{N \to \infty}\big[f(0) - 0\big] + \big[f(1) - f(0)\big] + \cdots + \big[f(N) - f(N-1)\big]$$

$$= \lim_{N \to \infty} f(N)$$

所以　　　　$f(\infty) = \lim_{N \to \infty} f(N) = \lim_{z \to 1}\frac{z-1}{z}F(z)$

由终值定理可以看出，时域序列的终值与 z 域中其象函数乘以 $\frac{z-1}{z}$ 后在 $z = 1$ 处的值相等。对一个未知的序列，如果它的象函数已知，那么可以直接通过式（6.2-17）求出该序列的终值而不必求出原序列。

z 变换的性质有很多，这里仅介绍上述几个基本性质，常用的 z 变换的性质见表 6.2-1。

表 6.2-1　常用单边 z 变换的基本性质

名称	时域序列	z 域象函数
线性特性	$af_1(k) + bf_2(k)$ （a，b 是常系数）	$aF_1(z) + bF_2(z)$
右移性质	$f(k-m)u(k-m)$ （m 是自然数）	$z^{-m}F(z)$
	$f(k-m)$ （m 是自然数）	$z^{-m}F(z) + z^{-m}\sum_{k=1}^{m} f(-k)z^k$

续表

名称	时域序列	z 域象函数
左移性质	$f(k+m)$ （m 是自然数）	$z^m F(z) - z^m \sum_{k=0}^{m-1} f(k) z^{-k}$
z 域尺度变换性质	$a^k f(k)$ （a 是常系数）	$F\left(\dfrac{z}{a}\right)$
z 域微分性质	$k f(k)$	$-z\dfrac{\mathrm{d}F(z)}{\mathrm{d}z}$
时域卷积定理	$f_1(k) * f_2(k)$	$F_1(z) F_2(z)$
初值定理	$f(0) = \lim\limits_{z \to \infty} F(z)$	
终值定理	$f(\infty) = \lim\limits_{N \to \infty} f(N) = \lim\limits_{z \to 1} \dfrac{z-1}{z} F(z)$	

6.3　z 反变换

由 z 域的象函数 $F(z)$ 得到时域序列 $f(k)$ 的过程，称为 z 反变换。z 反变换的定义是

$$f(k) = \frac{1}{2\pi\mathrm{j}} \oint F(z) z^{k-1} \mathrm{d}z \tag{6.3-1}$$

求 z 反变换的一般方法有：查表法、反演积分法（即留数法）、幂级数展开法和部分分式法。查表法是利用常用信号的 z 变换表求 z 反变换，因表中内容有限，一般必须配合其他的方法。反演积分法是利用式（6.3-1）描述的 z 反变换定义求序列，涉及复平面的积分。幂级数展开法是利用 z 变换的定义求取序列在任意时刻的样值。部分分式法避免了复平面积分，将复杂的象函数分解为 z 变换表中象函数形式，然后通过查表获得时域序列。在这一节里介绍 z 反变换的两种方法：幂级数展开法和部分分式展开法。

6.3.1　幂级数展开法

根据 z 变换的定义，有

$$F(z) = \sum_{k=0}^{\infty} f(k) z^{-k}$$

将其展开　　　　$F(z) = f(0) + f(1) z^{-1} + f(2) z^{-2} + f(3) z^{-3} + f(4) z^{-4} + \cdots \tag{6.3-2}$

由式（6.3-2）可以看出，将象函数以 z 的降幂展开，常数项是序列 $f(k)$ 在 $k = 0$ 时的样值，z^{-1} 的系数是 $k = 1$ 时的样值，z^{-2} 的系数是 $k = 2$ 时的样值……由此得到序列 $f(k)$ 各点样值。将象函数 $F(z)$ 的分子和分母以 z 的降幂排列，然后用分子多项式除以分母多项式就可以将 $F(z)$ 展开成如式（6.3-2）的形式。

例 6.3-1　已知象函数 $F(z) = \dfrac{z}{(z+1)(z+2)}$，求其 z 反变换 $f(k)$。

解　将 $F(z)$ 分母以 z 的降幂排列，即

$$F(z) = \frac{z}{z^2 + 3z + 2}$$

用长除法得

$$z^2+3z+2 \overline{)\,z}^{\displaystyle z^{-1}-3z^{-2}+7z^{-3}-15z^{-3}+\cdots}$$

$$\underline{z+3+2z^{-1}}$$

$$-3-2z^{-1}$$

$$\underline{-3-9z^{-1}-6z^{-2}}$$

$$7z^{-1}+6z^{-2}$$

$$\underline{7z^{-1}+21z^{-2}+14z^{-3}}$$

$$-15z^{2}-14z^{-3}$$

$$\vdots$$

由此可知　　　　$F(z)=z^{-1}-3z^{-2}+7z^{-3}-15z^{-4}+\cdots$

所以时域序列　　$f(k)=\{0,\ 1,\ -3,\ 7,\ -15,\ \cdots\}$

$$\underset{k=0}{\uparrow}$$

幂级数展开法可以求得序列在某处的样值，方法简单，但一般不能得到序列的封闭解。

6.3.2　部分分式展开法

这种方法同拉普拉斯反变换的方法类似。象函数 $F(z)$ 是 z 的有理分式，一般可以表示为

$$F(z)=\frac{b_m z^m+b_{m-1}z^{m-1}+\cdots+b_2 z^2+b_1 z+b_0}{a_n z^n+a_{n-1}z^{n-1}+\cdots+a_2 z^2+a_1 z+a_0}\qquad（6.3\text{-}3）$$

三个常用的序列及其 z 变换是：单位阶跃序列 $u(k)\Leftrightarrow\dfrac{z}{z-1}$、指数序列 $a^k\Leftrightarrow\dfrac{z}{z-a}$、

$ka^k\Leftrightarrow\dfrac{az}{(z-a)^2}$。根据这三个序列和它们的象函数，采用部分分式法求 z 反变换时，首先将函

数 $F(z)$ 分解成如 $\dfrac{z}{z-a}$、$\dfrac{z}{(z-a)^m}$（其中 a 是常数，m 是自然数）形式之和，然后查常用 z 变

换表写出每一部分的原函数，最后写出 $F(z)$ 原函数。根据函数 $F(z)$ 求其序列 $f(k)$ 的具体步

骤如下：

① 将 $F(z)$ 除以 z 得到 $\dfrac{F(z)}{z}$。

② 将 $\dfrac{F(z)}{z}$ 展开成部分分式之和的形式，即如下形式

$$\frac{F(z)}{z}=\sum_i\frac{A_i}{z-\gamma_i}+\sum_j\frac{B_j}{(z-\lambda_j)^n}\qquad（6.3\text{-}4）$$

式中：γ_i 表示 $\dfrac{F(z)}{z}$ 的单极点，λ_j 表示 $\dfrac{F(z)}{z}$ 的 n_j 重极点，A_i 和 B_j 是相应的部分分式的系数。

③ 将式（6.3-4）两边都乘以 z，得到 $F(z)$ 的表达式如下

$$F(z)=\sum_i\frac{A_i z}{z-\gamma_i}+\sum_j\frac{B_j z}{(z-\lambda_j)^{n_j}}$$

④ 通过查表 6.1-1 或利用 z 变换的性质得到各个部分的原函数，写出原函数 $f(k)$。

例 6.3-2　求下列序列的 z 反变换：

①$F_1(z)=\dfrac{3z}{z^2+7z+10}$　　　　　②$F_2(z)=\dfrac{z(2z+4)}{z^2+2z+2}$

③ $F_3(z) = \dfrac{z(-3z+16)}{(z-2)^2(z+3)}$ 　　④ $F_4(z) = \dfrac{7z-24}{(z-3)(z-4)}$

解

① 由 $F_1(z) = \dfrac{3z}{z^2+7z+10}$，则

$$\frac{F_1(z)}{z} = \frac{3}{z^2+7z+10} = \frac{3}{(z+2)(z+5)} = \frac{1}{z+2} - \frac{1}{z+5}$$

即

$$F(z) = \frac{z}{z+2} - \frac{z}{z+5}$$

原函数

$$f_1(k) = (-2)^k - (-5)^k \qquad (k \geqslant 0)$$

② 由 $F_2(z) = \dfrac{z(2z+4)}{z^2+2z+2}$，则

$$\frac{F_2(z)}{z} = \frac{2z+4}{z^2+2z+2} = \frac{2z+4}{(z+1+\mathrm{j})(z+1-\mathrm{j})} = \frac{1-\mathrm{j}}{z+1-\mathrm{j}} + \frac{1+\mathrm{j}}{z+1+\mathrm{j}}$$

即

$$F(z) = \frac{(1-\mathrm{j})z}{z+1-\mathrm{j}} + \frac{(1+\mathrm{j})z}{z+1+\mathrm{j}}$$

原函数

$$f_2(k) = (1-\mathrm{j})(-1+\mathrm{j})^k + (1+\mathrm{j})(-1-\mathrm{j})^k$$

利用欧拉公式将其进行整理，得到

$$f_2(k) = 2\left(\sqrt{2}\right)^{k+1} \cos(135°k - 45°) \qquad (k \geqslant 0)$$

③ 由 $F_3(z) = \dfrac{z(-3z+16)}{(z-2)^2(z+3)}$，则

$$\frac{F_3(z)}{z} = \frac{-3z+16}{(z-2)^2(z+3)} = \frac{2}{(z-2)^2} - \frac{1}{z-2} + \frac{1}{z+3}$$

即

$$F_3(z) = \frac{2z}{(z-2)^2} - \frac{z}{z-2} + \frac{z}{z+3}$$

原函数

$$f_3(k) = k(2)^k - 2^k + (-3)^k \qquad (k \geqslant 0)$$

④ 由 $F_4(z) = \dfrac{7z-24}{(z-3)(z-4)}$，则

$$\frac{F_4(z)}{z} = \frac{7z-24}{z(z-3)(z-4)} = \frac{-2}{z} + \frac{1}{z-3} + \frac{1}{z-4}$$

$$F_4(z) = -2 + \frac{z}{z-3} + \frac{z}{z-4}$$

原函数

$$f_4(k) = -2\delta(k) + 3^k + 4^k \qquad (k \geqslant 0)$$

6.4 离散系统的差分方程的 z 域求解

在已知离散系统的差分方程、系统输入和系统初始状态的条件下，如何用 z 变换求其完全响应、零输入响应及零状态响应是本节要解决的问题。利用 z 变换的左移性质和右移性质，

将差分方程变为 z 域中的代数方程，由这个代数方程很容易得到相应响应的象函数，再对象函数求 z 反变换即可得到系统的响应。

例 6.4-1 已知描述系统的差分方程为 $y(k)+3y(k-1)+2y(k-2)=f(k)$，初始条件为 $y(-1)=-2.5$，$y(-2)=0.75$，输入 $f(k)=2(-3)^k u(k)$，求系统的零输入响应 $y_x(k)$、零状态响应 $y_f(k)$ 和完全响应 $y(k)$。

解 对系统的差分方程取 z 变换，利用 z 变换的右移性质［式(6.2-2)］，有

$$Y(z)+3\left[z^{-1}Y(z)+y(-1)\right]+2\left[z^{-2}Y(z)+z^{-1}y(-1)+y(-2)\right]=F(z)$$

即

$$Y(z)=\frac{F(z)}{1+3z^{-1}+2z^{-2}}+\frac{-3y(-1)-2y(-2)-2y(-1)z^{-1}}{1+3z^{-1}+2z^{-2}}$$

$$=\frac{F(z)z^2}{z^2+3z+2}+\frac{-\left[3y(-1)+2y(-2)\right]z^2-2y(-1)z}{z^2+3z+2} \qquad (6.4\text{-}1)$$

式（6.4-1）中，等号右边第一部分仅与输入信号有关，因而它是系统的零状态响应分量 $Y_f(z)$；第二部分仅与系统的初始条件有关，因而它是系统的零输入响应分量 $Y_x(z)$，即

$$Y_f(z)=\frac{F(z)z^2}{z^2+3z+2} \qquad (6.4\text{-}2)$$

$$Y_x(z)=\frac{-\left[3y(-1)+2y(-2)\right]z^2-2y(-1)z}{z^2+3z+2} \qquad (6.4\text{-}3)$$

输入信号的 z 变换是 $F(z)=\dfrac{2z}{z+3}$，将 $F(z)$ 代入式（6.4-2），有

$$Y_f(z)=\frac{z^2}{z^2+3z+2}\cdot\frac{2z}{z+3}=z\left[\frac{2z^2}{(z^2+3z+2)(z+3)}\right]$$

$$=z\left[\frac{1}{z+1}-\frac{8}{z+2}+\frac{9}{z+3}\right]=\frac{z}{z+1}-\frac{8z}{z+2}+\frac{9z}{z+3}$$

系统的零状态响应为

$$y_f(k)=\left[(-1)^k-8\times(-2)^k+9\times(-3)^k\right]u(k)$$

将系统的初始条件 $y(-1)=-2.5$，$y(-2)=0.75$ 代入式（6.4-3），有

$$Y_x(z)=\frac{6z^2+5z}{z^2+3z+2}=z\left[\frac{6z+5}{(z+2)(z+1)}\right]=z\left[\frac{7}{z+2}+\frac{-1}{z+1}\right]=\frac{7z}{z+2}+\frac{-z}{z+1}$$

系统的零输入响应为

$$y_x(k)=7\times(-2)^k-(-1)^k \qquad (k\geqslant 0)$$

系统的完全响应为

$$y(k)=y_x(k)+y_f(k)=7\times(-2)^k-(-1)^k+\left[(-1)^k-8\times(-2)^k-9\times(-3)^k\right]u(k)$$

$$=-(-2)^k-9\times(-3)^k \qquad (k\geqslant 0)$$

例 6.4-2 已知描述系统的差分方程为

$$y(k)-5y(k-1)+6y(k-2)=-3.5f(k-1)+5.5f(k-2)$$

且 $y(0)=0.5$，$y(1)=-1.5$，输入 $f(k)=(0.5)^k u(k)$，求系统响应 $y(k)$。

解 利用 z 变换的右移性质求解差分方程，必须已知 $y(-1)$、$y(-2)$ 的值，但已知中给的是 $y(0)$、$y(1)$ 的值，因此首先根据系统的差分方程及 $y(0)$、$y(1)$ 的值求 $y(-1)$、$y(-2)$ 的值。

由差分方程得

$$y(k-2) = \left[5y(k-1) - y(k) - 3.5f(k-1) + 5.5f(k-2)\right]/6$$

令 $k=1$，有

$$y(-1) = \left[5y(0) - y(1) - 3.5f(0) + 5.5f(-1)\right]/6$$

$$= \left[5 \times 0.5 - (-1.5) - 3.5 \times 1 + 0\right]/6 = \frac{1}{12}$$

令 $k=0$，有

$$y(-2) = \left[5y(-1) - y(0) - 3.5f(-1) + 5.5f(-2)\right]/6$$

$$= \left[5 \times \frac{1}{12} - 0.5 - 3.5 \times 0 + 5.5 \times 0\right]/6 = -\frac{1}{72}$$

对系统的差分方程取 z 变换，利用 z 变换的右移性质［式(6.2-6)］，有

$$Y(z) - 5\left[z^{-1}Y(z) + y(-1)\right] + 6\left[z^{-2}Y(z) + z^{-1}y(-1) + y(-2)\right]$$

$$= -3.3z^{-1}F(z) + 5.5z^{-2}F(z)$$

即

$$Y(z) = \frac{(-3.5z^{-1} + 5.5z^{-2})F(z) + 5y(-1) - 6y(-2) - 6z^{-1}y(-1)}{1 - 5z^{-1} + 6z^{-2}}$$

$$= \frac{(-3.5z + 5.5)F(z) + 5z^2 y(-1) - 6z^2 y(-2) - 6zy(-1)}{z^2 - 5z + 6} \qquad (6.4\text{-}4)$$

输入信号 $f(k) = (0.5)^k u(k)$ 的 z 变换是 $F(z) = \dfrac{z}{z-0.5}$，将 $F(z)$ 和 $y(-1) = \dfrac{1}{12}$、$y(-2) = -\dfrac{1}{72}$ 代入式（6.4-4），有

$$Y(z) = z\left\{\frac{-3.5z + 5.5 + \left[5z \times \dfrac{1}{12} - 6z \times \left(-\dfrac{1}{72}\right) - 6 \times \dfrac{1}{12}\right](z-0.5)}{(z^2 - 5z + 6)(z-0.5)}\right\}$$

$$= z\left[\frac{\dfrac{1}{2}z^2 - \dfrac{17}{4}z + \dfrac{23}{4}}{(z-0.5)(z-2)(z-3)}\right] = \frac{z}{z-0.5} + \frac{1}{2} \times \frac{z}{z-2} - \frac{z}{z-3}$$

系统响应为

$$y(k) = (0.5)^k + \frac{1}{2} \times (2)^k - (3)^k \qquad (k \geq 0)$$

另一种解法是：由于已知中给的是 $y(0)$、$y(1)$，采用左移性质求解。将差分方程中的 k 变为 $k+2$，有

$$y(k+2) - 5y(k+1) + 6y(k) = -3.5f(k+1) + 5.5f(k)$$

上式两边取 z 变换，有

$$z^2 Y(z) - z^2 y(0) - zy(1) - 5\left[zY(z) - zy(0)\right] + 6Y(z) = -3.5\left[zF(z) - zf(0)\right] + 5.5F(z)$$

即

$$Y(z) = \frac{(-3.5z + 5.5)F(z) + 3.5zf(0)}{z^2 - 5z + 6} + \frac{z^2 y(0) + zy(1) - 5zy(0)}{z^2 - 5z + 6} \qquad (6.4\text{-}5)$$

将 $F(z) = \dfrac{z}{z-0.5}$、$f(0) = 1$、$y(0) = 0.5$ 和 $y(1) = -1.5$ 代入式（6.4-5），有

$$Y(z) = \frac{(-3.5z + 5.5)\dfrac{z}{(z-0.5)} + 3.5z \times 1 + z^2(0.5) + z(-1.5) - 5z(0.5)}{(z^2 - 5z + 6)}$$

$$= z\left[\frac{\dfrac{1}{2}z^2 - \dfrac{17}{4}z + \dfrac{23}{4}}{(z-0.5)(z-2)(z-3)}\right] = \frac{z}{z-0.5} + \frac{1}{2} \times \frac{z}{z-2} - \frac{z}{z-3}$$

系统响应为
$$y(k) = (0.5)^k + \frac{1}{2} \times (2)^k - (3)^k \qquad (k \geqslant 0)$$

6.5　离散系统的 z 域分析

在连续系统的复频域分析中，系统复频域传递函数是研究连续系统、求解系统响应非常重要的函数。与连续系统的系统复频域传递函数类似，在本节中对离散系统也提出一个重要的函数 —— 离散系统的传递函数，它是 z 域求解离散系统零状态响应至关重要的函数。

6.5.1　系统传递函数

在离散系统中，设系统的输入序列是 $f(k)$，系统的零状态响应是 $y_f(k)$，系统的单位响应是 $h(k)$，由离散系统的时域分析可知：系统的零状态响应等于系统的输入与系统的单位响应的卷积和，即

$$y_f(k) = f(k) * h(k)$$

对上式两边取 z 变换，利用 z 变换的卷积性质有

$$Y_f(z) = F(z)H(z) \tag{6.5-1}$$

式中，$F(z)$、$Y_f(z)$、$H(z)$ 分别是 $f(k)$、$y_f(k)$、$h(k)$ 的 z 变换。

$$H(z) = \frac{Y_f(z)}{F(z)} \tag{6.5-2}$$

称 $H(z)$ 是离散系统的传递函数，简称系统函数。

离散系统的单位响应 $h(k)$ 与系统传递函数 $H(z)$ 关系是

$$h(k) \Leftrightarrow H(z)$$

n 阶离散系统的差分方程的一般形式是

$$y(k) + a_1 y(k-1) + \cdots + a_n y(k-n)$$
$$= b_0 f(k) + b_1 f(k-1) + \cdots b_{m-1} f(k-m-1) + b_m f(k-m) \tag{6.5-3}$$

式中，n、m 是常数，$n \geqslant m$。

令 $y(-1) = y(-2) = y(-3) = \cdots = y(n-1) = y(-n) = 0$，即系统是零状态，由于输入序列 $f(k)$ 是因果序列，因而有

$$f(-1) = f(-2) = f(-3) = \cdots = f(-m+1) = f(-m) = 0$$

对式（6.5-3）取 z 变换，有

$$Y_f(z) + a_1 z^{-1} Y_f(z) + \cdots + a_{n-1} z^{-(n-1)} Y_f(z) + a_n z^{-n} Y_f(z)$$
$$= b_0 F(z) + b_1 z^{-1} F(z) + \cdots + b_{\mu-1} z^{-(m-1)} F(z) + b_m z^{-m} F(z)$$

等式两边分别提取公因子，得到

$$(1 + a_1 z^{-1} + \cdots + a_{n-1} z^{-(n-1)} + a_n z^{-n}) Y_{\mathrm{f}}(z)$$
$$= (b_0 + b_1 z^{-1} + \cdots + b_{m-1} z^{-(m-1)} + b_m z^{-m}) F(z)$$

系统传递函数是　$H(z) = \dfrac{Y_{\mathrm{f}}(z)}{F(z)} = \dfrac{b_0 + b_1 z^{-1} + \cdots + b_{m-1} z^{-(m-1)} + b_m z^{-m}}{1 + a_1 z^{-1} + \cdots + a_{n-1} z^{-(n-1)} + a_n z^{-n}}$

式（6.5-3）描述的差分方程的传输算子是

$$H(E) = \dfrac{b_0 + b_1 E^{-1} + \cdots + b_{m-1} E^{-(m-1)} + b_m E^{-m}}{1 + a_1 E^{-1} + \cdots + a_{n-1} E^{-(n-1)} + a_n E^{-n}}$$

因此，离散系统的系统传递函数与传输算子的关系是

$$H(z) = H(E)\big|_{E=z}$$

　　系统传递函数与系统的差分方程满足一一对应的关系，因此，系统传递函数可以代表一个离散系统。用系统传递函数 $H(z)$ 表示离散系统如图 6.5-1 所示。

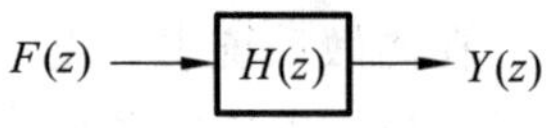

　　例 6.5-1　已知离散系统的单位响应 $h(k) = \delta(k) + 2u(k-1)$，求系统传递函数。

$$F(z) \longrightarrow \boxed{H(z)} \longrightarrow Y(z)$$

图 6.5-1　离散系统

　　解　系统传递函数为

$$H(z) = \mathscr{Z}\big[h(k)\big] = \mathscr{Z}\big[\delta(k) + 2u(k-1)\big] = 1 + 2 \times \dfrac{1}{z-1} = \dfrac{z+1}{z-1}$$

　　例 6.5-2　已知系统的差分方程是 $y(k+2) - 2y(k+1) - 3y(k) = f(k+1) + 2f(k)$，求系统传递函数。

　　解　将差分方程变为算子形式的方程，有

$$(E^2 - 2E - 3)y(k) = (E + 2)f(k)$$

则系统传输算子　$H(E) = \dfrac{E+2}{E^2 - 2E - 3}$

系统传递函数　$H(z) = H(E)\big|_{E=z} = \dfrac{z+2}{z^2 - 2z - 3}$

　　例 6.5-3　图 6.5-2 所示的系统中，两个子系统的系统传递函数为

$$H_1(z) = \dfrac{z}{z-0.4}, \qquad H_2(z) = \dfrac{1}{z+0.7}$$

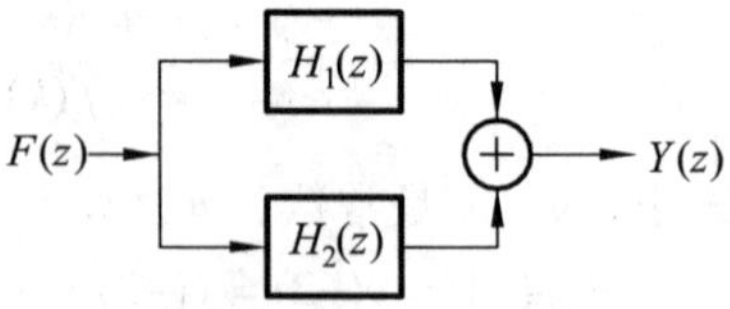

求系统的单位响应。

　　解　图中两个子系统是并联连接，系统传递函数为

$$H(z) = H_1(z) + H_2(z) = \dfrac{z}{z-0.4} + \dfrac{1}{z+0.7}$$

系统单位响应为　$h(k) = \mathscr{Z}^{-1}\big[H(z)\big]$

图 6.5-2　例 6.5-3 图

又　　　$0.4^k u(k) \Leftrightarrow \dfrac{z}{z-0.4}, \qquad (-0.7)^{k-1} u(k-1) \Leftrightarrow \dfrac{1}{z+0.7}$

所以系统单位响应 $h(k) = 0.4^k u(k) + (-0.7)^{k-1} u(k-1)$

6.5.2 z 变换求解零状态响应及其物理解释

式（6.5-1）提供了用 z 变换求系统零状态响应的方法，即系统传递函数乘以输入序列的象函数即得零状态响应的象函数，再进行 z 反变换就得到系统的零状态响应，这一过程如图 6.5-3 所示。

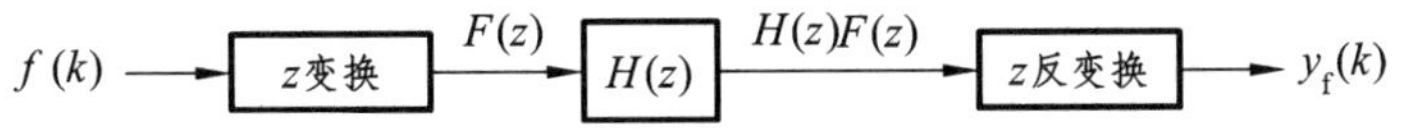

$$f(k) \longrightarrow \boxed{z变换} \xrightarrow{F(z)} \boxed{H(z)} \xrightarrow{H(z)F(z)} \boxed{z反变换} \longrightarrow y_{\mathrm{f}}(k)$$

图 6.5-3　z 变换求零状态响应

下面对图 6.5-3 所示的求解零状态响应的方法进行物理解释。

在离散系统中，系统的零状态响应等于系统的单位响应与输入序列的卷积和，即

$$y_{\mathrm{f}}(k) = h(k) * f(k) = \sum_{m=-\infty}^{\infty} h(m)f(k-m)$$

如果输入序列 $f(k) = z^k$，则有

$$y_{\mathrm{f}}(k) = \sum_{m=-\infty}^{\infty} h(m)z^{k-m} = z^k \sum_{m=-\infty}^{\infty} h(m)z^{-m}$$

系统的单位响应 $h(k)$ 是因果信号，则有

$$y_{\mathrm{f}}(k) = z^k \sum_{m=0}^{\infty} h(m)z^{-m}$$

系统单位响应与系统传递函数关系是

$$H(z) = \sum_{k=0}^{\infty} h(k)z^{-k} = \sum_{m=0}^{\infty} h(m)z^{-m}$$

因而有

$$y_{\mathrm{f}}(k) = z^k H(z) \tag{6.5-4}$$

由此可知，线性时不变离散系统对于一个无始无终的指数序列 $f(k) = z^k$ 的响应是 $z^k H(z)$。如果任意一个序列都可以用指数序列 z^k 的线性组合来表示，那么系统对于任何输入序列的响应就可以求出来。任意一个序列如何用指数序列 z^k 的线性组合来表示呢？观察 z 反变换的定义 $f(k) = \dfrac{1}{2\pi \mathrm{j}} \oint F(z)z^{k-1}\mathrm{d}z$ 可知，反变换正是将序列 $f(k)$ 表示成一个指数序列 z^k 的线性组合，因而系统的零状态响应是

$$y_{\mathrm{f}}(k) = \frac{1}{2\pi \mathrm{j}} \oint F(z)H(z)z^{k-1}\mathrm{d}z = \mathscr{Z}^{-1}\left[F(z)H(z)\right]$$

例 6.5-4　已知描述系统的差分方程是

$$y(k) - y(k-1) - 2y(k-2) = f(k) + 2f(k-2)$$

输入序列 $f(k) = \left(\dfrac{1}{2}\right)^k u(k)$，求系统的零状态响应。

解　设系统是零状态，两边取 z 变换，有

$$Y_{\mathrm{f}}(z) - z^{-1}Y_{\mathrm{f}}(z) - 2z^{-2}Y_{\mathrm{f}}(z) = F(z) + 2z^{-2}F(z)$$

$$(1 - z^{-1} - 2z^{-2})Y_{\mathrm{f}}(z) = (1 + 2z^{-2})F(z)$$

系统传递函数

$$H(z) = \frac{Y_{\mathrm{f}}(z)}{F(z)} = \frac{1 + 2z^{-2}}{1 - z^{-1} - 2z^{-2}} = \frac{z^2 + 2}{z^2 - z - 2}$$

输入序列的 z 变换为

$$F(z) = \mathscr{Z}\left[\left(\frac{1}{2}\right)^k u(k)\right] = \frac{z}{z - \dfrac{1}{2}}$$

零状态响应为
$$Y_f(z) = F(z)H(z) = \frac{z}{z - \frac{1}{2}} \cdot \frac{z^2 + 2}{z^2 - z - 2}$$

$$= \frac{4}{3} \times \frac{z}{z-2} + \frac{2}{3} \times \frac{z}{z+1} - \frac{z}{z - \frac{1}{2}}$$

所以
$$y_f(k) = \left[\frac{4}{3}(2)^k + \frac{2}{3}(-1)^k - \left(\frac{1}{2} \right)^k \right] u(k)$$

例 6.5-5 已知描述系统的差分方程是 $y(k) - \frac{1}{3}y(k-1) = f(k)$，系统的零状态响应是 $y_f(k) = 3\left[4^{-k} - 3^{-k} \right] u(k)$，求输入序列 $f(k)$。

解 令系统是零状态的系统，对差分方程 $y(k) - \frac{1}{3}y(k-1) = f(k)$ 两边取 z 变换，有

$$Y_f(z) - \frac{1}{3}z^{-1}Y_f(z) = F(z)$$

即
$$\left(1 - \frac{1}{3}z^{-1} \right) Y_f(z) = F(z)$$

系统传递函数为
$$H(z) = \frac{Y_f(z)}{F(z)} = \frac{1}{1 - \frac{1}{3}z^{-1}} = \frac{z}{z - \frac{1}{3}}$$

因为
$$Y_f(z) = \mathscr{Z}\left[y_f(k) \right] = 3 \times \left(\frac{z}{z - \frac{1}{4}} - \frac{z}{z - \frac{1}{3}} \right) = \frac{-z}{4\left(z - \frac{1}{4} \right)\left(z - \frac{1}{3} \right)}$$

输入序列象函数
$$F(z) = \frac{Y_f(z)}{H(z)} = \frac{\dfrac{-z}{4\left(z - \frac{1}{4} \right)\left(z - \frac{1}{3} \right)}}{\dfrac{z}{\left(z - \frac{1}{3} \right)}} = \frac{-1}{4\left(z - \frac{1}{4} \right)}$$

所以输入序列
$$f(k) = -\frac{1}{4} \times \left(\frac{1}{4} \right)^{k-1} u(k-1) = -\left(\frac{1}{4} \right)^k u(k-1)$$

例 6.5-6 已知某离散系统的输入序列是 $f_1(k) = u(k)$ 时，零状态响应 $y_{f1}(k) = 4^k u(k)$。求输入序列是 $f_2(k) = (k+1)u(k)$ 时系统的零状态响应 $y_{f2}(k)$。

解
$$F_1(z) = \mathscr{Z}\left[f_1(k) \right] = \mathscr{Z}\left[u(k) \right] = \frac{z}{z-1}$$

$$Y_{f1}(z) = \mathscr{Z}\left[y_{f1}(k) \right] = \mathscr{Z}\left[4^k u(k) \right] = \frac{z}{z-4}$$

系统传递函数
$$H(z) = \frac{Y_{f1}(z)}{F_1(z)} = \frac{\dfrac{z}{z-4}}{\dfrac{z}{z-1}} = \frac{z-1}{z-4}$$

因为 $u(k) \Leftrightarrow \dfrac{z}{z-1}$，利用 z 域微分性质，有

$$ku(k) \Leftrightarrow (-z)\frac{\mathrm{d}}{\mathrm{d}z}\left(\frac{z}{z-1}\right) = \frac{z}{(z-1)^2}$$

$$F_2(z) = \mathscr{Z}\left[f_2(k)\right] = \mathscr{Z}\left[(k+1)u(k)\right] = \mathscr{Z}\left[ku(k)+u(k)\right] = \frac{z}{(z-1)^2} + \frac{z}{z-1}$$

则

$$Y_{f2}(z) = H(z)F_2(z) = \frac{z-1}{z-4} \cdot \left[\frac{z}{(z-1)^2} + \frac{z}{z-1}\right] = \frac{z^2}{(z-1)(z-4)} = -\frac{1}{3} \times \frac{z}{z-1} + \frac{4}{3} \times \frac{z}{z-4}$$

零状态响应

$$y_{f2}(k) = \left[-\frac{1}{3} + \frac{4}{3} \times (4)^k\right]u(k)$$

例 6.5-7 已知离散系统的传递函数是 $H(z) = \dfrac{z(7z-2)}{(z-0.2)(z-0.5)}$，输入序列 $f(k) = u(k)$，初始条件 $y_x(0) = 2$、$y_x(1) = 4$，求系统的完全响应，并指出强制响应分量和自由响应分量。

解

① 求系统的零输入响应 $y_x(k)$。由传递函数可知系统的传输算子

$$H(E) = \frac{E(7E-2)}{(E-0.2)(E-0.5)}$$

根据离散系统的时域分析可知，零输入响应的形式由传输算子的分母决定，因此零输入响应的形式是

$$y_x(k) = c_1(0.2)^k + c_2(0.5)^k$$

将初始条件 $y_x(0) = 2$、$y_x(1) = 4$ 代入上式，有

$$\begin{cases} y_x(0) = c_1 + c_2 = 2 \\ y_x(1) = 0.2c_1 + 0.5c_2 = 4 \end{cases} \quad 解得 \quad \begin{cases} c_1 = -10 \\ c_2 = 12 \end{cases}$$

所以系统的零输入响应是

$$y_x(k) = 12 \times (0.5)^k - 10 \times (0.2)^k \qquad (k \geqslant 0)$$

② 用 z 变换求系统的零状态响应。输入序列的 z 变换为

$$F(z) = \frac{z}{z-1}$$

零状态响应的 z 变换为

$$Y_f(z) = H(z)F(z) = \frac{z(7z-2)}{(z-0.2)(z-0.5)} \cdot \frac{z}{z-1} = z\left[\frac{z(7z-2)}{(z-0.2)(z-0.5)(z-1)}\right]$$

$$= \frac{-0.5z}{z-0.2} + \frac{-5z}{z-0.5} + \frac{12.5z}{z-1}$$

系统的零状态响应为

$$y_f(k) = \left[-0.5 \times (0.2)^k - 5 \times (0.5)^k + 12.5\right]u(k)$$

③ 完全响应：

$$y(k) = y_x(k) + y_f(k) = 12 \times (0.5)^k - 10 \times (0.2)^k + \left[-0.5 \times (0.2)^k - 5 \times (0.5)^k + 12.5\right]u(k)$$

$$= -10.5 \times (0.2)^k + 7 \times (0.5)^k + 12.5u(k) \qquad (k \geqslant 0)$$

强迫响应分量是指响应中由系统的输入信号决定的响应分量，自由响应分量是指响应中

由系统传递函数极点引起的响应分量，所以此例中强迫响应分量是 $12.5u(k)$ ，自由响应分量是 $-10.5 \times (0.2)^k + 7 \times (0.5)^k$ 。

6.6 系统传递函数的零、极点及系统的稳定性判定

在连续系统中，复频域系统传递函数 $H(s)$ 的极点决定系统的稳定性，离散系统的传递函数 $H(z)$ 与其稳定性的关系如何？在本节中，首先介绍系统传递函数 $H(z)$ 的零、极点对系统单位响应的影响，最后讨论系统传递函数 $H(z)$ 的极点与系统稳定性的关系。

6.6.1 系统传递函数的零、极点与单位响应的关系

一个 n 阶离散系统的传递函数的一般形式是

$$H(z) = \frac{b_m z^m + b_{m-1} z^{m-1} + \cdots + b_2 z^2 + b_1 z + b_0}{a_n z^n + a_{n-1} z^{n-1} + \cdots + a_2 z^2 + a_1 z + a_0} \qquad (m < n)$$

对系统传递函数的分子和分母进行因式分解，得

$$H(z) = \frac{H_m(z - z_1)(z - z_2) \cdots (z - z_{m-1})(z - z_m)}{(z - p_1)(z - p_2) \cdots (z - p_{n-1})(z - p_n)} \qquad （6.6-1）$$

式中， H_m 称为系统传递函数增益， $z_i \ (i = 1,2,3,\cdots,m)$ 称为系统传递函数 $H(z)$ 的零点， $p_j \ (j = 1,2,3,\cdots,n)$ 称为系统传递函数 $H(z)$ 的极点。将系统传递函数的零点和极点画在 z 平面上，零点用"o"表示，极点用"×"表示，称为系统的零极点图。

例 6.6-1 一个离散系统的差分方程是

$$y(k+2) + 0.5y(k+1) - 0.5y(k) = 3f(k+1) + f(k)$$

请画出系统的零、极点图。

解 根据系统的差分方程可得系统的传递函数是

$$H(z) = \frac{3z + 1}{z^2 + 0.5z - 0.5} = \frac{3\left(z + \dfrac{1}{3}\right)}{(z+1)(z-0.5)}$$

图 6.6-1 例 6.6-1 图

系统传递函数的零点是 $z_1 = -\dfrac{1}{3}$ ，极点是 $p_1 = -1$ 和 $p_2 = 0.5$ ，系统传递函数的零、极点图如图 6.6-1 所示。

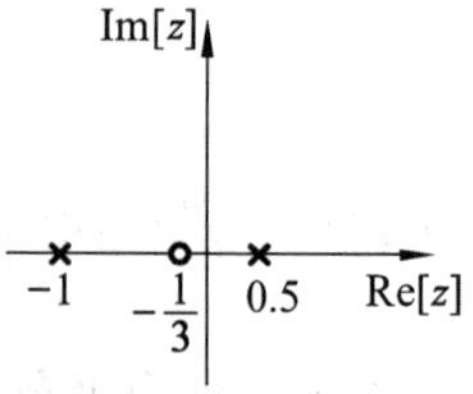

离散系统的单位响应 $h(k)$ 与其系统传递函数 $H(z)$ 之间的关系是

$$h(k) = \mathscr{Z}^{-1}\big[H(z)\big] \qquad （6.6-2）$$

将式（6.6-1）代入式（6.6-2），得

$$h(k) = \mathscr{Z}^{-1}\left[\frac{H_m(z-z_1)(z-z_2)\cdots(z-z_{m-1})(z-z_m)}{(z-p_1)(z-p_2)\cdots(z-p_{n-1})(z-p_n)}\right] = \mathscr{Z}^{-1}\left[\sum_j \frac{A_j z}{z - p_j} + \sum_i \frac{B_i z}{(z - p_i)^{l_i}}\right] \qquad （6.6-3）$$

式（6.6-3）中，单极点所对应的响应分量是

$$\sum_j h_j(k) = \mathscr{Z}^{-1}\left[\sum_j \frac{A_j z}{z - p_j}\right] = \sum_j A_j p_j{}^k u(k) \qquad （6.6-4）$$

式（6.6-3）中，假设重极点为二重，二重极点（ $l_i = 2$ ）所对应的响应分量是

$$\sum_i h_i(k) = \mathscr{Z}^{-1}\left[\sum_i \frac{B_i z}{(z-p_i)^2}\right] = \sum_i B_i\, k\, p_i^{\,k-1} u(k) \qquad (6.6\text{-}5)$$

在式（6.6-3）中，系数 A_j、B_i 是将复杂分式分解成简单分式时根据部分分式法计算的各简单分式的系数，它们与系统函数的零点 z_i、极点 p_j 有关。因此，系统传递函数的极点决定单位响应 $h(k)$ 的变化规律，而零点只影响 $h(k)$ 的幅值。

在式（6.6-4）中，当 $k \to \infty$ 时，若极点 $|p_j| < 1$，则 $p_j^k u(k)$ 是一个收敛的序列，相应的单位响应 $h_j(k) \to 0$，若单极点 $|p_j| > 1$，则 $p_j^k u(k)$ 是一个发散的序列，相应的单位响应 $h_j(k) \to \infty$，若极点 $|p_j| = 1$，则 $p_j^k u(k)$ 是一个常数序列或是等幅振荡的序列。

在式（6.6-5）中，当 $k \to \infty$ 时，若极点 $|p_i| < 1$，则 $k\, p_i^{\,k-1} u(k)$ 是一个收敛的序列，相应的单位响应 $h_i(k) \to 0$，若单极点 $|p_i| > 1$ 或 $|p_i| = 1$，则 $k\, p_i^{\,k-1} u(k)$ 是一个发散的序列，相应的单位响应 $h_i(k) \to \infty$。

在式（6.6-3）中，如果有三重或三重以上的极点，这些极点对相应响应的影响与二重极点相同。

系统传递函数的单极点与相应的单位响应波形见图 6.6-2。系统传递函数的二重极点与相应的单位响应波形见图 6.6-3。在图 6.6-2 和图 6.6-3 中，若极点 p 是复数，相应的单位响应波形是由 p 和共轭极点 p^* 共同引起的。由图 6.6-2 和图 6.6-3 可得如下结论：

① 当系统传递函数的极点（单极点或二重）位于单位圆内时，单位响应是收敛序列。

② 当系统传递函数的极点（单极点或二重）位于单位圆外时，单位响应是发散序列。

③ 当系统传递函数的单极点位于单位圆上时，单位响应是常量或是等幅振荡的序列。

④ 当系统传递函数的二重极点位于单位圆上时，单位响应是一个发散的序列。

以上的分析结论中有关二重极点的结论可以推广到 n 重极点。

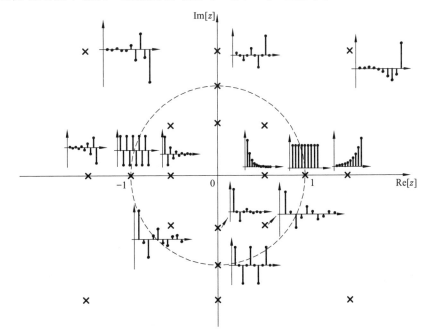

图 6.6-2　系统传递函数的单极点与相应的单位响应波形

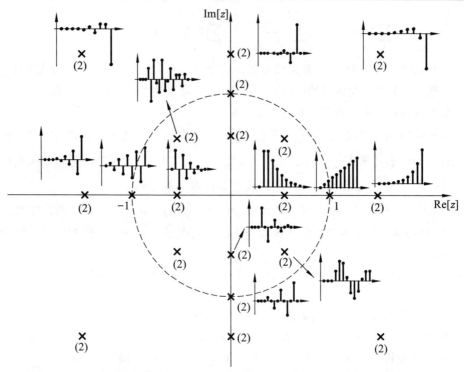

图 6.6-3   系统传递函数的二重极点与相应的单位响应波形

6.6.2   离散系统的稳定性判定

对任意有界的输入序列 $f(k)$，如果系统的零状态响应 $y_f(k)$ 是有界的，那么该离散系统是稳定的，即：

如果 $\qquad |f(k)| \leqslant M_f$，$\quad |y_f(k)| \leqslant M_y \qquad$（$M_f$、$M_y$ 为有界正数）

则该系统是稳定的。

可以证明，离散时间系统稳定的充分必要条件是

$$\sum_{k=-\infty}^{\infty} |h(k)| \leqslant M \qquad （M 为有界正数） \qquad （6.6-6）$$

式（6.6-6）的证明同连续系统类似。由式（6.6-6）可知，一个离散系统若单位响应绝对可和，则该离散系统稳定。单位响应 $h(k)$ 绝对可和即要求 $\lim\limits_{k \to \infty} h(k) = 0$，而由系统传递函数极点的分布与单位响应的关系可知：当系统传递函数的所有极点 $|p_j| < 1$（即位于单位圆内）时，$\lim\limits_{k \to \infty} h(k) = 0$，离散系统稳定；当系统传递函数的极点中存在 $|p_j| > 1$（即位于单位圆外）时，单位响应 $h(k)$ 是一个发散的序列，即有 $\lim\limits_{k \to \infty} h(k) \neq 0$；当系统传递函数的重极点中存在 $|p_j| = 1$（即位于单位圆上）时，单位响应 $h(k)$ 是一个发散的序列，即有 $\lim\limits_{k \to \infty} h(k) \neq 0$；当系统传递函数的单极点存在 $|p_j| = 1$（即位于单位圆上）而其余的极点都位于单位圆内时，单位响应 $h(k)$ 是一个常数或是等幅振荡的序列。

根据以上的分析，系统传递函数的极点与判定离散系统稳定性的关系如下：

① 当系统传递函数 $H(z)$ 的极点全位于单位圆内时，系统是一个稳定的系统。

② 当系统传递函数 $H(z)$ 的极点有位于单位圆外或有重极点位于单位圆上时，系统是一个不稳定的系统。

③ 当系统传递函数 $H(z)$ 的极点有单极点位于单位圆上，其余全位于单位圆内时，系统是一个临界稳定的系统。

例 6.6-2　已知各系统的系统传递函数，请判定以下系统是否是稳定系统。

① $H_1(z) = \dfrac{3z+5}{(z+0.2)(z-0.4)}$ ；　　② $H_2(z) = \dfrac{5z+1}{(z+1)(z-0.5)}$ ；

③ $H_3(z) = \dfrac{2z+3}{(z-0.6)(z-2)}$ ；　　④ $H_4(z) = \dfrac{z+2}{(z^2+1)^2(z+0.9)}$ 。

解

① 系统传递函数的极点是

$$p_1 = -0.2 , \qquad p_2 = 0.4$$

极点满足 $|p_j| < 1$（$j = 1$，2），所有的极点都位于单位圆内，因而系统是稳定的系统。

② 系统传递函数的极点是

$$p_1 = -1 , \qquad p_2 = 0.5$$

极点 $|p_j| = 1$，单极点 p_1 位于单位圆上，p_2 位于单位圆内，因而系统是临界稳定的系统。

③ 系统传递函数的极点是

$$p_1 = -0.6 , \qquad p_2 = 2$$

极点 $|p_2| > 1$，极点 p_2 位于单位圆外，因而系统是不稳定的系统。

④ 系统传递函数的极点是

$$p_{1,2} = \mathrm{j} , \qquad p_{3,4} = -\mathrm{j} , \qquad p_5 = -0.9$$

极点 $|p_{1,2,3,4}| = 1$，在单位圆上存在重极点，因而系统是不稳定的系统。

6.7　离散系统的频域响应

一个离散时不变线性系统（LTID），当输入信号 $f(k) = z^k$（是一个无始无终的信号），由式（6.5-4）可知系统的零状态响应是

$$y_{\mathrm{f}}(k) = z^k H(z)$$

即　　　　$z^k \longrightarrow \boxed{\text{LTID}} \longrightarrow z^k H(z)$

令 $z = \mathrm{e}^{\mathrm{j}\Omega}$，有　　　$\mathrm{e}^{\mathrm{j}\Omega k} \longrightarrow \boxed{\text{LTID}} \longrightarrow \mathrm{e}^{\mathrm{j}\Omega k} H(\mathrm{e}^{\mathrm{j}\Omega})$

输入信号取实部，即 $\mathrm{Re}\left[\mathrm{e}^{\mathrm{j}\Omega k}\right] = \cos\Omega k$，有

$$\cos\Omega k \longrightarrow \boxed{\text{LTID}} \longrightarrow \mathrm{Re}\left[\mathrm{e}^{\mathrm{j}\Omega k} H(\mathrm{e}^{\mathrm{j}\Omega})\right]$$

设 $H(\mathrm{e}^{\mathrm{j}\Omega}) = \left|H(\mathrm{e}^{\mathrm{j}\Omega})\right|\mathrm{e}^{\mathrm{j}\varphi(\Omega)}$，则输出信号

$$\mathrm{Re}\Big[\mathrm{e}^{\mathrm{j}\varOmega k}H(\mathrm{e}^{\mathrm{j}\varOmega})\Big] = \mathrm{Re}\Big[\mathrm{e}^{\mathrm{j}\varOmega k}\,|\,H(\mathrm{e}^{\mathrm{j}\varOmega})\,|\,\mathrm{e}^{\mathrm{j}\varphi(\varOmega)}\Big] = \mathrm{Re}\Big[\Big|H(\mathrm{e}^{\mathrm{j}\varOmega})\Big|\mathrm{e}^{\mathrm{j}\left[\varOmega k+\varphi(\varOmega)\right]}\Big]$$

$$= \Big|H(\mathrm{e}^{\mathrm{j}\varOmega})\Big|\cos\Big[\varOmega k+\varphi(\varOmega)\Big]$$

所以

$$\cos\varOmega k \longrightarrow \boxed{\text{LTID}} \longrightarrow \Big|H(\mathrm{e}^{\mathrm{j}\varOmega})\Big|\cos\Big[\varOmega k+\varphi(\varOmega)\Big]$$

由以上的推导可以看出，系统对一个输入是正弦序列 $\cos\varOmega k$ 的响应是

$$y_{\mathrm{f}}(k) = \Big|H(\mathrm{e}^{\mathrm{j}\varOmega})\Big|\cos\Big[\varOmega k+\varphi(\varOmega)\Big] \tag{6.7-1}$$

当输入信号是 $A\cos(\varOmega k+\theta)$ 时，系统的响应是

$$y_{\mathrm{f}}(k) = A\Big|H(\mathrm{e}^{\mathrm{j}\varOmega})\Big|\cos\Big[\varOmega k+\theta+\varphi(\varOmega)\Big] \tag{6.7-2}$$

式（6.7-2）仅对稳定系统成立，对于不稳定系统是没有意义的，原因是在推导的过程中令 $z=\mathrm{e}^{\mathrm{j}\varOmega}$。对于不稳定的系统，系统传递函数 $H(z)$ 的收敛域不包括单位圆，即 $z=\mathrm{e}^{\mathrm{j}\varOmega}$。

式（6.7-2）表明，一个稳定 LTID 系统对于一个频率是 $\varOmega$ 的离散正弦信号的响应是一个同频率的离散正弦信号，输出正弦信号的振幅是输入振幅的 $\Big|H(\mathrm{e}^{\mathrm{j}\varOmega})\Big|$ 倍，相位是输入信号相位右移 $\varphi(\varOmega)$。因此，将 $\Big|H(\mathrm{e}^{\mathrm{j}\varOmega})\Big|$ 定义为系统的幅度增益，$\Big|H(\mathrm{e}^{\mathrm{j}\varOmega})\Big|$ 与 $\varOmega$ 的关系图形称为系统的振幅频谱；$\varphi(\varOmega)$ 定义为系统的相位增益，$\varphi(\varOmega)$ 与 $\varOmega$ 的关系图形称为系统的相位频谱。

对于一个稳定系统，由于输入序列是一个无始无终的信号，因而式（6.7-1）和式（6.7-2）中系统的输出只有稳态响应分量。如果系统的输入是一个因果序列，那么输出序列中包含自由响应分量和稳态响应分量，对于一个稳定的离散系统，当 $k\to\infty$ 时，自由响应分量衰减为 0，输出序列仅含稳态响应分量。根据式（6.7-2）可知：一个稳定的离散系统对一个因果正弦序列 $A\cos(\varOmega k+\theta)$ 的稳态响应 $y_{\mathrm{ss}}(k)$ 是

$$y_{\mathrm{ss}}(k) = A\Big|H(\mathrm{e}^{\mathrm{j}\varOmega})\Big|\cos\Big[\varOmega k+\theta+\varphi(\varOmega)\Big] \tag{6.7-3}$$

例 6.7-1 某离散时间系统的模拟图如图 6.7-1 所示。① 求系统传递函数 $H(z)$。② 求单位响应 $h(k)$。③ 若输入信号 $f(k)=2\cos(4k+30°)$，求系统的稳态响应。

解 利用梅森公式可得系统传递函数是

$$H(z) = \frac{Y(z)}{F(z)} = \frac{\dfrac{1}{z}}{1-\dfrac{1}{4}\times\dfrac{1}{z}\times\dfrac{1}{z}} = \frac{z}{z^2-\dfrac{1}{4}} = \frac{z}{z-\dfrac{1}{2}} - \frac{z}{z+\dfrac{1}{2}}$$

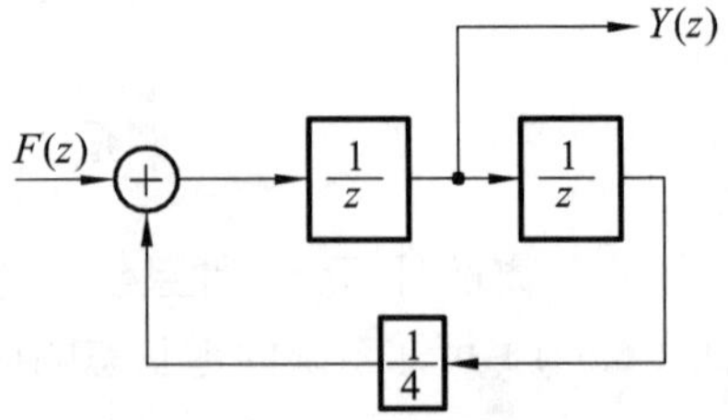

所以系统的单位响应是

图 6.7-1　例 6.7-1 图

$$h(k) = \left[\left(\frac{1}{2}\right)^k - \left(-\frac{1}{2}\right)^k\right]u(k)$$

由于输入序列是 $f(k)=2\cos(4k+30°)$，可知角频率 $\varOmega=4$ 弧度 / 样本。令 $z=\mathrm{e}^{\mathrm{j}4}$，代入系统函数 $H(z)$ 表达式，得

$$H(\mathrm{e}^{\mathrm{j}4}) = \frac{\mathrm{e}^{\mathrm{j}4}}{\mathrm{e}^{\mathrm{j}8}-\dfrac{1}{4}} = 0.939\underline{/117.4°}$$

$$\Big|H(\mathrm{e}^{\mathrm{j}4})\Big| = 0.939, \qquad \varphi(4) = 117.4°$$

由式（6.7-3）可知，系统的稳态响应是

$$y_{ss}(k) = 2\left|H(\mathrm{e}^{\mathrm{j}4})\right|\cos\left[4k + 30° + \varphi(4)\right] = 2 \times 0.939\cos(4k + 30° + 117.4°)$$
$$= 1.878\cos(4k + 147.4°)$$

例 6.7-2　某离散系统的差分方程是 $y(k+1) + 0.5y(k) = f(k+1)$，求：① 系统传递函数 $H(z)$；② 画出系统的幅频特性和相频特性曲线。

解　设系统是零状态系统，两边取 z 变换，即

$$(z + 0.5)Y(z) = z F(z)$$

则系统传递函数　　$H(z) = \dfrac{Y(z)}{F(z)} = \dfrac{z}{z + 0.5}$

令 $z = \mathrm{e}^{\mathrm{j}\Omega}$，代入系统函数 $H(z)$ 表达式，得到系统的频率特性

$$H(\mathrm{e}^{\mathrm{j}\Omega}) = \frac{\mathrm{e}^{\mathrm{j}\Omega}}{\mathrm{e}^{\mathrm{j}\Omega} + 0.5} = \frac{1\underline{/\Omega}}{\cos\Omega + \mathrm{j}\sin\Omega + 0.5} = \left|H(\mathrm{e}^{\mathrm{j}\Omega})\right| \angle \varphi(\Omega)$$

其中：系统的幅频特性　　$\left|H(\mathrm{e}^{\mathrm{j}\Omega})\right| = \dfrac{1}{\sqrt{(\cos\Omega + 0.5)^2 + \sin^2\Omega}}$

系统的相频特性　　$\varphi(\Omega) = \Omega - \arctan\dfrac{\sin\Omega}{\cos\Omega + 0.5}$

系统的幅频特性和相频特性如图 6.7-2 所示。

从图 6.7-2 中可以看出，系统的幅频特性和相频特性都是周期函数，其周期是 2π，这并不是偶然。因为 $\mathrm{e}^{\mathrm{j}(\pm 2m\pi)} = 1$，所以 $\mathrm{e}^{\mathrm{j}\Omega} = \mathrm{e}^{\mathrm{j}(\Omega \pm 2m\pi)}$（$m$ 是正整数），$\mathrm{e}^{\mathrm{j}\Omega}$ 是一个周期为 2π 的周期函数。系统频率特性 $H(\mathrm{e}^{\mathrm{j}\Omega})$ 满足

$$H(\mathrm{e}^{\mathrm{j}\Omega}) = H(\mathrm{e}^{\mathrm{j}(\Omega \pm 2m\pi)}) \qquad （m \text{ 是正整数}）$$

因此，频率特性 $H(\mathrm{e}^{\mathrm{j}\Omega})$ 是一个以 2π 为周期的周期函数，即任意一个稳定的离散系统的幅频特性和相频特性都是以 2π 为周期的周期函数。

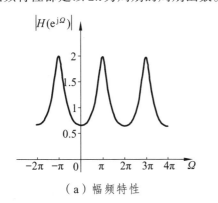

（a）幅频特性　　　　　　　　　　（b）相频特性

图 6.7-2　离散系统的频率特性

6.8 节内容及本章小结在此，
扫一扫就能得到啦！

扫一扫，本章习题及
参考答案在这里哦！

第 7 章 系统的状态空间分析

7.1 状态空间描述

系统分析的首要任务是对系统建立数学模型，也就是系统描述。前几章在描述系统时，仅涉及系统的输入和输出信号，例如：连续系统的微分方程和离散系统的差分方程，这种方法称为系统的输入输出描述，用这种方法建立起来的系统的数学模型仅描述系统端部的运动特性，不能反映系统内部运动的情况，因而将这种方法又称为系统的不完全描述。输入输出描述常用的方法有：微分方程、差分方程、单位冲激响应、系统传递函数等。以下通过一个例子说明输入输出描述的缺点。

图 7.1-1 所示系统的传递函数是 $H(s) = \dfrac{1}{s+3}$，系统传递函数的极点在 s 平面的左半开平面，由此可知系统属于渐进稳定的系统。但系统是由两个子系统级联组成的，第二个子系统的系统传递函数的极点在 s 平面的右半开平面，属于不稳定系统，因而整个

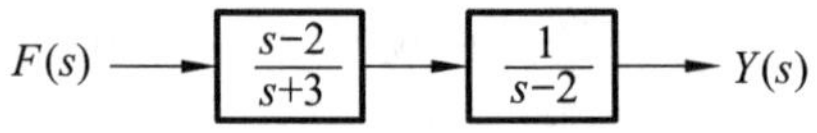

图 7.1-1　不稳定的系统

系统是不稳定的。因此可以看出，由于输入输出描述仅涉及系统端部的情况，没有考虑系统内部的变量，有时会得出错误的结论。

在 20 世纪 50 年代，由于航空航天技术和电子计算机的发展，兴起了一种状态空间分析方法。这种分析方法采用系统内部的物理量建立方程，克服了输入输出法的缺陷。所谓状态空间分析法，就是把系统内部独立的物理变量作为分析变量（即状态变量），利用状态变量与系统的输入、输出信号描述系统的方法。下面通过简单的电路来说明状态空间分析法中的一些基本概念。

图 7.1-2 中，输入是电压源 $u_S(t)$，输出是电流 i，根据电路可以列写出以电流 i 为变量的二阶微分方程。

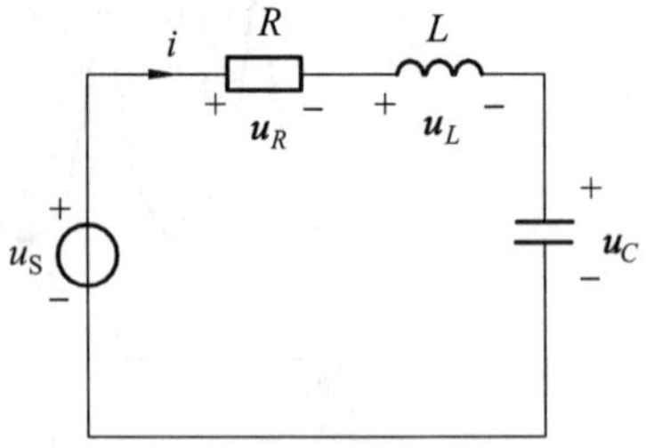

根据基尔霍夫电压定律有

$$u_R + u_L + u_C = u_S \qquad (7.1\text{-}1)$$

根据元件的伏安关系有

$$u_R = Ri, \quad u_L = L\frac{\mathrm{d}i}{\mathrm{d}t}, \quad u_C = \frac{1}{C}\int_{-\infty}^{t} i\,\mathrm{d}\tau$$

图 7.1-2　典型的简单电路

代入式（7.1-1）有

$$Ri + L\frac{\mathrm{d}i}{\mathrm{d}t} + \frac{1}{C}\int_{-\infty}^{t} i\,\mathrm{d}\tau = u_S$$

方程两边对 t 求导，有

$$L\frac{\mathrm{d}^2 i}{\mathrm{d}t^2} + R\frac{\mathrm{d}i}{\mathrm{d}t} + \frac{1}{C}i = u_S' \qquad (7.1\text{-}2)$$

这是一个二阶微分方程，描述的是输入电压源 $u_\mathrm{S}(t)$ 和输出电流 i 的关系，称为系统的输入输出方程。如果想了解输出电流 i 与电容电压 $u_C(t)$、输入电源 $u_\mathrm{S}(t)$ 的关系，那么可用以下一阶微分方程组来描述系统

$$\begin{cases} \dfrac{\mathrm{d}u_C}{\mathrm{d}t} = \dfrac{1}{C}i \\[2mm] \dfrac{\mathrm{d}i}{\mathrm{d}t} = -\dfrac{1}{L}u_C - \dfrac{R}{L}i + \dfrac{1}{L}u_\mathrm{S} \end{cases} \tag{7.1-3}$$

如果知道系统电压源 $u_\mathrm{S}(t)$ 和电流 i、电压 u_C 在 $t = t_0$ 值，就可以唯一确定系统在 $t \geqslant t_0$ 后任意时刻的响应，那么称 $i(t_0)$、$u_C(t_0)$ 是系统在 $t = t_0$ 时刻的状态。

所谓系统状态变量，就是指描述系统所需的最少的一组变量，根据这组变量在 $t = t_0$ 时刻的值和系统的激励，就可以唯一确定系统在 $t \geqslant t_0$ 后任意时刻的响应。在图 7.1-2 中，电容的电压 $u_C(t)$ 和电感的电流 $i(t)$（也是回路的电流）就是系统的状态变量，它们在 $t = t_0$ 时刻决定了系统在 $t = t_0$ 时刻的状态。式（7.1-3）即是系统的状态方程，它是一个一阶微分方程组，等式的左端是状态变量的一阶导数，右端是用状态变量和输入信号来表示。

如果系统的输出是电感电压 u_L 和电阻电压 u_R，那么可以用状态变量和输入信号来表示

$$\begin{cases} u_L = -u_C - Ri + u_\mathrm{S} \\ u_R = Ri \end{cases} \tag{7.1-4}$$

由式（7.1-4）可见，输出方程表示了输出变量与输入信号、状态变量的关系，是一组代数方程。

为了方便起见，常常把系统的状态方程和输出方程写成矩阵形式，式（7.1-3）和式（7.1-4）的矩阵形式分别是

状态方程
$$\begin{bmatrix} \dfrac{\mathrm{d}u_C}{\mathrm{d}t} \\[2mm] \dfrac{\mathrm{d}i}{\mathrm{d}t} \end{bmatrix} = \begin{bmatrix} 0 & \dfrac{1}{C} \\[2mm] -\dfrac{1}{L} & -\dfrac{R}{L} \end{bmatrix} \begin{bmatrix} u_C \\ i \end{bmatrix} + \begin{bmatrix} 0 \\[1mm] \dfrac{1}{L} \end{bmatrix} \begin{bmatrix} u_\mathrm{S} \end{bmatrix}$$

输出方程
$$\begin{bmatrix} u_L \\ u_R \end{bmatrix} = \begin{bmatrix} -1 & -R \\ 0 & R \end{bmatrix} \begin{bmatrix} u_C \\ i \end{bmatrix} + \begin{bmatrix} 1 \\ 0 \end{bmatrix} \begin{bmatrix} u_\mathrm{S} \end{bmatrix}$$

令
$$A = \begin{bmatrix} 0 & \dfrac{1}{C} \\[2mm] -\dfrac{1}{L} & -\dfrac{R}{L} \end{bmatrix}, \quad B = \begin{bmatrix} 0 \\[1mm] \dfrac{1}{L} \end{bmatrix}, \quad C = \begin{bmatrix} -1 & -R \\ 0 & R \end{bmatrix}, \quad D = \begin{bmatrix} 1 \\ 0 \end{bmatrix}$$

$$x(t) = \begin{bmatrix} u_C \\ i \end{bmatrix}, \quad \dot{x}(t) = \begin{bmatrix} \dfrac{\mathrm{d}u_C}{\mathrm{d}t} \\[2mm] \dfrac{\mathrm{d}i}{\mathrm{d}t} \end{bmatrix}, \quad y(t) = \begin{bmatrix} u_L \\ u_R \end{bmatrix}, \quad f(t) = \begin{bmatrix} u_\mathrm{S}(t) \end{bmatrix}$$

称 A、B、C、D 是系数矩阵，$x(t)$、$y(t)$、$f(t)$ 分别为状态矢量、输出矢量、输入矢量。

上式中，变量头上加一点表示对其一次求导，加两点表示对其两次求导，加三点表示对其三次求导。

状态方程和输出方程的标准形式是：

$$\dot{x}(t) = Ax(t) + Bf(t)$$
$$y(t) = Cx(t) + Df(t)$$

对于线性时不变系统，系数矩阵 A、B、C、D 都是常数阵。

与输入输出分析法相比，状态变量分析法具有以下的优点：

① 便于分析系统内部各种因素对系统特性的影响。

② 可用于分析任何系统（线性、非线性、时变、非时变）。

③ 适用分析多输入多输出系统。

④ 状态方程是一阶微分方程，计算方法成熟，便于计算机计算。

由于以上的特点，状态变量分析法已成为系统分析和控制理论的重要组成部分。

7.2　连续系统状态方程的建立

本节介绍建立状态方程和输出方程的两种方法：一种是从微分方程推导出状态方程和输出方程；另一种是从系统模拟框图（或信号流图）推出状态方程和输出方程。

7.2.1　由微分方程建立状态方程和输出方程

一个二阶系统的微分方程是

$$\frac{d^2 y(t)}{dt^2} + a_1 \frac{dy(t)}{dt} + a_0 y(t) = f(t) \qquad （a_1、a_0 是常数） \tag{7.2-1}$$

引入两个新变量 $x_1(t)$、$x_2(t)$，令 $x_1(t) = y(t)$，$x_2(t) = \dfrac{dy(t)}{dt}$，则有

$$\dot{x}_1(t) = x_2(t) \tag{7.2-2}$$

将 $x_1(t) = y(t)$ 和 $x_2(t) = \dfrac{dy(t)}{dt}$ 代入式（7.2-1），将其整理成一阶微分方程

$$\dot{x}_2(t) + a_1 x_2(t) + a_0 x_1(t) = f(t)$$
$$\dot{x}_2(t) = -a_0 x_1(t) - a_1 x_2(t) + f(t) \tag{7.2-3}$$

由式（7.2-2）和式（7.2-3）得到一组一阶微分方程组

$$\begin{cases} \dot{x}_1(t) = x_2(t) \\ \dot{x}_2(t) = -a_0 x_1(t) - a_1 x_2(t) + f(t) \end{cases} \tag{7.2-4}$$

式（7.2-4）中，等号的左边是系统的两个变量 $x_1(t)$、$x_2(t)$ 的一次求导，等号的右边是两个变量 $x_1(t)$、$x_2(t)$ 和输入 $f(t)$ 组成的表达式，满足状态方程要求的形式，因而式（7.2-4）是系统的状态方程，两个变量 $x_1(t)$ 和 $x_2(t)$ 即是系统的状态变量。

系统的输出方程是　　$y(t) = x_1(t)$

将状态方程和输出方程写成矩阵，即

$$\begin{bmatrix} \dot{x}_1(t) \\ \dot{x}_2(t) \end{bmatrix} = \begin{bmatrix} 0 & 1 \\ -a_0 & -a_1 \end{bmatrix} \begin{bmatrix} x_1(t) \\ x_2(t) \end{bmatrix} + \begin{bmatrix} 0 \\ 1 \end{bmatrix} f(t)$$

$$y(t) = \begin{bmatrix} 1 & 0 \end{bmatrix} \begin{bmatrix} x_1(t) \\ x_2(t) \end{bmatrix}$$

一个三阶系统的微分方程是

$$\frac{\mathrm{d}^3 y(t)}{\mathrm{d}t^3} + a_2 \frac{\mathrm{d}^2 y(t)}{\mathrm{d}t^2} + a_1 \frac{\mathrm{d}y(t)}{\mathrm{d}t} + a_0 y(t) = f(t) \qquad （7.2-5）$$

引入三个新变量 $x_1(t)$、$x_2(t)$、$x_3(t)$，令

$$x_1(t) = y(t)，\qquad x_2(t) = \frac{\mathrm{d}y(t)}{\mathrm{d}t}，\qquad x_3(t) = \frac{\mathrm{d}^2 y(t)}{\mathrm{d}t^2}$$

则

$$\dot{x}_1(t) = x_2(t)，\qquad \dot{x}_2(t) = x_3(t) \qquad （7.2-6）$$

将 $x_1(t) = y(t)$ 和 $x_2(t) = \dfrac{\mathrm{d}y(t)}{\mathrm{d}t}$、$x_3(t) = \dfrac{\mathrm{d}^2 y(t)}{\mathrm{d}t^2}$ 代入式（7.2-5），将其整理成一阶微分方程，得

$$\dot{x}_3 + a_2 x_3(t) + a_1 x_2(t) + a_0 x_1(t) = f(t)$$
$$\dot{x}_3(t) = -a_0 x_1(t) - a_1 x_2(t) - a_2 x_3(t) + f(t) \qquad （7.2-7）$$

由式（7.2-6）和式（7.2-7）得到一个一阶微分方程组

$$\begin{cases} \dot{x}_1(t) = x_2(t) \\ \dot{x}_2(t) = x_3(t) \\ \dot{x}_3(t) = -a_0 x_1(t) - a_1 x_2(t) - a_1 x_3(t) + f(t) \end{cases} \qquad （7.2-8）$$

系统的输出方程是　　　$y(t) = x_1(t)$

将系统的状态方程和输出方程写成矩阵，即

$$\begin{bmatrix} \dot{x}_1(t) \\ \dot{x}_2(t) \\ \dot{x}_3(t) \end{bmatrix} = \begin{bmatrix} 0 & 1 & 0 \\ 0 & 0 & 1 \\ -a_0 & -a_1 & -a_2 \end{bmatrix} \begin{bmatrix} x_1(t) \\ x_2(t) \\ x_3(t) \end{bmatrix} + \begin{bmatrix} 0 \\ 0 \\ 1 \end{bmatrix} f(t)$$

$$y(t) = \begin{bmatrix} 1 & 0 & 0 \end{bmatrix} \begin{bmatrix} x_1(t) \\ x_2(t) \\ x_3(t) \end{bmatrix}$$

通过以上的两个例子可知，由系统的微分方程得到状态方程的步骤是：首先定义状态变量，令 $x_1(t) = y(t)$、$x_2(t) = \dfrac{\mathrm{d}y(t)}{\mathrm{d}t}$、$x_3(t) = \dfrac{\mathrm{d}^2 y(t)}{\mathrm{d}t^2}$、…状态变量的个数等于微分方程的阶数，接着，将状态变量之间的关系整理成数个一阶微分方程，并根据状态变量将系统微分方程整理为一阶微分方程；最后将一阶微分方程组写成矩阵形式即得到系统矩阵形式的状态方程。这种方法称为降阶法，此方法仅适用于微分方程中不含输入 $f(t)$ 求导项的系统。

例 7.2-1　已知一个连续系统的微分方程是

$$\frac{\mathrm{d}^3 y}{\mathrm{d}t^3} + 2\frac{\mathrm{d}^2 y}{\mathrm{d}t^2} + 7\frac{\mathrm{d}y}{\mathrm{d}t} + y(t) = f(t)$$

用降阶法写出系统的状态方程和输出方程。

解 选择状态变量 $x_1(t)$、$x_2(t)$、$x_3(t)$，令

$$x_1(t) = y(t), \qquad x_2(t) = \frac{\mathrm{d}y(t)}{\mathrm{d}t}, \qquad x_3(t) = \frac{\mathrm{d}^2 y(t)}{\mathrm{d}t^2}$$

则

$$\dot{x}_1(t) = x_2(t), \qquad \dot{x}_2(t) = x_3(t) \tag{7.2-9}$$

根据以上的关系式，将系统微分方程写成一阶微分方程

$$\dot{x}_3(t) + 2x_3(t) + 7x_2(t) + x_1(t) = f(t) \tag{7.2-10}$$
$$\dot{x}_3(t) = -x_1(t) - 7x_2(t) - 2x_3(t) + f(t)$$

由式（7.2-9）和式（7.2-10）组成系统的状态方程组

$$\begin{cases} \dot{x}_1(t) = x_2(t) \\ \dot{x}_2(t) = x_3(t) \\ \dot{x}_3(t) = -x_1(t) - 7x_2(t) - 2x_3(t) + f(t) \end{cases}$$

系统的输出方程是 $y(t) = x_1(t)$

写成矩阵形式为

$$\begin{bmatrix} \dot{x}_1(t) \\ \dot{x}_2(t) \\ \dot{x}_3(t) \end{bmatrix} = \begin{bmatrix} 0 & 1 & 0 \\ 0 & 0 & 1 \\ -1 & -7 & -2 \end{bmatrix} \begin{bmatrix} x_1(t) \\ x_2(t) \\ x_3(t) \end{bmatrix} + \begin{bmatrix} 0 \\ 0 \\ 1 \end{bmatrix} f(t)$$

$$y(t) = \begin{bmatrix} 1 & 0 & 0 \end{bmatrix} \begin{bmatrix} x_1(t) \\ x_2(t) \\ x_3(t) \end{bmatrix}$$

如果系统的微分中含有输入的求导项，如何列写系统的状态方程呢？以下通过举例说明。

例 7.2-2 已知一个连续系统的微分方程是

$$\frac{\mathrm{d}^3 y}{\mathrm{d}t^3} + a_2 \frac{\mathrm{d}^2 y}{\mathrm{d}t^2} + a_1 \frac{\mathrm{d}y}{\mathrm{d}t} + a_0 y(t) = b_2 \frac{\mathrm{d}^2 f(t)}{\mathrm{d}t^2} + b_1 \frac{\mathrm{d}f(t)}{\mathrm{d}t} + b_0 f(t)$$

写出系统的状态方程和输出方程。

解 系统的复频域传递函数为

$$H(s) = \frac{Y(s)}{F(s)} = \frac{b_2 s^2 + b_1 s + b_0}{s^3 + a_2 s^2 + a_1 s + a_0}$$

引入中间变量 $X(s)$，令 $\quad F(s) = X(s)(s^3 + a_2 s^2 + a_1 s + a_0)$

则 $\qquad Y(s) = X(s)(b_2 s^2 + b_1 s + b_0)$

将上两式写成微分方程，即

$$\frac{\mathrm{d}^3 x}{\mathrm{d}t^3} + a_2 \frac{\mathrm{d}^2 x}{\mathrm{d}t^2} + a_1 \frac{\mathrm{d}x}{\mathrm{d}t} + a_0 x(t) = f(t) \tag{7.2-11}$$

$$y(t) = b_2 \frac{\mathrm{d}^2 x(t)}{\mathrm{d}t^2} + b_1 \frac{\mathrm{d}x(t)}{\mathrm{d}t} + b_0 x(t) \tag{7.2-12}$$

式（7.2-11）是一个以为 $f(t)$ 输入、以 $x(t)$ 为输出的系统的微分方程，微分方程中不含输入的求导项。

用降阶法列写该系统的状态方程，选择状态变量为 $x_1(t)$、$x_2(t)$、$x_3(t)$，令

$$x_1(t) = x(t)\,, \qquad x_2(t) = \frac{\mathrm{d}x(t)}{\mathrm{d}t}\,, \qquad x_3(t) = \frac{\mathrm{d}^2 x(t)}{\mathrm{d}t^2}$$

则　　　　$$\dot{x}_1(t) = x_2(t)\,, \qquad \dot{x}_2(t) = x_3(t) \qquad\qquad （7.2\text{-}13）$$

根据以上的关系式，将式（7.2-11）微分方程写成一阶微分方程，即

$$\dot{x}_3(t) + a_2 x_3(t) + a_1 x_2(t) + a_0 x_1(t) = f(t)$$
$$\dot{x}_3(t) = -a_2 x_3(t) - a_1 x_2(t) - a_0 x_1(t) + f(t) \qquad\qquad （7.2\text{-}14）$$

由式（7.2-13）和式（7.2-14）组成系统的状态方程组

$$\begin{cases} \dot{x}_1(t) = x_2(t) \\ \dot{x}_2(t) = x_3(t) \\ \dot{x}_3(t) = -a_0 x_1(t) - a_1 x_2(t) - a_2 x_3(t) + f(t) \end{cases}$$

将式（7.2-12）用状态变量表示得到系统的输出方程

$$y(t) = b_0 x_1(t) + b_1 x_2(t) + b_2 x_3(t)$$

写成矩阵形式

$$\begin{bmatrix} \dot{x}_1(t) \\ \dot{x}_2(t) \\ \dot{x}_3(t) \end{bmatrix} = \begin{bmatrix} 0 & 1 & 0 \\ 0 & 0 & 1 \\ -a_0 & -a_1 & -a_2 \end{bmatrix} \begin{bmatrix} x_1(t) \\ x_2(t) \\ x_3(t) \end{bmatrix} + \begin{bmatrix} 0 \\ 0 \\ 1 \end{bmatrix} f(t)$$

$$\boldsymbol{y}(t) = \begin{bmatrix} b_0 & b_1 & b_2 \end{bmatrix} \begin{bmatrix} x_1(t) \\ x_2(t) \\ x_3(t) \end{bmatrix}$$

从以上的例子可以看出，当系统的微分方程中含有输入的求导项时，利用系统复频域传递函数 $H(s) = \dfrac{N(s)}{D(s)}$，引入中间变量 $X(s)$，令 $D(s)X(s) = F(s)$ 和 $N(s)X(s) = Y(s)$，将系统的微分方程变为两个微分方程，一个是以 $f(t)$ 为输入、以 $x(t)$ 为输出的系统，微分方程不包含输入的求导项，且与原系统的特征方程相同；另一个微分方程描述的是中间变量 $x(t)$ 和系统输出 $y(t)$ 的关系。对于以 $f(t)$ 为输入以 $x(t)$ 为输出的微分方程，用降阶法列写系统的状态方程（即原系统的状态方程），将输出 $y(t)$ 用状态变量表示即得到系统的输出方程。

7.2.2　从系统模拟框图推出状态方程和输出方程

最简单的系统是积分器，如图 7.2-1 所示，系统的输入和输出关系是 $\dot{y}(t) = f(t)$，这是一个一阶微分方程，引入状态变量 $x(t)$，令 $x(t) = y(t)$，则积分器系统的状态方程是

$$\dot{x}(t) = f(t)$$

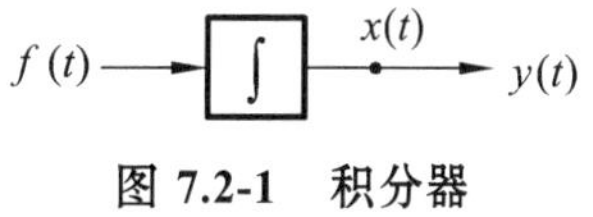

状态变量是积分器的输出信号。

一阶反馈系统如图 7.2-2 所示。令状态变量 $x(t) = y(t)$（积分器的输出），积分器输入信号是 $\dot{x}(t)$，则

$$\dot{x}(t) = -a x(t) + f(t)$$

上式即系统的状态方程。

图 7.2-1　积分器

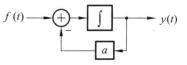

图 7.2-2　一阶反馈系统

由以上的积分器和一阶反馈系统可以看出，在系统的模拟框图中，可以将积分器的输出定义成系统的状态变量，而积分器的输入信号用状态变量及系统输入信号来表示就可以得到状态方程。

对系统的模拟常用的方法有：直接形式、并联形式和级联形式。对同一个系统采用不同的模拟方法，就可以得到不同的状态方程。

1. 直接模拟 —— 相变量法

一个连续系统的系统传递函数为 $H(s) = \dfrac{b_2 s^2 + b_1 s + b_0}{s^3 + a_2 s^2 + a_1 s + a_0}$ ，对其采用直接模拟的框图如图 7.2-3 所示。图中有三个积分器，令积分器的输出 $x_1(t)$、$x_2(t)$、$x_3(t)$ 作为状态变量，将积分器的输入信号用状态变量及系统输入信号来表示，得到系统的状态方程

$$\begin{cases} \dot{x}_1(t) = x_2(t) \\ \dot{x}_2(t) = x_3(t) \\ \dot{x}_3(t) = -a_0 x_1(t) - a_1 x_2(t) - a_2 x_3(t) + f(t) \end{cases}$$

由加法器得到系统的输出方程

$$y(t) = b_0 x_1(t) + b_1 x_2(t) + b_2 x_3(t)$$

状态方程和输出方程的矩阵形式是

$$\begin{bmatrix} \dot{x}_1(t) \\ \dot{x}_2(t) \\ \dot{x}_3(t) \end{bmatrix} = \begin{bmatrix} 0 & 1 & 0 \\ 0 & 0 & 1 \\ -a_0 & -a_1 & -a_2 \end{bmatrix} \begin{bmatrix} x_1(t) \\ x_2(t) \\ x_3(t) \end{bmatrix} + \begin{bmatrix} 0 \\ 0 \\ 1 \end{bmatrix} f(t) \qquad (7.2\text{-}15)$$

$$y(t) = \begin{bmatrix} b_0 & b_1 & b_2 \end{bmatrix} \begin{bmatrix} x_1(t) \\ x_2(t) \\ x_3(t) \end{bmatrix} \qquad (7.2\text{-}16)$$

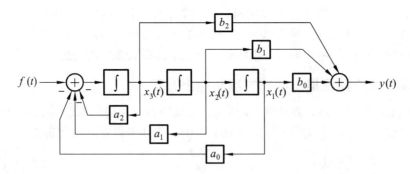

图 7.2-3 一个连续系统的直接模拟框图

上述状态方程的形式称为可控标准型或能控标准型。由于状态变量 $x_1(t)$、$x_2(t)$、$x_3(t)$ 之间具有 $\dot{x}_1(t) = x_2(t)$、$\dot{x}_2(t) = x_3(t)$ 的关系，使它们相位上依次滞后 $90°$，故称 $x_1(t)$、$x_2(t)$、$x_3(t)$ 是相位变量，简称相变量。所以此方法称为相位变量法或相变量法。

2. 并联模拟 —— 对角线变量法

一个连续系统的系统传递函数为 $H(s) = \dfrac{k_1}{s+\lambda_1} + \dfrac{k_2}{s+\lambda_2} + \dfrac{k_3}{s+\lambda_3}$，对其采用并联模拟的框图如图 7.2-4 所示。

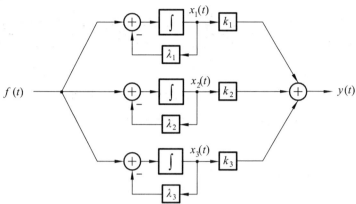

图 7.2-4　一个连续系统的并联模拟框图

图中有三个积分器，令积分器的输出 $x_1(t)$、$x_2(t)$、$x_3(t)$ 作为状态变量，将积分器的输入信号用状态变量及系统输入信号来表示，系统的状态方程

$$\begin{cases} \dot{x}_1(t) = -\lambda_1 x_1(t) + f(t) \\ \dot{x}_2(t) = -\lambda_2 x_2(t) + f(t) \\ \dot{x}_3(t) = -\lambda_3 x_3(t) + f(t) \end{cases}$$

由加法器得到系统的输出方程　　$y(t) = k_1 x_1(t) + k_2 x_2(t) + k_3 x_3(t)$

状态方程和输出方程的矩阵形式是

$$\begin{bmatrix} \dot{x}_1(t) \\ \dot{x}_2(t) \\ \dot{x}_3(t) \end{bmatrix} = \begin{bmatrix} -\lambda_1 & 0 & 0 \\ 0 & -\lambda_2 & 0 \\ 0 & 0 & -\lambda_3 \end{bmatrix} \begin{bmatrix} x_1(t) \\ x_2(t) \\ x_3(t) \end{bmatrix} + \begin{bmatrix} 1 \\ 1 \\ 1 \end{bmatrix} f(t) \tag{7.2-17}$$

$$y(t) = \begin{bmatrix} k_1 & k_2 & k_3 \end{bmatrix} \begin{bmatrix} x_1(t) \\ x_2(t) \\ x_3(t) \end{bmatrix} \tag{7.2-18}$$

特点：矩阵 A 为对角阵，对角线元素为系统传递函数的极点，矩阵 B 为元素为 1 的列向量。

3. 级联模拟

一个连续系统的系统传递函数为 $H(s) = \dfrac{k_1}{s+\lambda_1} \cdot \dfrac{s+k_2}{s+\lambda_2} \cdot \dfrac{k_3}{s+\lambda_3}$，对其采用级联模拟的框图如图 7.2-5 所示。图中有三个积分器，令积分器的输出 $x_1(t)$、$x_2(t)$、$x_3(t)$ 作为状态变量，将积分器的输入信号用状态变量及系统输入信号来表示，得到以下方程

$$\dot{x}_1(t) = -\lambda_1 x_1(t) + f(t) \tag{7.2-19}$$

$$\dot{x}_2(t) = k_1 x_1(t) - \lambda_2 x_2(t) \tag{7.2-20}$$

$$\dot{x}_3(t) = k_2 x_2(t) + \dot{x}_2(t) - \lambda_3 x_3(t) \tag{7.2-21}$$

将式（7.2-20）代入式（7.2-21）得

$$\dot{x}_3(t) = k_2 x_2(t) + k_1 x_1(t) - \lambda_2 x_2(t) - \lambda_3 x_3(t)$$
$$\dot{x}_3(t) = k_1 x_1(t) + (k_2 - \lambda_2) x_2(t) - \lambda_3 x_3(t)$$

（7.2-22）

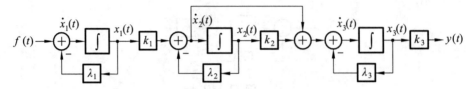

图 7.2-5　一个连续系统的级联模拟框图

由式（7.2-19）、式（7.2-20）、式（7.2-22）组成系统的状态方程是

$$\begin{cases} \dot{x}_1(t) = -\lambda_1 x_1(t) + f(t) \\ \dot{x}_2(t) = k_1 x_1(t) - \lambda_2 x_2(t) \\ \dot{x}_3(t) = k_1 x_1(t) + (k_2 - \lambda_2) x_2(t) - \lambda_3 x_3(t) \end{cases}$$

输出方程是　　　　$$y(t) = k_3 x_3(t)$$

状态方程和输出方程的矩阵形式是

$$\begin{bmatrix} \dot{x}_1(t) \\ \dot{x}_2(t) \\ \dot{x}_3(t) \end{bmatrix} = \begin{bmatrix} -\lambda_1 & 0 & 0 \\ k_1 & -\lambda_2 & 0 \\ k_1 & k_2 - \lambda_2 & -\lambda_3 \end{bmatrix} \begin{bmatrix} x_1(t) \\ x_2(t) \\ x_3(t) \end{bmatrix} + \begin{bmatrix} 1 \\ 0 \\ 0 \end{bmatrix} f(t)$$

（7.2-23）

$$y(t) = \begin{bmatrix} 0 & 0 & k_3 \end{bmatrix} \begin{bmatrix} x_1(t) \\ x_2(t) \\ x_3(t) \end{bmatrix}$$

（7.2-24）

由以上的三种列写状态方程的方法可以看出，对同一个系统，由于其模拟图并不唯一，因而其状态方程也不唯一。

例 7.2-3　已知一个连续系统的信号流图如图 7.2-6 所示，请写出系统的状态方程和输出方程。

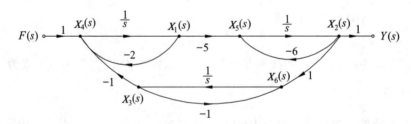

图 7.2-6　例 7.2-3 图

解　选择积分器的输出信号作为系统的状态变量 $x_1(t)$、$x_2(t)$、$x_3(t)$，取

$$x_1(t) = \mathscr{L}^{-1}[X_1(s)] \quad x_2(t) = \mathscr{L}^{-1}[X_2(s)] \quad x_3(t) = \mathscr{L}^{-1}[X_3(s)]$$

对结点信号 $X_4(s)$ 和 $X_1(s)$

$$\begin{cases} X_4(s) = -2X_1(s) - X_3(s) + F(s) \\ X_1(s) = \dfrac{1}{s}X_4(s) \end{cases} \qquad (7.2\text{-}25)$$

由式（7.2-25）可得　　$sX_1(s) = -2X_1(s) - X_3(s) + F(s)$ 　　　　　　（7.2-26）

对式（7.2-26）两边取拉普拉斯反变换，得

$$\dot{x}_1(t) = -2x_1(t) - x_3(t) + f(t) \qquad (7.2\text{-}27)$$

对结点信号 $X_5(s)$ 和 $X_2(s)$

$$\begin{cases} X_5(s) = -5X_1(s) - 6X_2(s) \\ X_2(s) = \dfrac{1}{s}X_5(s) \end{cases} \qquad (7.2\text{-}28)$$

由式（7.2-28）可得　　$sX_2(s) = -5X_1(s) - 6X_2(s)$ 　　　　　　（7.2-29）

对式（7.2-29）两边取拉普拉斯反变换得

$$\dot{x}_2(t) = -5x_1(t) - 6x_2(t) \qquad (7.2\text{-}30)$$

对结点信号 $X_6(s)$ 和 $X_3(s)$

$$\begin{cases} X_6(s) = X_2(s) - X_3(s) \\ X_3(s) = \dfrac{1}{s}X_6(s) \end{cases} \qquad (7.2\text{-}31)$$

由式（7.2-31）可得　　$sX_3(s) = X_2(s) - X_3(s)$ 　　　　　　（7.2-32）

对式（7.2-32）两边取拉普拉斯反变换得

$$\dot{x}_3(t) = x_2(t) - x_3(t) \qquad (7.2\text{-}33)$$

由式（7.2-27）、式（7.2-30）、式（7.2-33）组成系统的状态方程为

$$\begin{cases} \dot{x}_1(t) = -2x_1(t) - x_3(t) + f(t) \\ \dot{x}_2(t) = -5x_1(t) - 6x_2(t) \\ \dot{x}_3(t) = x_2(t) - x_3(t) \end{cases}$$

系统的输出方程为　　$y(t) = x_2(t)$

将状态方程和输出方程写成矩阵形式为

$$\begin{bmatrix} \dot{x}_1(t) \\ \dot{x}_2(t) \\ \dot{x}_3(t) \end{bmatrix} = \begin{bmatrix} -2 & 0 & -1 \\ -5 & -6 & 0 \\ 0 & 1 & -1 \end{bmatrix} \begin{bmatrix} x_1(t) \\ x_2(t) \\ x_3(t) \end{bmatrix} + \begin{bmatrix} 1 \\ 0 \\ 0 \end{bmatrix} f(t) \qquad y(t) = \begin{bmatrix} 0 & 1 & 0 \end{bmatrix} \begin{bmatrix} x_1(t) \\ x_2(t) \\ x_3(t) \end{bmatrix}$$

7.3　连续系统状态方程的 s 域解法

线性时不变连续系统的状态方程和输出方程的标准形式是

$$\dot{x}(t) = Ax(t) + Bf(t) \qquad y(t) = Cx(t) + Df(t)$$

求解状态方程和输出方程的常用方法有两种：时域法和复频域法（ s 域法），本节仅介绍 s 域的求解方法。下面以一个二阶系统为例推导出状态方程 s 域求解的方法，并将结果推广到 n 阶系统。

7.3.1 状态变量的求解

假设系统是一个二阶系统，有两个输入 $f_1(t)$ 和 $f_2(t)$ 及一个输出 $y(t)$，那么系统的状态方程是由 2 个一阶微分方程组成的，其一般形式表示如下

$$\begin{cases} \dot{x}_1(t) = a_{11}x_1(t) + a_{12}x_2(t) + b_{11}f_1(t) + b_{12}f_2(t) \\ \dot{x}_2(t) = a_{21}x_1(t) + a_{22}x_2(t) + b_{21}f_1(t) + b_{22}f_2(t) \end{cases} \tag{7.3-1}$$

写成矩阵形式

$$\begin{bmatrix} \dot{x}_1(t) \\ \dot{x}_2(t) \end{bmatrix} = \begin{bmatrix} a_{11} & a_{12} \\ a_{21} & a_{22} \end{bmatrix} \begin{bmatrix} x_1(t) \\ x_2(t) \end{bmatrix} + \begin{bmatrix} b_{11} & b_{12} \\ b_{21} & b_{22} \end{bmatrix} \begin{bmatrix} f_1(t) \\ f_2(t) \end{bmatrix} \tag{7.3-2}$$

对式（7.3-2）两边进行拉普拉斯变换，利用时域微分性有

$$\begin{bmatrix} sX_1(s) - x_1(0_-) \\ sX_2(s) - x_2(0_-) \end{bmatrix} = \begin{bmatrix} a_{11} & a_{12} \\ a_{21} & a_{22} \end{bmatrix} \begin{bmatrix} X_1(s) \\ X_2(s) \end{bmatrix} + \begin{bmatrix} b_{11} & b_{12} \\ b_{21} & b_{22} \end{bmatrix} \begin{bmatrix} F_1(s) \\ F_2(s) \end{bmatrix}$$

整理有

$$s\begin{bmatrix} X_1(s) \\ X_2(s) \end{bmatrix} - \begin{bmatrix} x_1(0_-) \\ x_2(0_-) \end{bmatrix} = \begin{bmatrix} a_{11} & a_{12} \\ a_{21} & a_{22} \end{bmatrix} \begin{bmatrix} X_1(s) \\ X_2(s) \end{bmatrix} + \begin{bmatrix} b_{11} & b_{12} \\ b_{21} & b_{22} \end{bmatrix} \begin{bmatrix} F_1(s) \\ F_2(s) \end{bmatrix}$$

$$s\begin{bmatrix} X_1(s) \\ X_2(s) \end{bmatrix} - \begin{bmatrix} a_{11} & a_{12} \\ a_{21} & a_{22} \end{bmatrix} \begin{bmatrix} X_1(s) \\ X_2(s) \end{bmatrix} = \begin{bmatrix} x_1(0_-) \\ x_2(0_-) \end{bmatrix} + \begin{bmatrix} b_{11} & b_{12} \\ b_{21} & b_{22} \end{bmatrix} \begin{bmatrix} F_1(s) \\ F_2(s) \end{bmatrix} \tag{7.3-3}$$

为了表示出 $\boldsymbol{X}(s) = \begin{bmatrix} X_1(s) \\ X_2(s) \end{bmatrix}$，将方程左边 $s\begin{bmatrix} X_1(s) \\ X_2(s) \end{bmatrix}$ 作如下处理

$$s\begin{bmatrix} X_1(s) \\ X_2(s) \end{bmatrix} = s\begin{bmatrix} 1 & 0 \\ 0 & 1 \end{bmatrix} \begin{bmatrix} X_1(s) \\ X_2(s) \end{bmatrix} \tag{7.3-4}$$

将式（7.3-4）代入式（7.3-3），有

$$s\begin{bmatrix} 1 & 0 \\ 0 & 1 \end{bmatrix} \begin{bmatrix} X_1(s) \\ X_2(s) \end{bmatrix} - \begin{bmatrix} a_{11} & a_{12} \\ a_{21} & a_{22} \end{bmatrix} \begin{bmatrix} X_1(s) \\ X_2(s) \end{bmatrix} = \begin{bmatrix} x_1(0_-) \\ x_2(0_-) \end{bmatrix} + \begin{bmatrix} b_{11} & b_{12} \\ b_{21} & b_{22} \end{bmatrix} \begin{bmatrix} F_1(s) \\ F_2(s) \end{bmatrix}$$

整理得

$$\left\{ s\begin{bmatrix} 1 & 0 \\ 0 & 1 \end{bmatrix} - \begin{bmatrix} a_{11} & a_{12} \\ a_{21} & a_{22} \end{bmatrix} \right\} \begin{bmatrix} X_1(s) \\ X_2(s) \end{bmatrix} = \begin{bmatrix} x_1(0_-) \\ x_2(0_-) \end{bmatrix} + \begin{bmatrix} b_{11} & b_{12} \\ b_{21} & b_{22} \end{bmatrix} \begin{bmatrix} F_1(s) \\ F_2(s) \end{bmatrix} \tag{7.3-5}$$

令 $\boldsymbol{I}$ 表示 2 阶的单位阵，即 $\boldsymbol{I} = \begin{bmatrix} 1 & 0 \\ 0 & 1 \end{bmatrix}$

因为系数矩阵 $\boldsymbol{A} = \begin{bmatrix} a_{11} & a_{12} \\ a_{21} & a_{22} \end{bmatrix}$， $\boldsymbol{B} = \begin{bmatrix} b_{11} & b_{12} \\ b_{21} & b_{22} \end{bmatrix}$

式（7.3-5）变为 $(s\boldsymbol{I} - \boldsymbol{A})\boldsymbol{X}(s) = \boldsymbol{x}(0_-) + \boldsymbol{B}\boldsymbol{F}(s)$ \qquad (7.3-6)

式中，$\boldsymbol{X}(s)$ 是状态变量拉普拉斯变换的列向量，$\boldsymbol{F}(s)$ 是输入信号拉普拉斯变换的列向量，即

$$\boldsymbol{X}(s) = \begin{bmatrix} X_1(s) \\ X_2(s) \end{bmatrix}, \qquad \boldsymbol{F}(s) = \begin{bmatrix} F_1(s) \\ F_2(s) \end{bmatrix}$$

将式（7.3-6）两边均左乘矩阵 $(s\boldsymbol{I} - \boldsymbol{A})^{-1}$，得

$$X(s) = (sI - A)^{-1}\left[x(0_-) + BF(s)\right] \qquad （7.3\text{-}7）$$

令 $\boldsymbol{\Phi}(s) = (sI - A)^{-1}$，称 $\boldsymbol{\Phi}(s)$ 为状态预解矩阵，则

$$X(s) = \boldsymbol{\Phi}(s)\left[x(0_-) + BF(s)\right] \qquad （7.3\text{-}8）$$

根据式（7.3-8）可求得系统状态变量的复频域解，对式（7.3-8）两边取拉普拉斯反变换，可得到系统状态变量的时域解，即

$$x(t) = \mathscr{L}^{-1}\left[X(s)\right] = \mathscr{L}^{-1}\left\{\boldsymbol{\Phi}(s)\left[x(0_-) + BF(s)\right]\right\} \qquad （7.3\text{-}9）$$

可将式（7.3-7）、式（7.3-8）和式（7.3-9）推广到 n 阶系统，其中单位阵 I 的阶数与系统阶数相同。

7.3.2　系统输出信号的求解

系统输出方程的标准形式为

$$y(t) = Cx(t) + Df(t)$$

对上式两边取拉普拉斯变换，得

$$Y(s) = CX(s) + DF(s) \qquad （7.3\text{-}10）$$

将式（7.3-8）代入上式，得

$$\begin{aligned}Y(s) &= C\boldsymbol{\Phi}(s)\left[x(0_-) + BF(s)\right] + DF(s)\\ &= C\boldsymbol{\Phi}(s)x(0_-) + \left[C\boldsymbol{\Phi}(s)B + D\right]F(s)\end{aligned} \qquad （7.3\text{-}11）$$

式（7.3-11）中，$C\boldsymbol{\Phi}(s)x(0_-)$ 仅与系统的初始状态有关，它是系统在复频域中的零输入响应分量；$\left[C\boldsymbol{\Phi}(s)B + D\right]F(s)$ 仅与系统的输入信号有关，它是系统在复频域中的零状态响应分量。对式（7.3-11）两边取拉普拉斯反变换可得系统的完全响应，即

$$y(t) = \mathscr{L}^{-1}\left[Y(s)\right] = \mathscr{L}^{-1}\left\{C\boldsymbol{\Phi}(s)x(0_-) + \left[C\boldsymbol{\Phi}(s)B + D\right]F(s)\right\}$$

设 $y_{\mathrm{x}}(t)$ 表示系统的零输入响应，$y_{\mathrm{f}}(t)$ 表示系统的零状态响应，则有

$$y_{\mathrm{x}}(t) = \mathscr{L}^{-1}\left[Y_{\mathrm{x}}(s)\right] = \mathscr{L}^{-1}\left[C\boldsymbol{\Phi}(s)x(0_-)\right] \qquad （7.3\text{-}12）$$

$$y_{\mathrm{f}}(t) = \mathscr{L}^{-1}\left[Y_{\mathrm{f}}(s)\right] = \mathscr{L}^{-1}\left\{\left[C\boldsymbol{\Phi}(s)B + D\right]F(s)\right\} \qquad （7.3\text{-}13）$$

令
$$H(s) = C\boldsymbol{\Phi}(s)B + D \qquad （7.3\text{-}14）$$

称 $H(s)$ 为系统传递函数矩阵。

因为 $\boldsymbol{\Phi}(s) = (sI - A)^{-1}$，所以 $H(s) = C(sI - A)^{-1}B + D$，因此系统传递函数矩阵由系统状态方程和输出方程中的系数矩阵决定。

将式（7.3-14）代入式（7.3-13）得

$$y_{\mathrm{f}}(t) = \mathscr{L}^{-1}\left[Y_{\mathrm{f}}(s)\right] = \mathscr{L}^{-1}\left\{H(s)F(s)\right\} \qquad （7.3\text{-}15）$$

例 7.3-1 已知一个线性系统的输入 $f(t) = \mathrm{e}^{-3t}u(t)$，状态方程是

$$\begin{bmatrix} \dot{x}_1 \\ \dot{x}_2 \end{bmatrix} = \begin{bmatrix} -1 & 2 \\ 0 & -2 \end{bmatrix} \begin{bmatrix} x_1 \\ x_2 \end{bmatrix} + \begin{bmatrix} 1 \\ 0 \end{bmatrix} f(t)$$

初始状态 $\boldsymbol{x}(0_-) = \begin{bmatrix} x_1(0_-) \\ x_2(0_-) \end{bmatrix} = \begin{bmatrix} 0 \\ 1 \end{bmatrix}$，求系统状态矢量 $\boldsymbol{x}(t)$。

解 由式（7.3-9）可知，系统状态矢量为

$$\boldsymbol{x}(t) = \mathscr{L}^{-1}\big[\boldsymbol{X}(s)\big] = \mathscr{L}^{-1}\big\{\boldsymbol{\Phi}(s)\big[\boldsymbol{x}(0_-) + \boldsymbol{B}F(s)\big]\big\}$$

① 求状态预解矩阵 $\boldsymbol{\Phi}(s)$。由系统的状态方程可知系数矩阵为

$$\boldsymbol{A} = \begin{bmatrix} -1 & 2 \\ 0 & -2 \end{bmatrix}, \qquad \boldsymbol{B} = \begin{bmatrix} 1 \\ 0 \end{bmatrix}$$

则
$$\boldsymbol{\Phi}(s) = (s\boldsymbol{I} - \boldsymbol{A})^{-1}$$

$$= \left\{ s\begin{bmatrix} 1 & 0 \\ 0 & 1 \end{bmatrix} - \begin{bmatrix} -1 & 2 \\ 0 & -2 \end{bmatrix} \right\}^{-1} = \begin{bmatrix} s+1 & -2 \\ 0 & s+2 \end{bmatrix}^{-1} = \frac{1}{(s+1)(s+2)}\begin{bmatrix} s+2 & 2 \\ 0 & s+1 \end{bmatrix}$$

其中，单位阵 $\boldsymbol{I}$ 是 2×2 的矩阵。

② 求系统状态矢量 $\boldsymbol{x}(t)$。状态矢量复频域解为

$$\boldsymbol{X}(s) = \boldsymbol{\Phi}(s)\big[\boldsymbol{x}(0_-) + \boldsymbol{B}F(s)\big]$$

因为
$$F(s) = \mathscr{L}\big[\mathrm{e}^{-3t}u(t)\big] = \frac{1}{s+3}$$

所以
$$\boldsymbol{X}(s) = \frac{1}{(s+1)(s+2)}\begin{bmatrix} s+2 & 2 \\ 0 & s+1 \end{bmatrix}\left\{\begin{bmatrix} 0 \\ 1 \end{bmatrix} + \begin{bmatrix} 1 \\ 0 \end{bmatrix}\frac{1}{s+3}\right\} = \begin{bmatrix} \dfrac{5}{2}}{s+1} - \dfrac{2}{s+2} - \dfrac{\tfrac{1}{2}}{s+3} \\ \dfrac{1}{s+2} \end{bmatrix}$$

系统状态矢量为

$$\boldsymbol{x}(t) = \mathscr{L}^{-1}\left\{\begin{bmatrix} \dfrac{\tfrac{5}{2}}{s+1} - \dfrac{2}{s+2} - \dfrac{\tfrac{1}{2}}{s+3} \\ \dfrac{1}{s+2} \end{bmatrix}\right\} = \begin{bmatrix} \dfrac{5}{2}\mathrm{e}^{-t} - 2\mathrm{e}^{-2t} - \dfrac{1}{2}\mathrm{e}^{-3t} \\ \mathrm{e}^{-2t} \end{bmatrix}$$

例 7.3-2 已知一个线性系统的输入 $\boldsymbol{f}(t) = \begin{bmatrix} 4u(t) \\ 3u(t) \end{bmatrix}$，并且初始状态 $\boldsymbol{x}(0_-) = \begin{bmatrix} x_1(0_-) \\ x_2(0_-) \end{bmatrix} = \begin{bmatrix} 3 \\ 3 \end{bmatrix}$，

状态方程为
$$\begin{bmatrix} \dot{x}_1 \\ \dot{x}_2 \end{bmatrix} = \begin{bmatrix} -2 & 2 \\ 1 & -3 \end{bmatrix} \begin{bmatrix} x_1 \\ x_2 \end{bmatrix} + \begin{bmatrix} -1 & 0 \\ 0 & 2 \end{bmatrix} f(t)$$

输出方程
$$y(t) = \begin{bmatrix} -2 & 2 \\ 0 & -4 \end{bmatrix} \begin{bmatrix} x_1 \\ x_2 \end{bmatrix} + \begin{bmatrix} 0 & 0 \\ 0 & 4 \end{bmatrix} f(t)$$

求：① 系统的零输入响应 $y_x(t)$；② 系统传递函数矩阵 $H(s)$；③ 系统的零状态响应 $y_f(t)$。

解 ① 求系统零输入响应 $y_x(t)$。先求状态预解矩阵 $\boldsymbol{\Phi}(s)$：

由系统的状态方程可知系数矩阵 $\quad \boldsymbol{A} = \begin{bmatrix} -2 & 2 \\ 1 & -3 \end{bmatrix}$

则 $\qquad \boldsymbol{\Phi}(s) = (s\boldsymbol{I} - \boldsymbol{A})^{-1}$

$$= \left\{ s\begin{bmatrix} 1 & 0 \\ 0 & 1 \end{bmatrix} - \begin{bmatrix} -2 & 2 \\ 1 & -3 \end{bmatrix} \right\}^{-1} = \begin{bmatrix} s+2 & -2 \\ -1 & s+3 \end{bmatrix}^{-1} = \frac{1}{s^2 + 5s + 4} \begin{bmatrix} s+3 & 2 \\ 1 & s+2 \end{bmatrix}$$

其中，单位阵 $\boldsymbol{I}$ 是 2×2 的矩阵。

由式（7.3-12）可知复频域的零输入响应为

$$Y_x(s) = \boldsymbol{C}\boldsymbol{\Phi}(s)\boldsymbol{x}(0_-)$$

初始状态 $\boldsymbol{x}(0_-) = \begin{bmatrix} x_1(0_-) \\ x_2(0_-) \end{bmatrix} = \begin{bmatrix} 3 \\ 3 \end{bmatrix}$，系数矩阵 $\boldsymbol{C} = \begin{bmatrix} -2 & 2 \\ 0 & -4 \end{bmatrix}$，所以

$$Y_x(s) = \begin{bmatrix} -2 & 2 \\ 0 & -4 \end{bmatrix} \times \frac{1}{s^2 + 5s + 4} \begin{bmatrix} s+3 & 2 \\ 1 & s+2 \end{bmatrix} \begin{bmatrix} 3 \\ 3 \end{bmatrix} = \begin{bmatrix} \dfrac{-12}{s^2 + 5s + 4} \\ \dfrac{-12s - 36}{s^2 + 5s + 4} \end{bmatrix} = \begin{bmatrix} -4\left(\dfrac{1}{s+1} - \dfrac{1}{s+4} \right) \\ -\left(\dfrac{8}{s+1} + \dfrac{4}{s+4} \right) \end{bmatrix}$$

系统零输入响应为

$$y_x(t) = \mathscr{L}^{-1}[Y_f(s)] = \mathscr{L}^{-1}\left\{ \begin{bmatrix} -4\left(\dfrac{1}{s+1} - \dfrac{1}{s+4} \right) \\ -\left(\dfrac{8}{s+1} + \dfrac{4}{s+4} \right) \end{bmatrix} \right\} = \begin{bmatrix} -4(e^{-t} - e^{-4t}) \\ -(8e^{-t} + 4e^{-4t}) \end{bmatrix}$$

② 求系统传递函数矩阵 $H(s)$。由式（7.3-14）可知

$$\boldsymbol{H}(s) = \boldsymbol{C}\boldsymbol{\Phi}(s)\boldsymbol{B} + \boldsymbol{D}$$

$$= \begin{bmatrix} -2 & 2 \\ 0 & -4 \end{bmatrix} \times \frac{1}{s^2 + 5s + 4} \begin{bmatrix} s+3 & 2 \\ 1 & s+2 \end{bmatrix} \begin{bmatrix} -1 & 0 \\ 0 & 2 \end{bmatrix} + \begin{bmatrix} 0 & 0 \\ 0 & 4 \end{bmatrix}$$

$$= \begin{bmatrix} \dfrac{2s+4}{(s+1)(s+4)} & \dfrac{4s}{(s+1)(s+4)} \\ \dfrac{4}{(s+1)(s+4)} & \dfrac{-8s-12}{(s+1)(s+4)} \end{bmatrix}$$

③ 系统的零状态响应 $y_f(t)$。复频域的零状态响应为

$$Y_f(s) = \boldsymbol{H}(s)\boldsymbol{F}(s)$$

复频域的输入信号 $\qquad \boldsymbol{F}(s) = \mathscr{L}\left[f(t) \right] = \begin{bmatrix} \dfrac{4}{s} \\ \dfrac{3}{s} \end{bmatrix}$

所以
$$Y_f(s) = \begin{bmatrix} \dfrac{2s+4}{(s+1)(s+4)} & \dfrac{4s}{(s+1)(s+4)} \\[3mm] \dfrac{4}{(s+1)(s+4)} & \dfrac{-8s-12}{(s+1)(s+4)} \end{bmatrix} \begin{bmatrix} \dfrac{4}{s} \\[3mm] \dfrac{3}{s} \end{bmatrix} = \begin{bmatrix} \dfrac{4}{s} + \dfrac{4/3}{s+1} - \dfrac{16/3}{s+4} \\[3mm] \dfrac{4}{s} + \dfrac{8/3}{s+1} + \dfrac{16/3}{s+4} \end{bmatrix}$$

系统的零状态响应为

$$y_f(t) = \mathscr{L}^{-1}[Y_f(s)] = \mathscr{L}^{-1}\left\{ \begin{bmatrix} \dfrac{4}{s} + \dfrac{4/3}{s+1} - \dfrac{16/3}{s+4} \\[3mm] \dfrac{4}{s} + \dfrac{8/3}{s+1} + \dfrac{16/3}{s+4} \end{bmatrix} \right\} = \begin{bmatrix} 4 + \dfrac{4}{3}e^{-t} - \dfrac{16}{3}e^{-4t} \\[3mm] 4 + \dfrac{8}{3}e^{-t} + \dfrac{16}{3}e^{-4t} \end{bmatrix}$$

7.4 离散系统的状态变量分析法

7.4.1 离散系统状态方程的列写

离散系统状态方程和输出方程的标准形式是

$$\begin{cases} \boldsymbol{x}(k+1) = \boldsymbol{A}\boldsymbol{x}(k) + \boldsymbol{B}\boldsymbol{f}(k) \\ \boldsymbol{y}(k) = \boldsymbol{C}\boldsymbol{x}(k) + \boldsymbol{D}\boldsymbol{f}(k) \end{cases} \tag{7.4-1}$$

式（7.4-1）中，$\boldsymbol{x}(k)$ 是状态变量的列向量，称为状态矢量，$\boldsymbol{f}(k)$ 是输入信号的列向量，称为输入矢量，$\boldsymbol{y}(k)$ 是输入信号的列向量，称为输出矢量，矩阵 $\boldsymbol{A}$、$\boldsymbol{B}$、$\boldsymbol{C}$、$\boldsymbol{D}$ 是系数矩阵。对于线性时不变系统，系数矩阵是常数矩阵。

离散系统状态方程的建立与连续系统类似，可以根据系统的差分方程直接建立系统状态方程，也可以根据系统的模拟图建立系统的状态方程。利用模拟图建立状态方程，先根据差分方程对系统进行模拟，模拟时采用三种运算器：加法器、数乘器和单位延时器（连续系统用积分器）。接着选择状态变量，连续系统中将积分器的输出端选为状态变量，在离散系统中将单位延时器的输出选为状态变量。最后对单位延时器的输入端用输入信号和状态变量表示即得到系统的状态方程。以下举例说明。

例 7.4-1 已知一离散系统的差分方程为

$$y(k+3) + 9y(k+2) + 26y(k+1) + 24y(k) = f(k+2) + 13f(k+1) + 28f(k)$$

请写出该系统的状态方程和输出方程。

解 引入算子 E，将差分方程变为算子形式的方程，即

$$(E^3 + 9E^2 + 26E + 24)y(k) = (E^2 + 13E + 28)f(k)$$

系统的传输算子 $H(E) = \dfrac{E^2 + 13E + 28}{E^3 + 9E^2 + 26E + 24}$

对系统采用直接形式的模拟，即

$$H(E) = \frac{E^2 + 13E + 28}{E^3 + 9E^2 + 26E + 24} = \frac{\dfrac{1}{E} + \dfrac{13}{E^2} + \dfrac{28}{E^3}}{1 - \left(-\dfrac{9}{E} - \dfrac{26}{E^2} - \dfrac{24}{E^3}\right)} \tag{7.4-2}$$

根据式（7.4-2）画出的系统直接形式的模拟框图如图 7.4-1 所示。

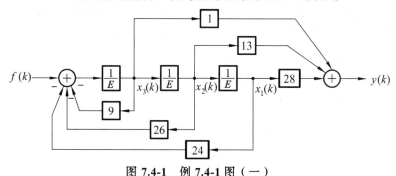

图 7.4-1　例 7.4-1 图（一）

取每个单位延时器的输出作为状态变量，状态变量 $x_1(k)$、$x_2(k)$、$x_3(k)$ 的选取见图 7.4-1。由图 7.4-1 可知系统状态变量之间的关系是

$$x_1(k) = \frac{1}{E}x_2(k)，\qquad x_2(k) = \frac{1}{E}x_3(k)$$

即

$$x_1(k+1) = x_2(k) \qquad\qquad\qquad （7.4-3）$$

$$x_2(k+1) = x_3(k) \qquad\qquad\qquad （7.4-4）$$

图 7.4-1 中加法器的输出端信号为

$$x_3(k+1) = -24x_1(k) - 26x_2(k) - 9x_3(k) + f(k) \qquad\qquad （7.4-5）$$

由式（7.4-3）~ 式（7.4-5）可得系统的状态方程为

$$\begin{cases} x_1(k+1) = x_2(k) \\ x_2(k+1) = x_3(k) \\ x_3(k+1) = -24x_1(k) - 26x_2(k) - 9x_3(k) + f(k) \end{cases} \qquad （7.4-6）$$

由图 7.4-1 可得系统的输出方程是

$$y(k) = 28x_1(k) + 13x_2(k) + x_3(k)$$

将系统的状态方程和输出方程写成矩阵形式是

$$\begin{bmatrix} x_1(k+1) \\ x_2(k+1) \\ x_3(k+1) \end{bmatrix} = \begin{bmatrix} 0 & 1 & 0 \\ 0 & 0 & 1 \\ -24 & -26 & -9 \end{bmatrix} \begin{bmatrix} x_1(k) \\ x_2(k) \\ x_3(k) \end{bmatrix} + \begin{bmatrix} 0 \\ 0 \\ 1 \end{bmatrix} f(k) \qquad （7.4-7）$$

$$\boldsymbol{y}(k) = \begin{bmatrix} 28 & 13 & 1 \end{bmatrix} \begin{bmatrix} x_1(k) \\ x_2(k) \\ x_3(k) \end{bmatrix}$$

以上是先对系统进行直接形式的模拟，再选择状态变量，建立系统的状态方程和输出方程，如果对系统采用其他形式的模拟，则可得到另一种形式的状态方程和输出方程。

以下将系统进行并联形式的模拟，系统传输算子为

$$H(E) = \frac{E^2 + 13E + 28}{E^3 + 9E^2 + 26E + 24} = \frac{3}{E+2} + \frac{2}{E+3} - \frac{4}{E+4} = \frac{\dfrac{3}{E}}{1 + \dfrac{2}{E}} + \frac{\dfrac{2}{E}}{1 + \dfrac{3}{E}} - \frac{\dfrac{4}{E}}{1 + \dfrac{4}{E}} \qquad （7.4-8）$$

根据式（7.4-8）将系统模拟成三个一阶系统的并联，模拟框图如图 7.4-2 所示。取每个单位延时器的输出作为状态变量，状态变量 $x_1(k)$、$x_2(k)$、$x_3(k)$ 的选取见图 7.4-2，对单位延时器的输入端用输入信号和状态变量表示，得到系统的状态方程为

$$\begin{cases} x_1(k+1) = -2x_1(k) + f(k) \\ x_2(k+1) = -3x_2(k) + f(k) \\ x_3(k+1) = -4x_3(k) + f(k) \end{cases} \qquad (7.4\text{-}9)$$

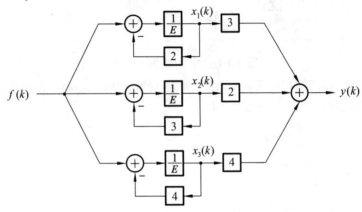

图 7.4-2　例 7.4-1 图（二）

由图 7.4-2 可得系统的输出方程为

$$y(k) = 3x_1(k) + 2x_2(k) - 4x_3(k) \qquad (7.4\text{-}10)$$

将系统的状态方程和输出方程写成矩阵形式为

$$\begin{bmatrix} x_1(k+1) \\ x_2(k+1) \\ x_3(k+1) \end{bmatrix} = \begin{bmatrix} -2 & 0 & 0 \\ 0 & -3 & 0 \\ 0 & 0 & -4 \end{bmatrix} \begin{bmatrix} x_1(k) \\ x_2(k) \\ x_3(k) \end{bmatrix} + \begin{bmatrix} 1 \\ 1 \\ 1 \end{bmatrix} f(k)$$

$$y(k) = \begin{bmatrix} 3 & 2 & -4 \end{bmatrix} \begin{bmatrix} x_1(k) \\ x_2(k) \\ x_3(k) \end{bmatrix}$$

另一方法是：不画模拟图，根据系统差分方程得到系统的状态方程。

系统传递函数为 $\qquad H(z) = \dfrac{z^2 + 13z + 28}{z^3 + 9z^2 + 26z + 24} = \dfrac{Y(z)}{F(z)}$

引入中间变量 $X(z)$，令 $\qquad (z^3 + 9z^2 + 26z + 24)X(z) = F(z)$

则 $\qquad Y(z) = (z^2 + 13z + 28)X(z)$

将以上的两个式子写成差分方程的形式，有

$$x(k+3) + 9x(k+2) + 26x(k+1) + 24x(k) = f(k) \qquad (7.4\text{-}11)$$

$$y(k) = x(k+2) + 13x(k+1) + 28x(k) \qquad (7.4\text{-}12)$$

引入状态变量 $x_1(k)$、$x_2(k)$、$x_3(k)$，令

$$x_1(k) = x(k), \qquad x_2(k) = x(k+1), \qquad x_3(k) = x(k+2) \qquad (7.4\text{-}13)$$

则 $\qquad x_1(k+1) = x_2(k), \qquad x_2(k+1) = x_3(k) \qquad (7.4\text{-}14)$

将式（7.4-13）代入式（7.4-11），有

$$x_3(k+1)+9x_3(k)+26x_2(k)+24x_1(k)=f(k)$$

整理有　　　　$$x_3(k+1)=-24x_1(k)-26x_2(k)-9x_3(k)+f(k)$$

由式（7.4-14）和上式组成系统的状态方程为

$$\begin{cases} x_1(k+1)=x_2(k) \\ x_2(k+1)=x_3(k) \\ x_3(k+1)=-24x_1(k)-26x_2(k)-9x_3(k)+f(k) \end{cases}$$

将式（7.4-13）代入式（7.4-12）得到系统的输出方程为

$$y(k)=28x_1(k)+13x_2(k)+x_3(k)$$

将状态方程和输出方程写成矩阵形式为

$$\begin{bmatrix} x_1(k+1) \\ x_2(k+1) \\ x_3(k+1) \end{bmatrix} = \begin{bmatrix} 0 & 1 & 0 \\ 0 & 0 & 1 \\ -24 & -26 & -9 \end{bmatrix} \begin{bmatrix} x_1(k) \\ x_2(k) \\ x_3(k) \end{bmatrix} + \begin{bmatrix} 0 \\ 0 \\ 1 \end{bmatrix} f(k)$$

$$\boldsymbol{y}(k)=\begin{bmatrix} 28 & 13 & 1 \end{bmatrix} \begin{bmatrix} x_1(k) \\ x_2(k) \\ x_3(k) \end{bmatrix}$$

7.4.2　离散系统状态方程与输出方程的 z 域求解

下面以一个二阶离散系统为例推导出 z 域求解的方法，将结果推广到 n 阶系统。设一个 2 阶离散系统有 2 个输入 $f_1(k)$、$f_2(k)$ 和 2 个输出 $y_1(k)$、$y_2(k)$，系统的状态方程和输出方程是

$$\begin{bmatrix} x_1(k+1) \\ x_2(k+1) \end{bmatrix} = \begin{bmatrix} a_{11} & a_{12} \\ a_{21} & a_{22} \end{bmatrix} \begin{bmatrix} x_1(k) \\ x_2(k) \end{bmatrix} + \begin{bmatrix} b_{11} & b_{12} \\ b_{21} & b_{22} \end{bmatrix} \begin{bmatrix} f_1(k) \\ f_2(k) \end{bmatrix} \qquad （7.4\text{-}15）$$

$$\begin{bmatrix} y_1(k) \\ y_2(k) \end{bmatrix} = \begin{bmatrix} c_{11} & c_{12} \\ c_{21} & c_{22} \end{bmatrix} \begin{bmatrix} x_1(k) \\ x_2(k) \end{bmatrix} + \begin{bmatrix} d_{11} & d_{12} \\ d_{21} & d_{22} \end{bmatrix} \begin{bmatrix} f_1(k) \\ f_2(k) \end{bmatrix} \qquad （7.4\text{-}16）$$

对式（7.4-15）两边取 z 变换，利用 z 变换的位移性质，有

$$\begin{bmatrix} zX_1(z)-zx_1(0) \\ zX_2(z)-zx_2(0) \end{bmatrix} = \begin{bmatrix} a_{11} & a_{12} \\ a_{21} & a_{22} \end{bmatrix} \begin{bmatrix} X_1(z) \\ X_2(z) \end{bmatrix} + \begin{bmatrix} b_{11} & b_{12} \\ b_{21} & b_{22} \end{bmatrix} \begin{bmatrix} F_1(z) \\ F_2(z) \end{bmatrix}$$

整理有：　$$z\begin{bmatrix} X_1(z) \\ X_2(z) \end{bmatrix} + \begin{bmatrix} a_{11} & a_{12} \\ a_{21} & a_{22} \end{bmatrix} \begin{bmatrix} X_1(z) \\ X_2(z) \end{bmatrix} = z\begin{bmatrix} x_1(0) \\ x_2(0) \end{bmatrix} + \begin{bmatrix} b_{11} & b_{12} \\ b_{21} & b_{22} \end{bmatrix} \begin{bmatrix} F_1(z) \\ F_2(z) \end{bmatrix} \qquad （7.4\text{-}17）$$

$$\left\{ z\begin{bmatrix} 1 & 0 \\ 0 & 1 \end{bmatrix} + \begin{bmatrix} a_{11} & a_{12} \\ a_{21} & a_{22} \end{bmatrix} \right\} \begin{bmatrix} X_1(z) \\ X_2(z) \end{bmatrix} = z\begin{bmatrix} x_1(0) \\ x_2(0) \end{bmatrix} + \begin{bmatrix} b_{11} & b_{12} \\ b_{21} & b_{22} \end{bmatrix} \begin{bmatrix} F_1(z) \\ F_2(z) \end{bmatrix} \qquad （7.4\text{-}18）$$

令 $\boldsymbol{I}$ 表示 2 阶的单位阵，即　　　$$\boldsymbol{I}=\begin{bmatrix} 1 & 0 \\ 0 & 1 \end{bmatrix}$$

因为系数矩阵　　　　　　　　$$\boldsymbol{A}=\begin{bmatrix} a_{11} & a_{12} \\ a_{21} & a_{22} \end{bmatrix}, \qquad \boldsymbol{B}=\begin{bmatrix} b_{11} & b_{12} \\ b_{21} & b_{22} \end{bmatrix}$$

式（7.4-18）变为　　$(z\boldsymbol{I}-\boldsymbol{A})\boldsymbol{X}(z)=z\boldsymbol{x}(0)+\boldsymbol{B}\boldsymbol{F}(z)$ 　　　　　　　　　　（7.4-19）

式中，$\boldsymbol{X}(z)$ 是状态变量 z 变换的列向量，$\boldsymbol{F}(z)$ 是输入信号 z 变换的列向量，即

$$\boldsymbol{X}(z)=\begin{bmatrix}X_1(z)\\X_2(z)\end{bmatrix}, \qquad \boldsymbol{F}(z)=\begin{bmatrix}F_1(z)\\F_2(z)\end{bmatrix}$$

将式（7.4-19）两边均乘矩阵 $(z\boldsymbol{I}-\boldsymbol{A})^{-1}$，得

$$\boldsymbol{X}(z)=(z\boldsymbol{I}-\boldsymbol{A})^{-1}\big[z\boldsymbol{x}(0)+\boldsymbol{B}\boldsymbol{F}(z)\big] \qquad （7.4-20）$$

令 $\boldsymbol{\Phi}(z)=(z\boldsymbol{I}-\boldsymbol{A})^{-1}$，称 $\boldsymbol{\Phi}(z)$ 为状态预解矩阵，则

$$\boldsymbol{X}(z)=\boldsymbol{\Phi}(z)\big[z\boldsymbol{x}(0)+\boldsymbol{B}\boldsymbol{F}(z)\big] \qquad （7.4-21）$$

根据式（7.4-21）得系统状态矢量的 z 域解，对式（7.4-21）两边取 z 反变换，可得到系统状态矢量的时域解，即

$$\boldsymbol{x}(k)=\mathscr{Z}^{-1}\big[\boldsymbol{X}(z)\big]=\mathscr{Z}^{-1}\big\{\boldsymbol{\Phi}(z)\big[z\boldsymbol{x}(0)+\boldsymbol{B}\boldsymbol{F}(z)\big]\big\} \qquad （7.4-22）$$

可将式（7.4-20）、式（7.4-21）和式（7.4-22）推广到 n 阶系统，其中单位阵 $\boldsymbol{I}$ 的阶数与系统阶数相同。

令　　　　　　　　$C=\begin{bmatrix}c_{11} & c_{12}\\c_{21} & c_{22}\end{bmatrix}, \qquad D=\begin{bmatrix}d_{11} & d_{12}\\d_{21} & d_{22}\end{bmatrix}$

系统输出方程的矩阵形式是　　$\boldsymbol{y}(k)=\boldsymbol{C}\boldsymbol{x}(k)+\boldsymbol{D}\boldsymbol{f}(k)$

对上式 z 变换，得

$$\boldsymbol{Y}(z)=\boldsymbol{C}\boldsymbol{X}(z)+\boldsymbol{D}\boldsymbol{F}(z) \qquad （7.4-23）$$

将式（7.4-21）代入上式，得

$$\begin{aligned}\boldsymbol{Y}(z)&=\boldsymbol{C}\boldsymbol{\Phi}(z)\big[z\boldsymbol{x}(0)+\boldsymbol{B}\boldsymbol{F}(z)\big]+\boldsymbol{D}\boldsymbol{F}(z)\\\boldsymbol{Y}(z)&=\boldsymbol{C}\boldsymbol{\Phi}(z)z\boldsymbol{x}(0)+\big[\boldsymbol{C}\boldsymbol{\Phi}(z)\boldsymbol{B}+\boldsymbol{D}\big]\boldsymbol{F}(z)\end{aligned} \qquad （7.4-24）$$

式（7.4-24）可以推广到 n 阶系统，在式（7.4-24）中，$\boldsymbol{C}\boldsymbol{\Phi}(z)z\boldsymbol{x}(0)$ 仅与系统的初始状态有关，它是系统在 z 域中的零输入响应分量；$\big[\boldsymbol{C}\boldsymbol{\Phi}(z)\boldsymbol{B}+\boldsymbol{D}\big]\boldsymbol{F}(z)$ 仅与系统的输入信号有关，它是系统在 z 域中的零状态响应分量。对式（7.4-24）两边取 z 反变换，即得系统的完全响应为

$$\boldsymbol{y}(k)=\mathscr{Z}^{-1}\big[\boldsymbol{Y}(z)\big]=\mathscr{Z}^{-1}\big\{\boldsymbol{C}\boldsymbol{\Phi}(z)z\boldsymbol{x}(0)+\big[\boldsymbol{C}\boldsymbol{\Phi}(z)\boldsymbol{B}+\boldsymbol{D}\big]\boldsymbol{F}(z)\big\}$$

设 $\boldsymbol{y}_{\mathrm{x}}(k)$ 表示系统的零输入响应，$\boldsymbol{y}_{\mathrm{f}}(k)$ 表示系统的零状态响应，则

$$\boldsymbol{y}_{\mathrm{x}}(k)=\mathscr{Z}^{-1}\big[\boldsymbol{Y}_{\mathrm{x}}(z)\big]=\mathscr{Z}^{-1}\big[\boldsymbol{C}\boldsymbol{\Phi}(z)z\boldsymbol{x}(0)\big] \qquad （7.4-25）$$

$$\boldsymbol{y}_{\mathrm{f}}(k)=\mathscr{Z}^{-1}\big[\boldsymbol{Y}_{\mathrm{f}}(z)\big]=\mathscr{Z}^{-1}\big\{\big[\boldsymbol{C}\boldsymbol{\Phi}(z)\boldsymbol{B}+\boldsymbol{D}\big]\boldsymbol{F}(z)\big\} \qquad （7.4-26）$$

令　　　　　　　　$\boldsymbol{H}(z)=\boldsymbol{C}\boldsymbol{\Phi}(z)\boldsymbol{B}+\boldsymbol{D}$ 　　　　　　　　　　　　（7.4-27）

称 $\boldsymbol{H}(z)$ 为系统传递函数矩阵。

因为 $\boldsymbol{\Phi}(z)=(z\boldsymbol{I}-\boldsymbol{A})^{-1}$，所以 $\boldsymbol{H}(z)=\boldsymbol{C}(z\boldsymbol{I}-\boldsymbol{A})^{-1}\boldsymbol{B}+\boldsymbol{D}$，因此系统传递函数矩阵由系统状态方程和输出方程的系数矩阵决定。

将式（7.4-27）代入式（7.4-26）得

$$\boldsymbol{y}_{\mathrm{f}}(k)=\mathscr{Z}^{-1}\big[\boldsymbol{Y}_{\mathrm{f}}(z)\big]=\mathscr{Z}^{-1}\big\{\boldsymbol{H}(z)\boldsymbol{F}(z)\big\} \qquad （7.4-28）$$

例 7.4-2　已知一个离散系统的输入 $f(k) = 2^k u(k)$，状态方程是

$$\begin{bmatrix} x_1(k+1) \\ x_2(k+1) \end{bmatrix} = \begin{bmatrix} 2 & 1 \\ 3 & 0 \end{bmatrix} \begin{bmatrix} x_1(k) \\ x_2(k) \end{bmatrix} + \begin{bmatrix} 1 \\ 0 \end{bmatrix} f(k)$$

初始状态　$x(0) = \begin{bmatrix} x_1(0) \\ x_2(0) \end{bmatrix} = \begin{bmatrix} 1 \\ 2 \end{bmatrix}$，输出方程是 $y(k) = \begin{bmatrix} 1 & -1 \end{bmatrix} \begin{bmatrix} x_1(k) \\ x_2(k) \end{bmatrix} + \begin{bmatrix} 2 \end{bmatrix} f(k)$

求：① 系统的零输入响应 $y_x(k)$；② 系统的零状态响应 $y_f(k)$；③ 系统的完全响应 $y(k)$。

解

① 求状态预解矩阵 $\boldsymbol{\Phi}(s)$。由系统的状态方程可知，系统的系数矩阵为

$$\boldsymbol{A} = \begin{bmatrix} 2 & 1 \\ 3 & 0 \end{bmatrix}, \qquad \boldsymbol{B} = \begin{bmatrix} 1 \\ 0 \end{bmatrix}$$

则　　$\boldsymbol{\Phi}(z) = (z\boldsymbol{I} - \boldsymbol{A})^{-1} = \left\{ z \begin{bmatrix} 1 & 0 \\ 0 & 1 \end{bmatrix} - \begin{bmatrix} 2 & 2 \\ 3 & 0 \end{bmatrix} \right\}^{-1} = \begin{bmatrix} z-2 & -1 \\ -3 & z \end{bmatrix}^{-1} = \dfrac{1}{(z+1)(z-3)} \begin{bmatrix} z & 1 \\ 3 & z-2 \end{bmatrix}$

其中，单位阵 $\boldsymbol{I}$ 是 2×2 的矩阵。

② 求系统的零输入响应分量 $y_x(k)$。系统 z 域的零输入响应分量为

$$Y_x(z) = \boldsymbol{C}\boldsymbol{\Phi}(z) z\, x(0) = \begin{bmatrix} 1 & -1 \end{bmatrix} \times \frac{1}{(z+1)(z-3)} \begin{bmatrix} z & 1 \\ 3 & z-2 \end{bmatrix} \times z \begin{bmatrix} 1 \\ 2 \end{bmatrix}$$

$$= \frac{z}{(z+1)(z-3)}(-z+3) = \frac{-z}{z+1}$$

系统的零输入响应 $y_x(k) = \mathscr{Z}^{-1}[Y_x(z)] = -(-1)^k \qquad (k \geqslant 0)$

③ 求系统的零状态响应分量 $y_f(k)$。输入为 $F(z) = \mathscr{Z}\left[2^k u(k)\right] = \dfrac{z}{z-2}$，则系统 z 域的零状态响应分量为

$$Y_f(z) = \begin{bmatrix} \boldsymbol{C}\boldsymbol{\Phi}(z)\boldsymbol{B} + \boldsymbol{D} \end{bmatrix} F(z)$$

$$= \left\{ \begin{bmatrix} 1 & -1 \end{bmatrix} \times \frac{1}{(z+1)(z-3)} \begin{bmatrix} z & 1 \\ 3 & z-2 \end{bmatrix} \begin{bmatrix} 1 \\ 0 \end{bmatrix} + 2 \right\} \times \frac{z}{z-2}$$

$$= \frac{2z+3}{z+1} \times \frac{z}{z-2} = -\frac{1}{3} \times \frac{z}{z+1} + \frac{7}{3} \times \frac{z}{z-2}$$

系统的零状态响应分量

$$y_f(k) = \mathscr{Z}^{-1}[Y_f(z)]\left[-\frac{1}{3} \times (-1)^k + \frac{7}{3} \times (2)^k \right] u(k)$$

④ 求系统的完全响应 $y(k)$。系统的完全响应为

$$y(k) = y_x(k) + y_f(k) = -(-1)^k + \left[-\frac{1}{3} \times (-1)^k + \frac{7}{3} \times (2)^k \right] u(k)$$

$$= -\frac{4}{3} \times (-1)^k + \frac{7}{3} \times (2)^k \qquad\qquad (k \geqslant 0)$$

例 7.4-3 已知某离散系统的信号流图如图 7.4-3 所示。

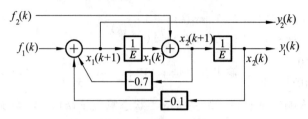

图 7.4-3 例 7.4-3 图

① 请列写系统的状态方程和输出方程。

② 若系统的初始状态 $\begin{bmatrix} x_1(0) \\ x_2(0) \end{bmatrix} = \begin{bmatrix} 0.4 \\ 1 \end{bmatrix}$，输入信号 $\begin{bmatrix} f_1(k) \\ f_2(k) \end{bmatrix} = \begin{bmatrix} (-1)^k u(k) \\ \delta(k) \end{bmatrix}$，求系统的完全响

应 $y(k) = \begin{bmatrix} y_1(k) \\ y_2(k) \end{bmatrix}$。

解

① 选单位延时器的输出 $x_1(k)$、$x_2(k)$ 为状态变量，由左边的加法器有

$$x_1(k+1) = -0.1x_2(k) - 0.7x_2(k+1) + f_1(k) \tag{7.4-29}$$

由右边的加法器有 $x_2(k+1) = x_1(k) + f_2(k)$ (7.4-30)

将式（7.4-30）代入式（7.4-29），整理得

$$x_1(k+1) = -0.7x_1(k) - 0.1x_2(k) + f_1(k) - 0.7f_2(k) \tag{7.4-31}$$

由式（7.4-31）和式（7.4-30）得系统的状态方程

$$\begin{cases} x_1(k+1) = -0.7x_1(k) - 0.1x_2(k) + f_1(k) - 0.7f_2(k) \\ x_2(k+1) = x_1(k) + f_2(k) \end{cases}$$

由图 7.4-3 得系统的输出方程

$$\begin{cases} y_1(k) = x_2(k) \\ y_2(k) = x_1(k+1) = -0.7x_1(k) - 0.1x_2(k) + f_1(k) - 0.7f_2(k) \end{cases}$$

将状态方程和输出方程写成矩阵形式

状态方程 $\begin{bmatrix} x_1(k+1) \\ x_2(k+1) \end{bmatrix} = \begin{bmatrix} -0.7 & -0.1 \\ 1 & 0 \end{bmatrix} \begin{bmatrix} x_1(k) \\ x_2(k) \end{bmatrix} + \begin{bmatrix} 1 & -0.7 \\ 0 & 1 \end{bmatrix} \begin{bmatrix} f_1(k) \\ f_2(k) \end{bmatrix}$

输出方程 $\begin{bmatrix} y_1(k) \\ y_2(k) \end{bmatrix} = \begin{bmatrix} 0 & 1 \\ -0.7 & -0.1 \end{bmatrix} \begin{bmatrix} x_1(k) \\ x_2(k) \end{bmatrix} + \begin{bmatrix} 0 & 0 \\ 1 & -0.7 \end{bmatrix} \begin{bmatrix} f_1(k) \\ f_2(k) \end{bmatrix}$

② 求完全响应。

第一步，求预解矩阵：

$$\boldsymbol{\Phi}(z) = (z\boldsymbol{I} - \boldsymbol{A})^{-1} = \left\{ z \begin{bmatrix} 1 & 0 \\ 0 & 1 \end{bmatrix} - \begin{bmatrix} -0.7 & -0.1 \\ 1 & 0 \end{bmatrix} \right\}^{-1} = \begin{bmatrix} z+0.7 & 0.1 \\ -1 & z \end{bmatrix}^{-1}$$

$$= \frac{1}{(z+0.2)(z+0.5)} \begin{bmatrix} z & -0.1 \\ 1 & z+0.7 \end{bmatrix}$$

第二步，求零状态响应 $\boldsymbol{y}_{\mathrm{x}}(k)$：

$$\boldsymbol{Y}_{\mathrm{x}}(z) = \boldsymbol{C}\boldsymbol{\Phi}(z)z\,\boldsymbol{x}(0) = \begin{bmatrix} 0 & 1 \\ -0.7 & -0.1 \end{bmatrix} \times \frac{1}{(z+0.2)(z+0.5)}\begin{bmatrix} z & -0.1 \\ 1 & z+0.7 \end{bmatrix} \times z\begin{bmatrix} 0.4 \\ 1 \end{bmatrix}$$

$$= \begin{bmatrix} \dfrac{z(z+1.1)}{(z+0.2)(z+0.5)} \\[3mm] \dfrac{z(-0.38z-0.04)}{(z+0.2)(z+0.5)} \end{bmatrix} = \begin{bmatrix} \dfrac{3z}{z+0.2} - \dfrac{2z}{z+0.5} \\[3mm] \dfrac{0.12z}{z+0.2} - \dfrac{0.5z}{z+0.5} \end{bmatrix}$$

则

$$\boldsymbol{y}_{\mathrm{x}}(k) = \mathscr{Z}^{-1}[Y_{\mathrm{x}}(z)] = -\begin{bmatrix} 3(-0.2)^k - 2(-0.5)^k \\ 0.12(-0.2)^k - 0.5(-0.5)^k \end{bmatrix}$$

第三步，求零状态响应 $\boldsymbol{y}_{\mathrm{f}}(k)$：

$$\boldsymbol{F}(z) = \mathscr{Z}\begin{bmatrix} (-1)^k u(k) \\ \delta(k) \end{bmatrix} = \begin{bmatrix} \dfrac{z}{z+1} \\ 1 \end{bmatrix}$$

则

$$\boldsymbol{Y}_{\mathrm{f}}(z) = \begin{bmatrix} \boldsymbol{C}\boldsymbol{\Phi}(z)\boldsymbol{B} + \boldsymbol{D} \end{bmatrix} \boldsymbol{F}(z)$$

$$= \left\{ \begin{bmatrix} 0 & 1 \\ -0.7 & -0.1 \end{bmatrix} \times \frac{1}{(z+0.2)(z+0.5)}\begin{bmatrix} z & -0.1 \\ 1 & z+0.7 \end{bmatrix}\begin{bmatrix} 1 & -0.7 \\ 0 & 1 \end{bmatrix} + \begin{bmatrix} 0 & 0 \\ 1 & -0.7 \end{bmatrix} \right\} \times \begin{bmatrix} \dfrac{z}{z+1} \\ 1 \end{bmatrix}$$

$$= \begin{bmatrix} \dfrac{2.5z}{z+1} - \dfrac{10z}{z+0.5} + \dfrac{7.5z}{z+0.2} \\[3mm] \dfrac{2.5z}{z+1} - \dfrac{2.5z}{z+0.5} + \dfrac{0.3z}{z+0.2} \end{bmatrix}$$

零状态响应

$$\boldsymbol{y}_{\mathrm{f}}(k) = \mathscr{Z}^{-1}[Y_{\mathrm{f}}(z)] = \begin{bmatrix} \{2.5(-1)^k - 10(-0.5)^k + 7.5(-0.2)^k\}u(k) \\ \{2.5(-1)^k - 2.5(-0.5)^k + 0.3(-0.2)^k\}u(k) \end{bmatrix}$$

最后得到系统的完全响应为

$$\boldsymbol{y}(k) = \boldsymbol{y}_{\mathrm{x}}(k) + \boldsymbol{y}_{\mathrm{f}}(k)$$

$$= \begin{bmatrix} 3(-0.2)^k - 2(-0.5)^k \\ 0.12(-0.2)^k - 0.5(-0.5)^k \end{bmatrix} + \begin{bmatrix} \{2.5(-1)^k - 10(-0.5)^k + 7.5(-0.2)^k\}u(k) \\ \{2.5(-1)^k - 2.5(-0.5)^k + 0.3(-0.2)^k\}u(k) \end{bmatrix}$$

$$= \begin{bmatrix} 2.5(-1)^k - 12(-0.5)^k + 10.5(-0.2)^k \\ 2.5(-1)^k - 3(-0.5)^k + 0.42(-0.2)^k \end{bmatrix} \quad (k \geqslant 0)$$

7.5 节内容及本章小结在此，
扫一扫就能得到啦！

扫一扫，本章习题及
参考答案在这里哦！

参考文献

[1]　郑君里，应启珩，杨为理. 信号与系统. 北京：高等教育出版社，2005.

[2]　陈生潭，郭宝龙，李学武，冯宗哲. 信号与系统. 2 版. 西安：西安电子科技大学出版社，2001.

[3]　B.P.Lathi. 线性系统与信号. 刘树棠，王薇洁，译. 西安：西安交通大学出版社，2006.

[4]　Rodger E. Ziemer，William H. Tranter，D. Ronald Fannin. 信号与系统-连续与离散. 肖志涛，等，译. 北京：电子工业出版社，2005.

[5]　Michael J. Roberts.信号与系统. 胡剑凌，等，译. 北京：机械工业出版社，2006.

[6]　Simon Haykin, Barry Van Veen，信号与系统. 林秩盛，等，译. 北京：电子工业出版社，2004.

[7]　Edward W. Kamen, Bonnies. Heck.信号与系统基础教程. 3 版.（MATLAB 版）. 高强，等，译. 北京：电子工业出版社，2007.

[8]　John D. Sherrick. 信号与系统入门. 2 版. 肖创柏，罗琼，译. 北京：清华大学出版社，2005.

[9]　Zoran Gajić. 线性动态系统与信号. 王立琦，康欣，译. 西安：西安交通大学出版社，2004.

[10]　Oppenheim Alan V. Alan S. Willsky. 信号与系统. 2 版. 刘树棠，译. 西安：西安交通大学出版社，1998.

[11]　段哲民，范世贵. 信号与系统. 西安：西北工业大学出版社，2001.

[12]　陈后金，胡健，薛健. 信号与系统. 2 版. 北京：清华大学出版社，2005.

[13]　金波. 信号与系统基础. 武汉：华中科技大学出版社，2006.

[14]　吕幼新，张明友. 信号与系统分析. 北京：电子工业出版社，2004.

[15]　张卫刚. 信号与线性系统. 西安：西安电子科技大学出版社，2005.

[16]　潘建寿. 高宝健. 信号与系统. 北京：清华大学出版社，2006.

[17]　刘泉，江学梅. 信号与系统. 北京：高等教育出版社，2006.

[18]　范世贵. 信号与系统常见题型解析及模拟题. 西安：西北工业大学出版社，2001.

[19]　李芳，郑莉平，刘军，戈英民. 信号与系统常见题型解析. 北京：机械工业出版社，2006.

[20]　李学桂，向国菊，董介春. 信号与系统典型题解. 北京：清华大学出版社，北京交通大学出版社，2004.

[21]　马金龙，王宛苹，胡建萍. 信号与系统学习与考研辅导. 北京：科学出版社，2006.

[22]　苗明川，高静波. 信号与线性系统分析全程导学及习题全解. 北京：中国时代经济出版社，2007.

[23]　张永瑞，王松林. 信号与系统学习指导书. 北京：高等教育出版社，2004.

[24]　薛定宇. 控制系统计算机辅助设计 – MATLAB 语言与应用. 2 版. 北京：清华大学出版社，2006.

[25]　薛定宇. 控制系统计算机辅助设计 – MATLAB 语言与应用. 北京：清华大学出版社，1996.